Java Web 程序设计

主　编　闫瑞雪　刘　卿　高宏欣
副主编　王红叶　孟　妍　王玉江

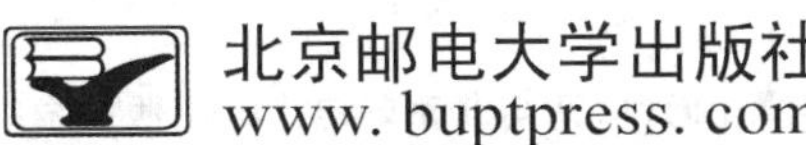

内 容 简 介

本教材以案例为载体，介绍了 JSP＋Servlet＋JavaBean 的开发体系，使学生掌握 JSP 技术，了解网站规划和建立的过程，能够胜任 Java Web 程序员的工作岗位，并为其从事更专业化的软件开发工作奠定基础。

为了实现教学目标，重构课程知识和技能体系，本教材由浅入深，优化出 JSP 开发环境搭建、JSP 基本语法训练、服务器交互、JavaBean、JDBC 数据库操作、Servlet 技术应用和实用组件应用等七个模块作为教学内容，以真实案例整合 Java Web 程序员所需的知识、技能，实现学生做中学、学中做。每个工作任务均为编者精心设计，用于培养学生良好的代码书写习惯，网络安全意识和团队合作意识，及沟通表达、继续学习和实际应用能力等。

图书在版编目(CIP)数据

Java Web 程序设计 / 闫瑞雪，刘卿，高宏欣主编．--北京：北京邮电大学出版社，2023.5

ISBN 978-7-5635-6917-5

Ⅰ.①J… Ⅱ.①闫… ②刘… ③高… Ⅲ.①JAVA 语言—程序设计 Ⅳ.①TP312.8

中国国家版本馆 CIP 数据核字(2023)第 088163 号

策划编辑：彭 楠　**责任编辑**：廖 娟　**责任校对**：张会良　**封面设计**：七星博纳

出版发行：北京邮电大学出版社
社　　址：北京市海淀区西土城路 10 号
邮政编码：100876
发 行 部：电话：010-62282185　传真：010-62283578
E-mail：publish@bupt.edu.cn
经　　销：各地新华书店
印　　刷：三河市骏杰印刷有限公司
开　　本：787 mm×1 092 mm　1/16
印　　张：20.25
字　　数：525 千字
版　　次：2023 年 5 月第 1 版
印　　次：2023 年 5 月第 1 次印刷

ISBN 978-7-5635-6917-5　　定价：59.00 元

·如有印装质量问题，请与北京邮电大学出版社发行部联系·

前　言

在互联网时代，很多线下业务开始向线上发展，基于 internet 的 Web 应用也变得越来越复杂，目前主流的动态网页技术有 JSP、ASP、PHP 等。

JSP 的全称为 Java Server Pages，是 SUN 公司定义的一种用于开发动态 Web 资源的技术，是建立在 Servlet 规范之上的动态网页开发技术。JSP 页面是在 HTML 页面中嵌入 Java 代码组成的，其文件扩展名是.jsp，它具有编写简单、跨平台、易于维护和管理、适合 B/S 结构等特点，可以很好地实现 Web 页面设计和业务逻辑的分离，让 Web 程序员专注于业务逻辑的实现。JSP 程序大大提高了系统的执行性能，是目前 Web 开发中的主流选择。

本教材以《教育部关于职业院校专业人才培养方案制订与实施工作的指导意见》(教职成(2019)13 号)、教育部印发的《职业院校教材管理办法》(教材〔2019〕3 号)为指导，以在线精品课程建设为依托，以培养职业能力为主线，将探究学习、团队合作、沟通交流、解决问题、继续学习能力的培养贯穿于教材始终，课程改革的成果在教材中得到体现。课程目标是通过学习 JSP＋Servlet＋JavaBean 的开发体系，使学生掌握 JSP 技术，能够胜任基于 JSP 技术的 Web 程序员的工作岗位，并为从事更专业的软件开发工作奠定基础。本教材适合高职三年制软件技术专业、计算机网络技术专业或计算机相关专业的学生使用。

本教材具有以下特点：

1. 教材体例设计符合职业教育特点

本教材由浅入深，优化出七个模块作为教学内容。由简单到复杂，循序渐进，并以真实案例整合 Java Web 程序员所需的知识、技能，实现做中学、学中做。每个案例都设计了学生工作任务单和知识加油站两个部分。

学生工作任务单按照任务描述、实现思路、任务实现、总结、课后拓展、职业素养养成等环节设计。其中，任务描述环节让学生明确要完成的任务，实现思路环节引导学生思考如何实现任务，任务实现环节辅助学生实现任务，总结环节帮助学生在实践中总结关键知识技术，课后拓展环节巩固拓展、积累知识，职业素养养成环节用以培养学生代码书写习惯、网络安全意识、团队合作意识、良好的沟通表达以及继续学习的能力等。

知识加油站为实践环节提供必备的理论知识，理论知识排列有序，符合认知逻辑规律，且尽量讲解得通俗易懂。为了保障学生在熟练操作的同时，能够理解其所支撑的理论知识，每个模块都设计了“模块过关测评”，让学生扫码闯关答题，实现理论知识的自评、自测、自查。

教材结构设计符合学生认知规律和职业成长规律，教材编写体例、形式和内容符合职业教育特点。

2. 以学习成果为导向，促进自主学习

本教材按照“以学生为中心，以学习成果为导向”的思路进行开发设计。各知识点或技能点的实现均以案例为载体，将 Java Web 程序员所需的知识和技能融入案例中，学生在完成任务的过程中边做边学。学生遇到问题，可以首先尝试通过查看知识加油站、学习操作讲解视频等方式自主解决。每个模块还配有学生学习成长自我跟踪记录表，用于学生自己跟踪学习、记录成长过程，这有助于培养学生良好的学习习惯，促进其自主、高效的学习。教师的作用在于针对共性问题、重难点、易错点进行重点讲解，引导学生参与讨论、拓展训练，培养学生继续学习的能力和解决问题的能力等。

3. 本教材配有丰富的数字资源

一方面，教材配有二维码学习资源，用手机扫描教材上的二维码，即可获得在线的数字资源支持，包括扫码学习相关理论、扫码闯关答题、扫码查看操作演示等，方便学生自己解决学习过程中出现的问题，同时也辅助课前预习、课后巩固。另一方面，教材配有电子教案、电子课件、教学进度、案例源代码、课程标准等，有利于教师利用现代化的教育技术手段完成教学任务，辅助教师实现多种课堂教学组织与实施形式。

另外，本教材还是省级在线精品课程的配套教材，课程建设的成果在教材建设中得到反应和体现，在线课程中大量的视频、课件、在线测验、在线讨论、作业等资源免费共享，可为在校学生、社会学习者、教师等提供服务。

4. 校企“双元”合作开发教材

本教材由高校专业教师和软件开发经验丰富的企业人员共同开发，力争紧跟软件产业发展趋势和软件行业人才需求，反映软件行业新技术。例如，在工作任务 6.6 的知识加油站中，首先从验证码简介讲起，然后介绍了验证码的作用和破解验证码，最后介绍了验证码的升级。

在教材中，我们力求反映典型岗位职业能力要求，所以邀请软件企业一线、软件开发经验丰富的窦珍珍和王玉江参与到教材的设计开发中，窦珍珍是技术研发部的项目经理，曾主持开发菲利华(300395)智慧工厂中央管理系统、考试管理系统、教务管理系统、Node.js 物业管理系统等多个大型 SSM、Web 前端项目，并有编写多部教材的经验。王玉江具有丰富的一线经验，两位企业人员为教材的编写提供了诸多技术支持、案例资料和设计意见。

另外，参与本教材编写的高校教师都是具有多年教学和实践经验的专业教师，有市级“双师型”骨干教师、市级优秀教师、河北省电子信息行业技术能手等，他们有教材编写经验，能够从根本上保证教材建设的质量。

本教材由闫瑞雪、刘卿、高宏欣担任主编，王红叶、孟妍、王玉江担任副主编，参与本书编写的还有索明健、刘惠丛、范亚宁、齐红波、李鸿光等。具体分工如下：闫瑞雪、刘卿负责模块一和模块二；闫瑞雪、高宏欣负责模块三；王红叶、孟妍负责模块四；刘惠丛、范亚宁负责模块五；李鸿光、窦珍珍负责模块六；高宏欣、齐红波、王玉江负责模块七；索明健负责教材中涉及的英文名称和英语单词的核准和校对；窦珍珍、王玉江还负责整理教材中的案例，确保案例来源于企业并高于企业，还负责整理知识点或技能点在实际工作中的应用或常见问题；闫瑞雪、刘卿还负责调试教材中的源代码；闫瑞雪负责全书的统稿和审定。

本教材在编写过程中参考了很多同类优秀的教材和业界的研究成果，也得到了企业一线开发人员的大力支持，在此谨向各方表示衷心的感谢！

由于水平有限，书中难免存在纰漏和不足之处，恳请各位读者批评指正，并将意见和建议反馈给我们，以便下次修订时改进。

编　者

目　　录

学习说明及准备

1. 提前到官方网站下载最新软件或与教材中版本一致的软件。

2. 模块一的任务都是在 TestWeb 项目中完成的，其余模块的任务都是在 JavaWEB 项目中完成的。

3. 任务单里 JSP 页面的名称以 part＋任务单序号＋JSP 页面的名称构成。例如，工作任务 2.1 中的 JSP 页面的名字为 part2.1_Javaweb.jsp。

4. 工作任务名称带"＊"号的为拓展加强训练任务。

5. 模块五需要提前安装并配置 mysql 数据库，保证 mysql 数据库可以正常访问，且设置好访问数据库连接的用户名和密码（本教材中访问 mysql 的用户名是 root，密码是 123456）。也可提前创建用到的数据库和表，数据库名称是 javaweb。

6. 模块六介绍的是 Servlet 技术，本教材使用的是 Tomcat 10，对应的 Servlet 版本为 5.0，JSP 规范版本为 3.0，Servlet 的 API 的包有 jakarta.servlet、jakarta.servlet.http 和 jakarta.servlet.jsp，而在此版本之前的版本中，Servlet 的 API 的包主要有 javax.servlet、javax.servlet.http 和 javax.servlet.jsp 等，请读者注意版本差别。

7. 模块七需要提前下载 CKEditor 组件。

1

模块一　JSP开发环境搭建

模块导读

古人云:“工欲善其事,必先利其器。器欲尽其能,必先得其法”。同理,要开发 Java Web 应用程序,就要先搭建 JSP 开发环境,包括安装及配置 JDK、安装及配置 Web 服务器,以及安装及配置 Eclipse 开发平台。在本模块中,同学们要搭建好 JSP 开发环境,并第一次创建一个 Web 项目。

职业能力

搭建及配置 JSP 开发环境。

- 会下载、安装 JDK,并配置 JDK 环境变量。
- 会下载、安装 Tomcat,并配置 Tomcat 环境变量。
- 会下载、安装 Eclipse,并配置 Eclipse 环境变量。

本模块知识树

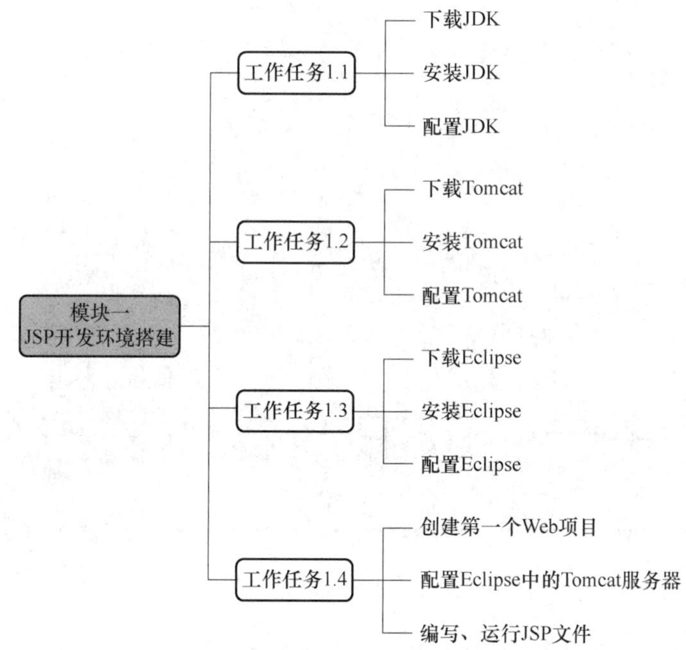

学习成长自我跟踪记录

在本模块中,表 1.0.1 用于学生自己跟踪学习,记录成长过程,方便自查自纠。如果完成该项,请在对应表格内画√,并根据自己的掌握程度,在对应栏目中画√。

表 1.0.1　学生学习成长自我跟踪记录表

任务单	课前预习	课中任务	课后拓展	掌握程度
工作任务 1.1				□掌握　□待提高
工作任务 1.2				□掌握　□待提高
工作任务 1.3				□掌握　□待提高
工作任务 1.4				□掌握　□待提高

工作任务 1.1　下载、安装及配置 JDK

教师评价：________

<table>
<tr><th colspan="4">学生工作任务单</th></tr>
<tr><td>关键知识点</td><td>JDK 下载、安装及环境变量的配置</td><td>完成日期</td><td>年　月　日</td></tr>
<tr><td>学习目标</td><td colspan="3">1. 了解 JDK 的功能，弄清楚为什么需要 JDK。(知识目标)
2. 能够独立下载、安装并配置 JDK。(能力目标)
3. 提升独立下载能力和动手安装软件的能力。(能力目标)
4. 提高网络下载安全意识，不随意下载软件，不去不明网站下载软件。(素质目标)</td></tr>
<tr><td>任务描述</td><td colspan="3">古人云："工欲善其事，必先利其器。器欲尽其能，必先得其法。"要用 Java 语言开发 Web 应用程序，首先要搭建 JSP 开发环境，包括安装及配置 JDK、安装及配置 Web 服务器，以及安装及配置 Eclipse。所以，首先请在计算机上下载、安装、配置 JDK。</td></tr>
<tr><td>实现思路</td><td colspan="3">1. 下载 JDK。
2. 安装 JDK。
3. 配置 JDK 的环境变量。</td></tr>
<tr><td>任务实现</td><td colspan="3">1. 下载 JDK。打开 Oracle 官网 https://www.oracle.com/java/technologies/downloads，将 Windows 版本的 JDK 下载到本地磁盘。本教材中使用的版本是 JDK 18。
2. 安装 JDK。
第一步：下载完安装包之后，双击进入安装向导。如图 1.1.1 所示。 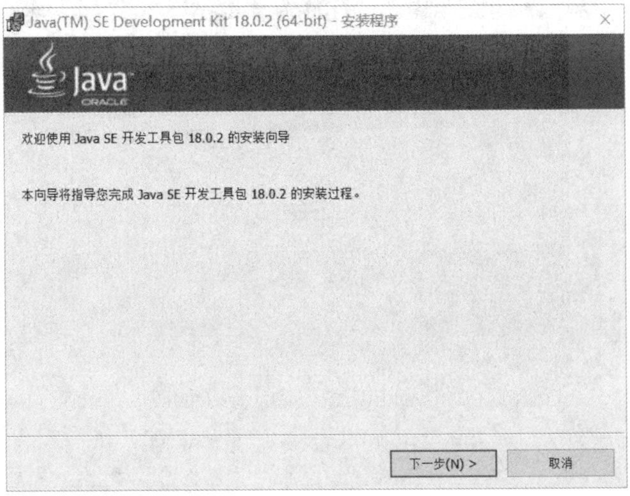
图 1.1.1</td></tr>
</table>

学生工作任务单			
关键知识点	JDK 下载、安装及环境变量的配置	完成日期	年　月　日

任务实现

第二步：单击“下一步”按钮进入如图 1.1.2 所示的界面，默认安装在 C 盘。本书采用的是默认路径，也可以更改安装路径。

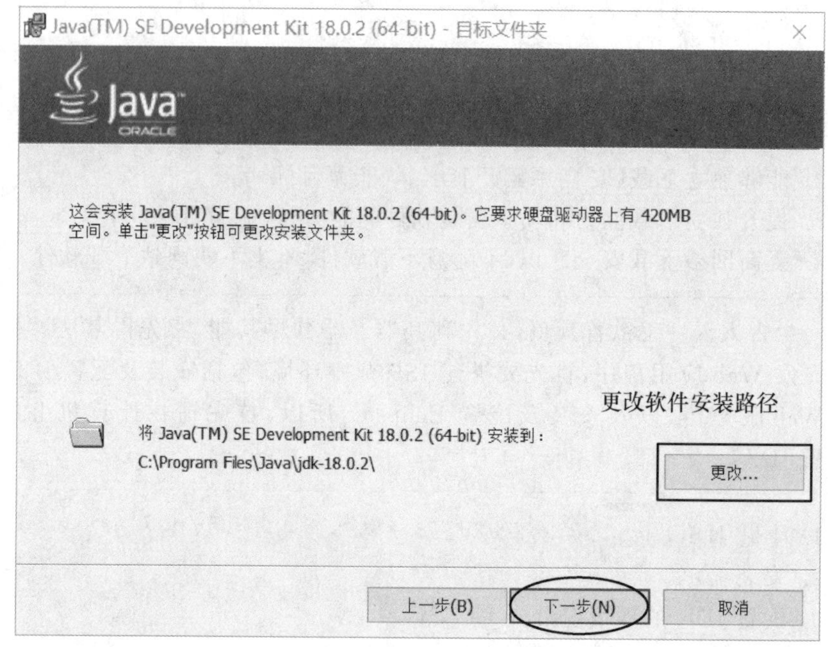

图 1.1.2

第三步：单击“下一步”按钮，进入如图 1.1.3 所示的界面，等待安装。

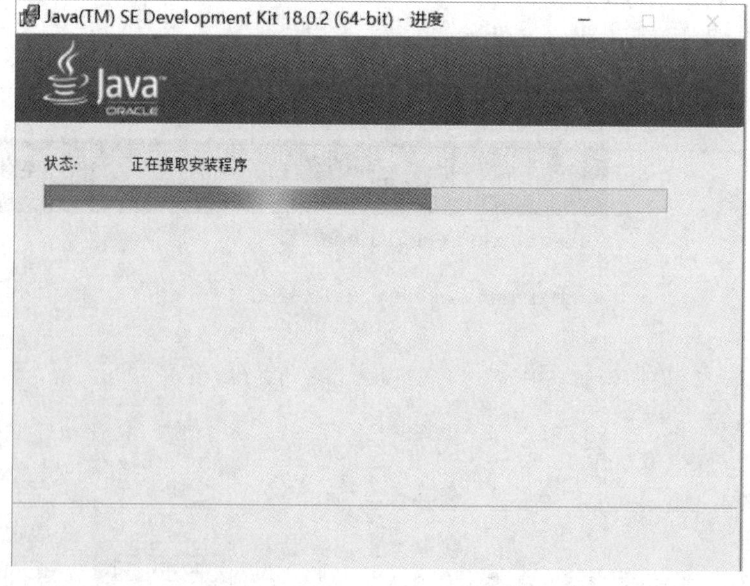

图 1.1.3

<table>
<tr><th colspan="5">学生工作任务单</th></tr>
<tr><td>关键知识点</td><td>JDK 下载、安装及环境变量的配置</td><td>完成日期</td><td colspan="2">年　月　日</td></tr>
<tr><td>任务实现</td><td colspan="4">

第四步：安装结束后，进入如图 1.1.4 所示的界面，单击“关闭”按钮即可完成安装。

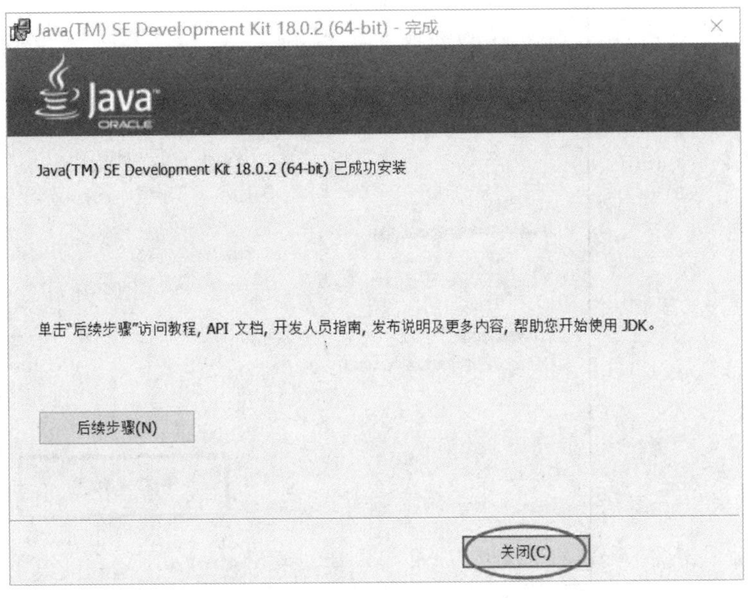

图 1.1.4

3. 配置 JDK 环境变量

(1) 找到“此电脑”，右击选择“属性”→“高级系统设置”。如图 1.1.5 所示。

图 1.1.5

</td></tr>
</table>

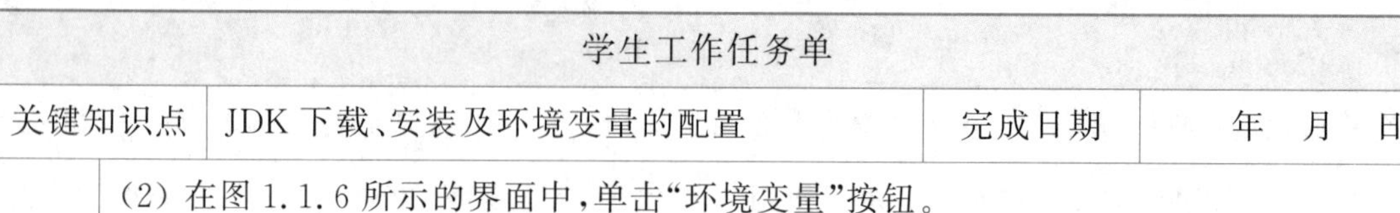

学生工作任务单			
关键知识点	JDK 下载、安装及环境变量的配置	完成日期	年　月　日

任务实现

(2) 在图 1.1.6 所示的界面中，单击“环境变量”按钮。

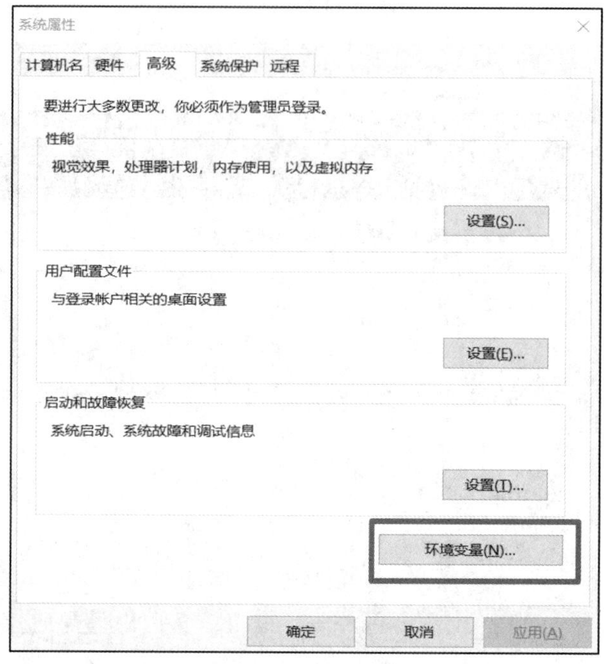

图 1.1.6

(3) 在图 1.1.7 所示的界面中，单击系统变量部分的“新建”按钮，新建一个系统变量。

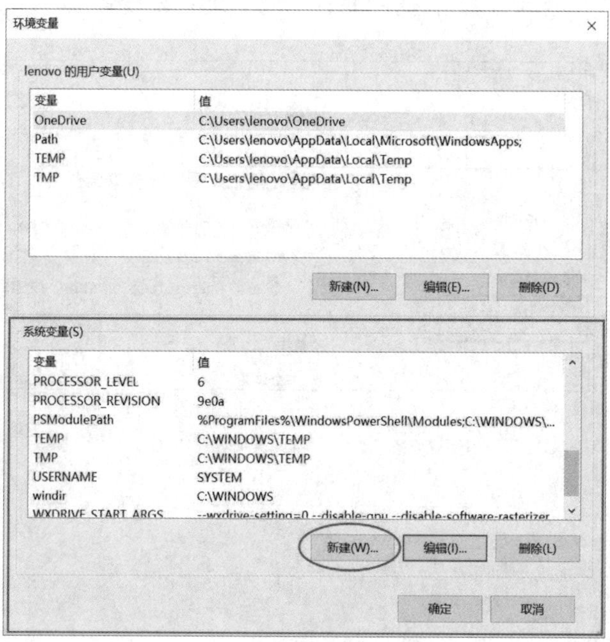

图 1.1.7

学生工作任务单

关键知识点	JDK 下载、安装及环境变量的配置	完成日期	年　月　日

任务实现

(4) 进入图 1.1.8 所示的界面,变量名为 JAVA_HOME,变量值为 JDK 的安装路径(填写上面步骤中,JDK 的实际安装路径),单击“确定”按钮。

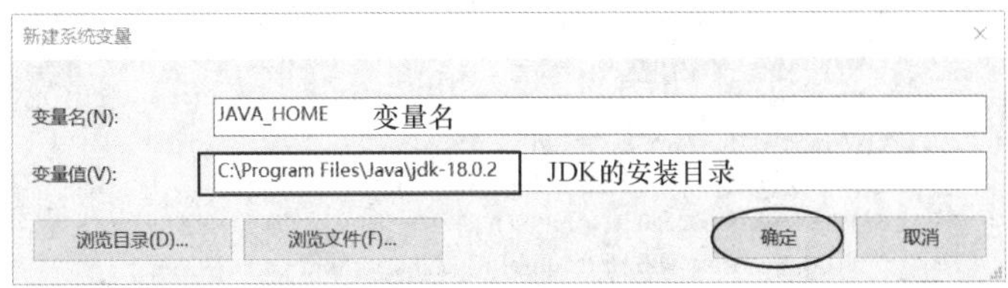

图 1.1.8

(5) 在图 1.1.7 所示的界面中,单击系统变量部分的“新建”按钮,再次新建一个系统变量。如图 1.1.9 所示,变量名为 CLASSPATH,变量值为.;%JAVA_HOME%\lib\dt.jar;%JAVA_HOME%\lib\tools.jar,单击“确定”按钮。

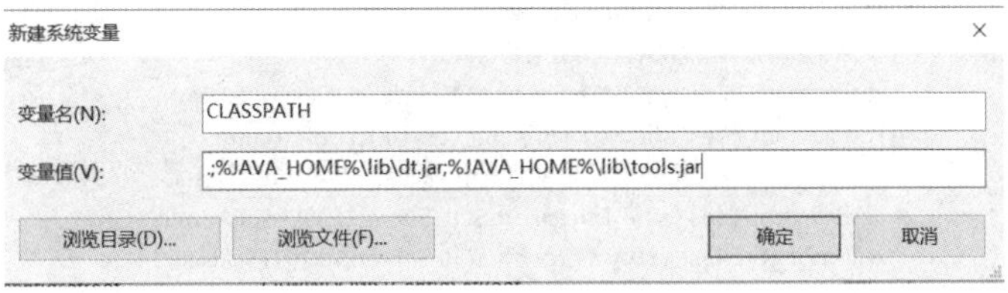

新建系统变量
变量名(N): CLASSPATH
变量值(V): .;%JAVA_HOME%\lib\dt.jar;%JAVA_HOME%\lib\tools.jar
浏览目录(D)...　浏览文件(F)...　确定　取消

图 1.1.9

(6) 在图 1.1.10 所示的界面中,找到 Path 变量,单击“编辑”按钮,进入如图 1.1.11 所示的界面,单击界面中的“新建”按钮,输入变量值为%JAVA_HOME%\bin,并将它移到最前端,然后单击“确定”按钮。至此,JDK 的环境变量配置完成。

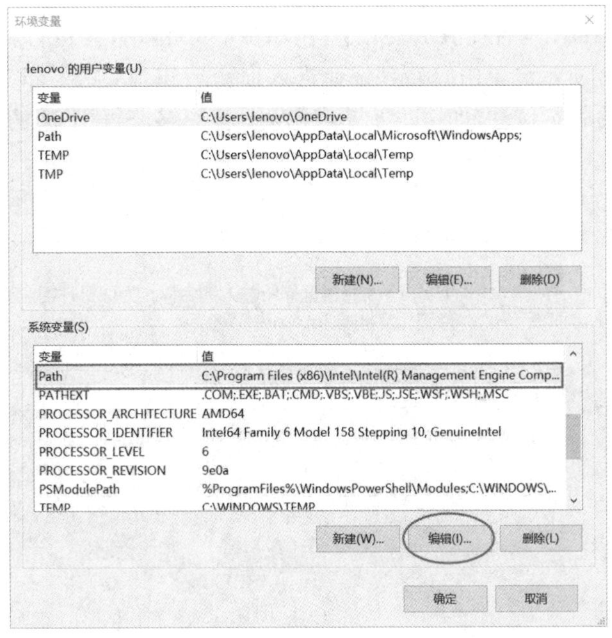

图 1.1.10

学生工作任务单			
关键知识点	JDK 下载、安装及环境变量的配置	完成日期	年　月　日

任务实现

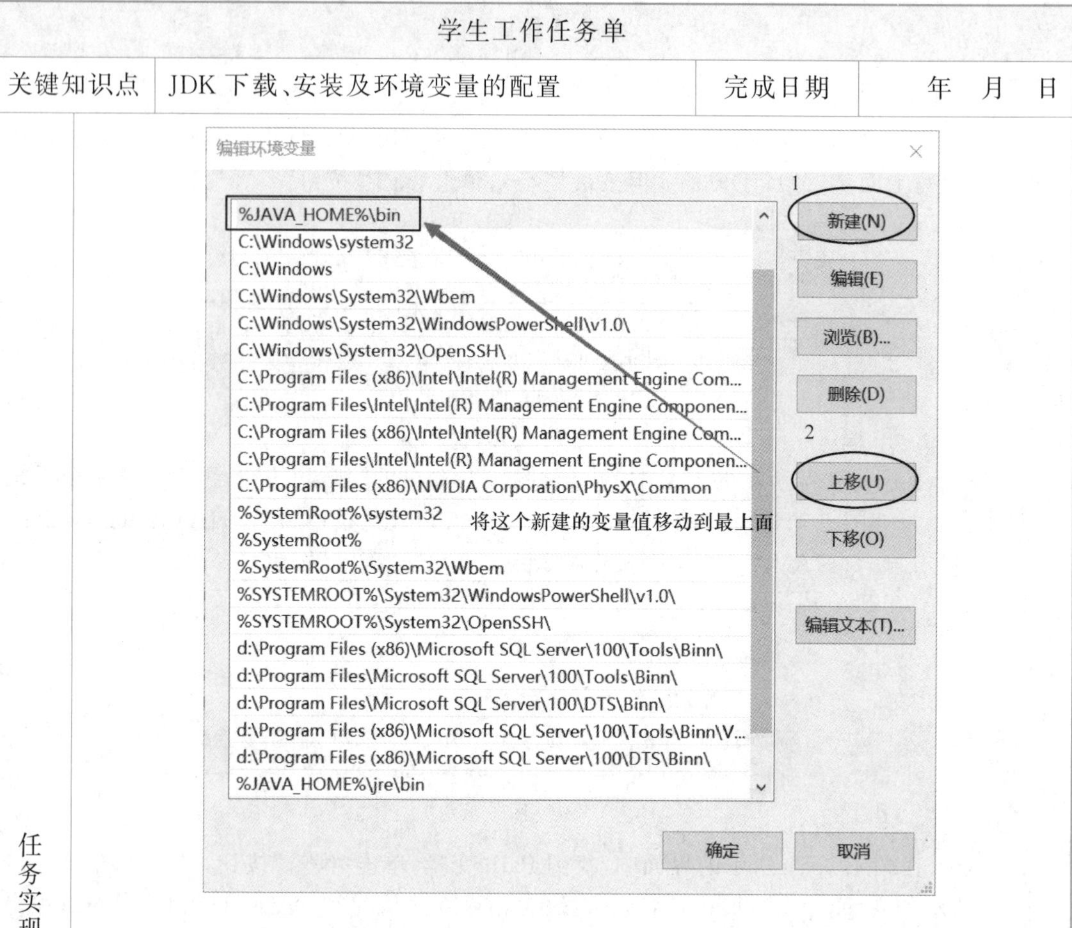

图 1.1.11

(7) 检验 JDK 是否配置成功。按下“win＋R”键，打开运行窗口，输入 cmd 指令，如图 1.1.12 所示。单击“确定”按钮进入命令行窗口，输入 java-version 获取当前安装的 JDK 的版本信息，如图 1.1.13 所示。若能够获得 JDK 的版本信息，则说明 JDK 配置成功。

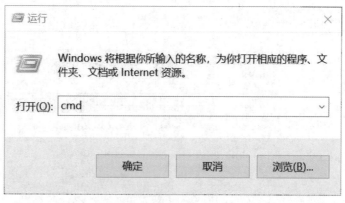

运行
Windows 将根据你所输入的名称，为你打开相应的程序、文件夹、文档或 Internet 资源。
打开(O): cmd
确定　取消　浏览(B)...

图 1.1.12

学生工作任务单				
关键知识点	JDK 下载、安装及环境变量的配置		完成日期	年　月　日
任务实现	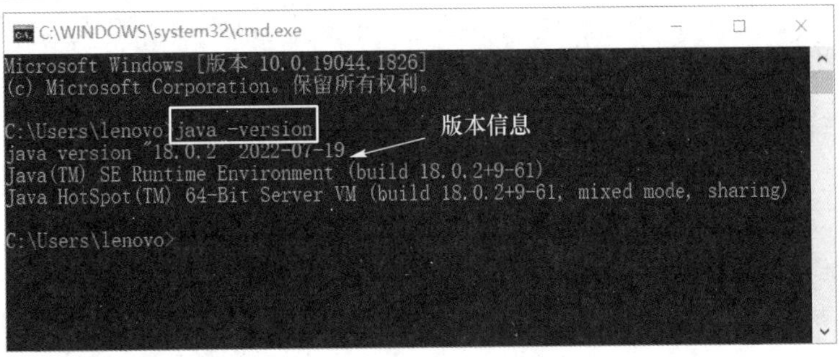 C:\WINDOWS\system32\cmd.exe Microsoft Windows [版本 10.0.19044.1826] (c) Microsoft Corporation。保留所有权利。 C:\Users\lenovo>java -version　版本信息 java version "18.0.2" 2022-07-19 Java(TM) SE Runtime Environment (build 18.0.2+9-61) Java HotSpot(TM) 64-Bit Server VM (build 18.0.2+9-61, mixed mode, sharing) C:\Users\lenovo> 图 1.1.13			
总结	该任务主要是下载、安装 JDK，以及配置 JDK 的环境变量。如果没有安装 JDK 或者 JDK 配置不对，则无法编译.java 程序。			
职业素养养成	软件的安装及环境的配置是一个烦琐的过程，也是一项细致的工作。因为每台计算机的环境不同，软件的兼容性也各不相同，所以可能会出现各种问题。遇到问题时，切莫着急，可以先尝试自己解决；如果自己解决不了，可以向老师和同学求助。在不断的尝试摸索中，逐渐提高自己搭建环境和解决问题的能力。			
评价	完成情况(自评)：	□顺利完成　□在他人帮助下完成　□未完成		
	团队合作(组内评)：	组长签字：		
	学习态度(教师评)：	教师签字：		
课后拓展	搜索 JDK 简介，了解 JDK 是什么，并了解 JDK 版本的升级历程。			
学习笔记				

知识加油站

一、JDK 简介

Java Development Kit 简称 JDK，是 Java 语言的软件开发工具包，JDK 是整个 Java 开发的核心。它包括 Java 编译器、JVM、大量的 Java 工具以及 Java 基础 API（里面是 Java 类库和 Java 的语言规范）。没有 JDK，则无法编译 Java 程序（指 Java 源码文件）。

JDK 包含的基本组件如下。

- Javac：编译器，将源程序转成字节码。
- jar：打包工具，将相关的类文件打包成一个文件。
- javadoc：文档生成器，从源码注释中提取文档。
- jdb：debugger，查错工具。
- java：运行编译后的 java 程序（.class 后缀的）。
- appletviewer：小程序浏览器，一种执行 HTML 文件上的 Java 小程序的 Java 浏览器。
- Javah：产生可以调用 Java 过程的 C 过程，或建立能被 Java 程序调用的 C 过程的头文件。
- Javap：Java 反汇编器，显示编译类文件中的可访问功能和数据，同时显示字节代码含义。
- Jconsole：Java 进行系统调试和监控的工具。

JDK 的功能是构建在 Java 平台上发布的应用程序、Applet 和组件的开发环境，其提供的是无论用何种开发软件写 Java 程序都必须用到的类库和 Java 语言规范。

二、环境变量简介

环境变量（Environment Variables）一般是指在操作系统中用来指定操作系统运行环境的一些参数，如临时文件夹位置和系统文件夹位置等。

环境变量的主要作用如下。

- 设置参数：相当于给系统或用户应用程序设置的一些参数，具体起什么作用和具体的环境变量相关。
- 软件共用：环境变量可以很好地解决双系统的软件共用问题，如 C 盘安装 Windows 10，D 盘安装 Windows 7 时可能出现的某些软件不兼容问题。
- 系统运行：解决双系统环境下安装软件时需要向系统目录中复制某些文件，而使用另外一个系统时会由于缺少这些文件而无法运行的问题。

在 Java 中，一般需要配置如下两个环境变量，其名称和作用分别如下。

- Path 变量：指定可执行文件的搜索路径（即 JDK 的 bin 目录）。
- CLASSPATH 变量：CLASSPATH 变量是用来指定 Java 程序搜索类的路径。

其中，CLASSPATH 变量是在编译 Java 源码和运行程序时使用的，也就是为 Java 程序所依赖的接口、类等指定一个搜索路径。

工作任务 1.2　下载、安装及配置 Tomcat

教师评价：________

<table>
<tr><td colspan="4">学生工作任务单</td></tr>
<tr><td>关键知识点</td><td>Tomcat 的下载、安装及配置</td><td>完成日期</td><td>年　月　日</td></tr>
<tr><td>学习目标</td><td colspan="3">1. 了解 Tomcat 软件的功能和特点，并与其他服务器进行比较。（知识目标）
2. 能够独立下载、安装并配置 Tomcat。（能力目标）
3. 提升独立下载能力和动手安装软件能力。（能力目标）
4. 细致、认真地进行 Tomcat 软件的配置。（素质目标）
5. 提高网络下载安全意识，不随意下载软件，不去不明网站下载软件。（素质目标）</td></tr>
<tr><td>任务描述</td><td colspan="3">要开发 Java Web 应用程序，就要先搭建 JSP 开发环境，包括安装、配置 JDK，安装、配置 Web 服务器，以及安装、配置 Eclipse。安装及配置好 JDK 之后，请在计算机上下载、安装、配置 Tomcat 服务器。</td></tr>
<tr><td>实现思路</td><td colspan="3">1. 下载 Tomcat。
2. 安装、配置 Tomcat 服务器。</td></tr>
<tr><td>任务实现</td><td colspan="3">1. 下载 Tomcat。
Tomcat 下载地址为 https://tomcat.apache.org/。用户根据计算机配置下载对应的版本。需要说明的是，Tomcat 分为安装版本和免安装版本，本书选用的是 64 位的 Tomcat 10 免安装版，如图 1.2.1 所示。 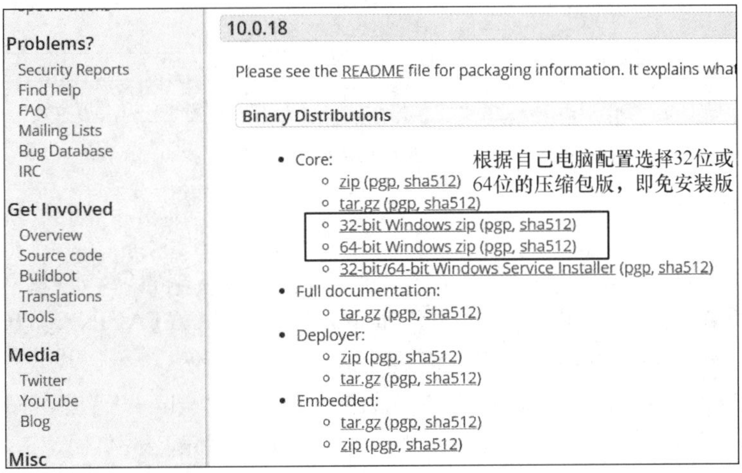

图 1.2.1</td></tr>
</table>

学生工作任务单			
关键知识点	Tomcat 的下载、安装及配置	完成日期	年　月　日

任务实现

2. 安装、配置 Tomcat 服务器。

将下载的 Tomcat 解压,解压位置可以自己选择。本书的解压位置及文件夹名称如图 1.2.2 所示。

› 此电脑 › Windows-SSD (C:) › apache-tomcat-10.0.18

名称	修改日期	类型
bin	2022/3/19 15:20	文件夹
conf	2022/3/19 15:20	文件夹
lib	2022/3/19 15:20	文件夹
logs	2022/3/9 14:30	文件夹
temp	2022/3/19 15:20	文件夹
webapps	2022/3/19 15:20	文件夹
work	2022/3/9 14:30	文件夹
BUILDING.txt	2022/3/9 14:30	文本文档
CONTRIBUTING.md	2022/3/9 14:30	MD 文件
LICENSE	2022/3/9 14:30	文件
NOTICE	2022/3/9 14:30	文件
README.md	2022/3/9 14:30	MD 文件
RELEASE-NOTES	2022/3/9 14:30	文件
RUNNING.txt	2022/3/9 14:30	文本文档

图 1.2.2

3. 配置 Tomcat 环境变量。

第一步:找到"此电脑",右击选择"属性"→"高级系统设置",单击"环境变量"按钮,单击系统变量部分的"新建"按钮,新建一个系统变量。变量名为 CATALINA_HOME,变量值就是刚才文件夹的路径,不需要带/bin,如图 1.2.3 所示,最后单击"确定"按钮。

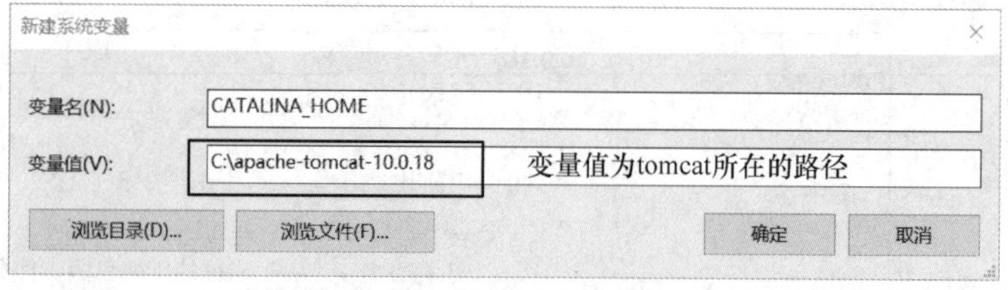

图 1.2.3

第二步:在系统变量中,找到 Path 变量,单击"编辑"按钮,进入如图 1.2.4 所示的界面。在末尾新添加两个变量值,分别为%CATALINA_HOME%\bin 和%CATALINA_HOME%\lib,建好后如图 1.2.5 所示。

第三步:验证 Tomcat 是否配置成功。按下"win+R"键,打开运行窗口,输入 cmd 指令,进入命令行窗口,切换到 Tomcat 目录\bin 目录下,输入 service. bat install,显示成功安装 Tomcat 服务项,如图 1.2.6 所示。在命令行中输入 catalina start 命令,成功启动 Tomcat 服务,如图 1.2.7 所示。至此,Tomcat 安装、配置完成。

学生工作任务单			
关键知识点	Tomcat 的下载、安装及配置	完成日期	年　月　日

任务实现

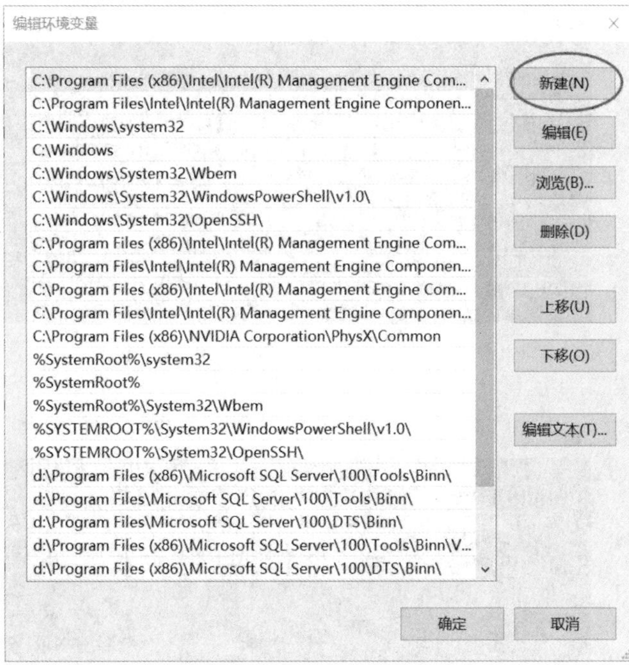

图 1.2.4

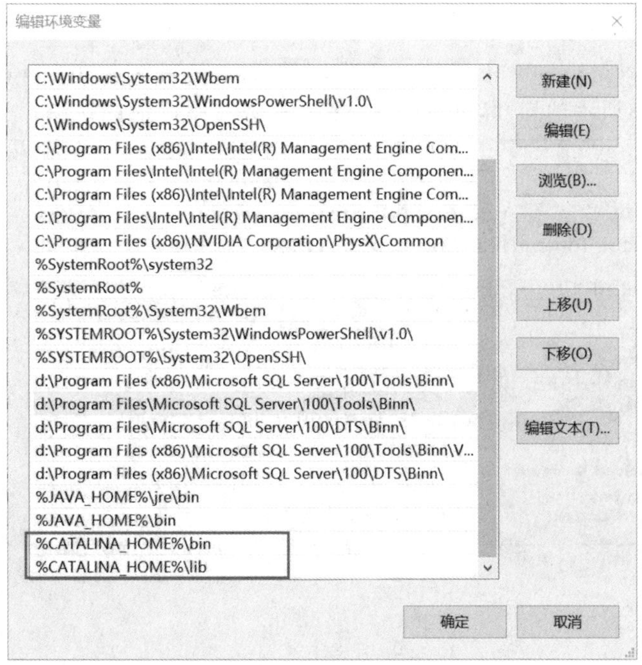

图 1.2.5

学生工作任务单			
关键知识点	Tomcat 的下载、安装及配置	完成日期	年　月　日

任务实现

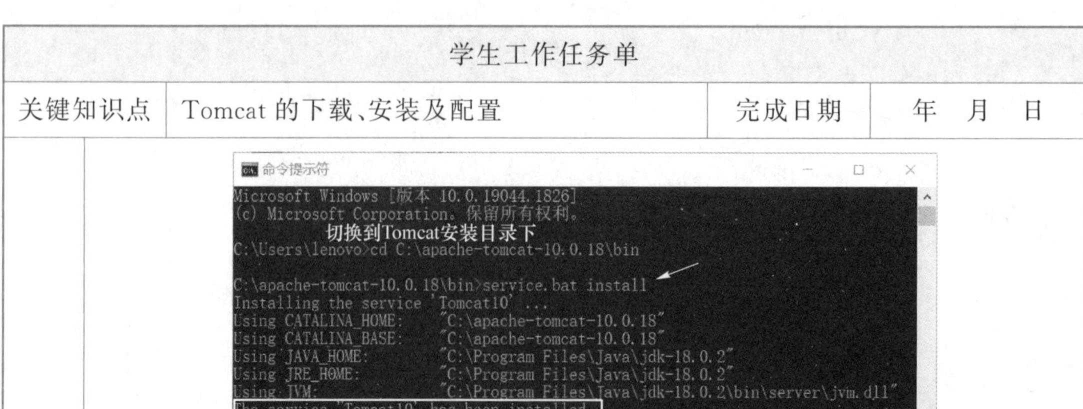

图 1.2.6

```
(c) Microsoft Corporation。保留所有权利。

C:\Users\lenovo>catalina start
Using CATALINA_BASE:   "C:\apache-tomcat-10.0.18"
Using CATALINA_HOME:   "C:\apache-tomcat-10.0.18"
Using CATALINA_TMPDIR: "C:\apache-tomcat-10.0.18\temp"
Using JRE_HOME:        "C:\Program Files\Java\jdk-18.0.2"
Using CLASSPATH:       "C:\apache-tomcat-10.0.18\bin\bootstrap.jar;C:\apache-tomcat-10.0.18\bin\tomcat-juli.jar"
Using CATALINA_OPTS:   ""

C:\Users\lenovo>
```

图 1.2.7

第四步：Tomcat 测试。在浏览器地址栏输入 http://localhost:8080，出现如图 1.2.8所示的界面，则说明 Tomcat 服务器运行正常。

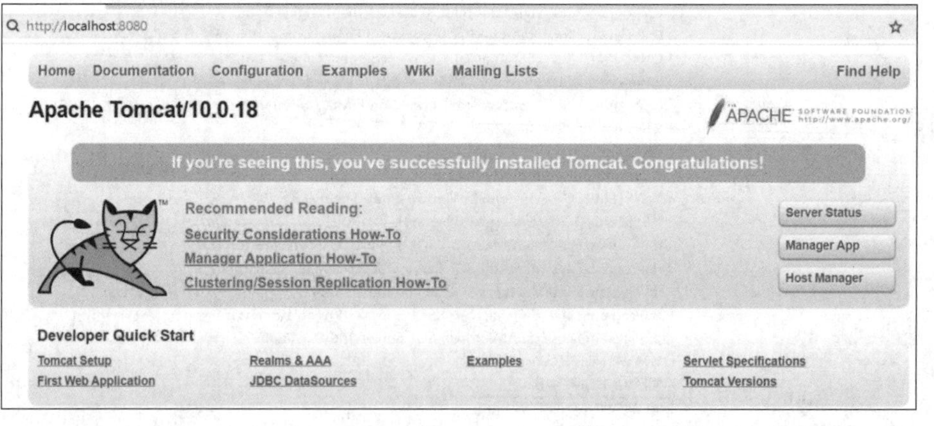

图 1.2.8

<table>
<tr><th colspan="4">学生工作任务单</th></tr>
<tr><td>关键知识点</td><td colspan="1">Tomcat 的下载、安装及配置</td><td>完成日期</td><td>年 月 日</td></tr>
<tr><td>总结</td><td colspan="3">该任务主要是搭建 Tomcat 服务器环境，其重点在于 Tomcat 服务器的配置。软件的配置是一项细致的工作，配错一个标点符号，都不能成功。</td></tr>
<tr><td>职业素养养成</td><td colspan="3">时代在变化，快速、高效地完成所需软件、资料的下载已是必备能力。丰富的网络资源为我们学习提供了极大的便利，但很多软件都有捆绑现象，甚至潜藏了病毒，大家不要随意下载软件，不去不明网站下载软件，提升网络下载安全意识。</td></tr>
<tr><td rowspan="3">评价</td><td>完成情况(自评)：</td><td colspan="2">□顺利完成 □在他人帮助下完成 □未完成</td></tr>
<tr><td>团队合作(组内评)：</td><td colspan="2">组长签字：</td></tr>
<tr><td>学习态度(教师评)：</td><td colspan="2">教师签字：</td></tr>
<tr><td>课后拓展</td><td colspan="3">查阅资料，了解其他常用的 Web 服务器及特点。</td></tr>
<tr><td>学习笔记</td><td colspan="3"></td></tr>
</table>

知识加油站

一、URL 简介

在互联网上，如何实现资源访问？在互联网上，每一个信息资源都有统一的且唯一的地址，该地址就叫统一资源定位符(Uniform Resource Locator，URL)，计算机通过 URL 实现资源访问。

二、Web 服务器简介

Web 服务器一般指网站服务器，是指驻留于因特网上某种类型计算机的程序，可以处理浏览器等 Web 客户端的请求并返回相应响应，其主要功能是提供网上信息浏览服务；可以放置数据文件，让全世界的人们下载。目前，最主流的三个 Web 服务器是 Apache、Nginx、IIS。

三、Tomcat 简介

Tomcat 是 Apache 软件基金会(Apache Software Foundation)的 Jakarta 项目中的一个核心项目，它早期的名称为 catalina，后来由 Apache、Sun 和其他一些公司及个人共同开发而成，并更名为 Tomcat。

Tomcat 服务器是一个免费的、开放源代码的 Web 应用服务器。它属于轻量级应用服务器，在中小型系统和并发访问用户不是很多的场合下被普遍使用，是开发和调试 JSP 程序的首选。Tomcat 和 IIS 等 Web 服务器一样，具有处理 HTML 页面的功能。另外，它还是一个 Servlet 和 JSP 容器，独立的 Servlet 容器是 Tomcat 的默认模式。

Tomcat 服务器的特点如下。

- Apache 旗下的 Jakarta 的开源项目。
- 轻量级应用服务器。
- Servlet/JSP 服务器。
- 开源、稳定、资源占用小。

Tomcat 版本所对应的 Servlet 版本和 JSP 规范版本如表 1.2.1 所示。

表 1.2.1　Tomcat 版本及对应的 Servlet 版本和 JSP 规范版本

Apache Tomcat 版本	Servlet 版本/JSP 规范版本
10.0.X	5.0/3.0
9.0.X	4.0/2.3
7.0.X	3.0/2.2
6.0.X	2.5/2.1

四、配置 Tomcat 的端口号

Tomcat 的默认端口号是 8080，如果想更改默认端口号，可以通过配置文件 server.xml 进行修改。其方法是，找到 Tomcat 安装目录下的 conf 文件夹，打开 server.xml 文件，找到以下节点：

```
<Connector port = "8080"
    protocol = "HTTP/1.1"
    connectionTimeout = "20000"
    redirectPort = "8443"
/>
```

将 port 的属性值改为新的端口号即可。

工作任务 1.3　下载、安装及配置 Eclipse

教师评价：

<table>
<tr><th colspan="4">学生工作任务单</th></tr>
<tr><td>关键知识点</td><td>Eclipse 的下载、安装及配置</td><td>完成日期</td><td>年　月　日</td></tr>
<tr><td>学习目标</td><td colspan="3">1. 熟悉 Eclipse 软件的功能和特点。比较 Eclipse 和 MyEclipse 的区别。(知识目标)
2. 能够独立下载、安装并配置 Eclipse，提高动手安装软件的能力。(能力目标)
3. 软件的下载、安装和配置是一个较烦琐的过程，且配置过程容易出错，操作时既要认真，又要有耐心。(素质目标)</td></tr>
<tr><td>任务描述</td><td colspan="3">用 Java 语言开发 Web 应用程序。首先，搭建 JSP 开发环境，包括安装、配置 JDK，安装、配置 Web 服务器，以及安装、配置 Eclipse。安装及配置好 JDK、Tomcat 之后，请在计算机上下载、安装 Eclipse，并配置 Eclipse 中的 Tomcat 服务器。</td></tr>
<tr><td>实现思路</td><td colspan="3">1. 下载 Eclipse。
2. 安装 Eclipse。
3. 配置 Eclipse 中的 Tomcat 服务器。</td></tr>
<tr><td>任务实现</td><td colspan="3">1. 下载 Eclipse。
打开 Eclipse 官网(地址为 https://www.eclipse.org/downloads/)，下载 Eclipse，如图 1.3.1 所示。单击“Download Packages”，下载的是免安装版本的 Eclipse，下载后是一个.zip 压缩文件。单击下载链接“DOWNLOAD x86_64”，下载的则是 installer 版本的 Eclipse，下载后会出现一个 eclipse-inst-jre-win64.exe 可执行文件。 
https://www.eclipse.org/downloads/
Get Eclipse IDE 2022-03
Install your favorite desktop IDE packages.
此链接下载的是安装版本的
Download x86_64
Download Packages | Need Help?
此链接下载的软件是免安装版本的
图 1.3.1</td></tr>
</table>

学生工作任务单			
关键知识点	Eclipse 的下载、安装及配置	完成日期	年　月　日

任务实现

2. 安装 Eclipse。

如果下载的是 installer 版本，下载之后双击安装文件进行安装。本书选用的是免安装版本的，解压后，找到 eclipse.exe，双击启动 Eclipse，即可使用。

3. 配置 Eclipse 中的 Tomcat 服务器。

要想在 Eclipse 中运行 JSP 文件，首先需要指定对应的服务器。本书采用的是 Tomcat 服务器，所以需要将 Eclipse 与 Tomcat 进行绑定，步骤如下。

(1) 在 Eclipse 菜单栏上选择“Window→Preferences→Server→Runtime Environment”，进入如图 1.3.2 所示的界面，单击“Add”按钮。

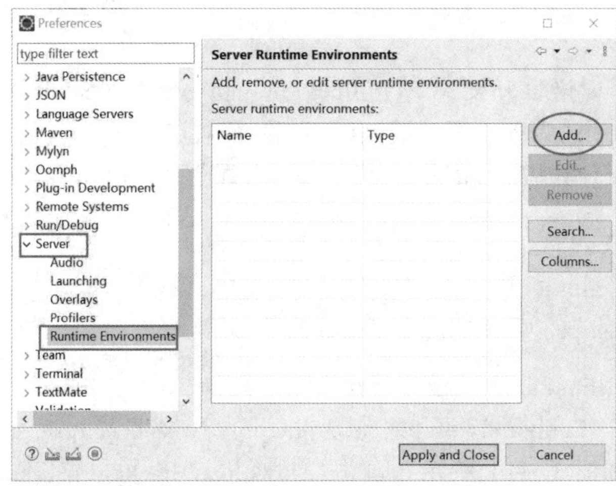

图 1.3.2

(2) 进入图 1.3.3 所示的界面后，选择已经成功安装的 Tomcat 版本，单击“Next”按钮。

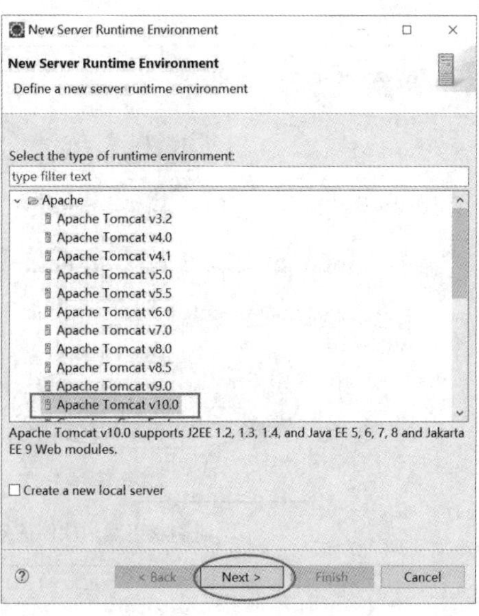

图 1.3.3

学生工作任务单			
关键知识点	Eclipse 的下载、安装及配置	完成日期	年　月　日

任务实现

(3) 进入图 1.3.4 所示的界面后，单击“Browse”按钮，选择计算机中已经安装的 Tomcat 的文件夹，并在下方 JRE 选项卡中选择安装的 JRE 版本，单击“Finish”按钮保存修改。

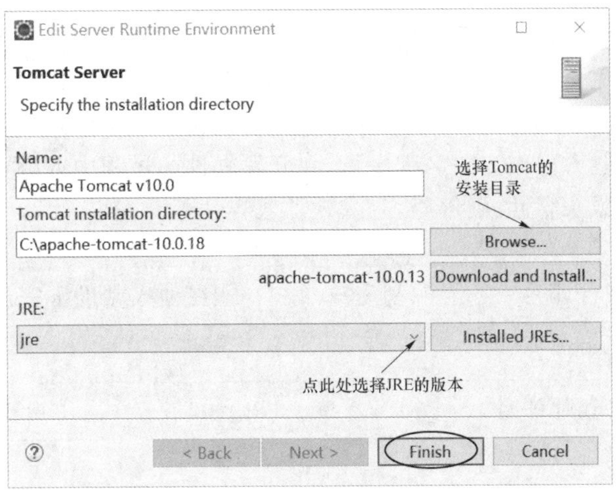

图 1.3.4

(4) 进入图 1.3.5 所示的界面，单击“Apply and Close”按钮使修改生效。至此，Eclipse 中的 Tomcat 服务器配置完成。

图 1.3.5

<table>
<tr><th colspan="4">学生工作任务单</th></tr>
<tr><td>关键知识点</td><td>Eclipse 的下载、安装及配置</td><td>完成日期</td><td>年 月 日</td></tr>
<tr><td>总结</td><td colspan="3">该任务主要是下载、安装及配置 Eclipse。</td></tr>
<tr><td>职业素养养成</td><td colspan="3">每台计算机的环境不同，软件的兼容性也各不相同。所以，在软件的安装、配置过程中难免会遇到问题。遇到问题时，切莫着急，可以先尝试自己解决；如果自己解决不了，可以向老师和同学求助。在不断地尝试摸索中，逐渐提高自己调试环境和解决问题的能力。作为一名程序员，在开发软件的过程中务必重视软件的兼容性问题，包括浏览器兼容性、硬件兼容性、软件兼容性等。</td></tr>
<tr><td rowspan="3">评价</td><td>完成情况(自评)：</td><td colspan="2">□顺利完成 □在他人帮助下完成 □未完成</td></tr>
<tr><td>团队合作(组内评)：</td><td colspan="2">组长签字：</td></tr>
<tr><td>学习态度(教师评)：</td><td colspan="2">教师签字：</td></tr>
<tr><td>课后拓展</td><td colspan="3">帮助其他同学完成 JSP 开发环境的搭建。</td></tr>
<tr><td>学习笔记</td><td colspan="3"></td></tr>
</table>

Eclipse 简介

Eclipse 是一个开放源代码的、基于 Java 的可扩展开发平台，是跨平台的自由集成开发环境(IDE)。Eclipse 本身只是一个框架平台，但是众多插件的支持使得 Eclipse 具有很大的灵活性。Eclipse 项目由 IBM 发起，围绕着 Eclipse 项目已经发展成了一个庞大的 Eclipse 联盟。因为其开放源码，任何人都可以免费得到，并可以在此基础上开发各自的插件，所以越来越受到人们的关注。随后，有包括 Oracle 在内的许多大公司也纷纷加入了该项目。Eclipse 的目标是成为可进行任何语言开发的 IDE 集成者，使用者只需下载各种语言的插件即可。

工作任务 1.4 创建第一个 Web 项目

教师评价：____________

<table>
<tr><th colspan="5">学生工作任务单</th></tr>
<tr><td colspan="2">关键知识点</td><td>在 Eclipse 中创建 Web 项目、调试 JSP 程序的步骤</td><td>完成日期</td><td>年 月 日</td></tr>
<tr><td>学习目标</td><td colspan="4">1. 熟悉 Eclipse 开发平台的使用。（知识目标）
2. 能够独立创建一个 Web 项目，创建 JSP 页面，并运行该页面。（能力目标）
3. 在调试程序的过程中，锻炼解决问题的能力。（素质目标）</td></tr>
<tr><td>任务描述</td><td colspan="4">JSP 运行环境已经搭建好了，如何开发 Java Web 应用程序呢？本次任务是创建第一个 Web 项目，名称为 TestWeb，在项目中新建一个 JSP 页面，并向浏览器输出：Hello World！</td></tr>
<tr><td>实现思路</td><td colspan="4">1. 新建 Web 项目。
2. 创建 Tomcat 服务器。
3. 编写 JSP 文件。
4. 运行 JSP 文件。</td></tr>
<tr><td>任务实现</td><td colspan="4">1. 新建 Dynamic Web Project 项目，名称为 TestWeb。
第一步：在 Eclipse 工具栏中选择“File→New→Dynamic Web Project”选项，进入图 1.4.1 所示的界面，在 Project name 中输入项目名称 TestWeb，并单击“Next”按钮继续。 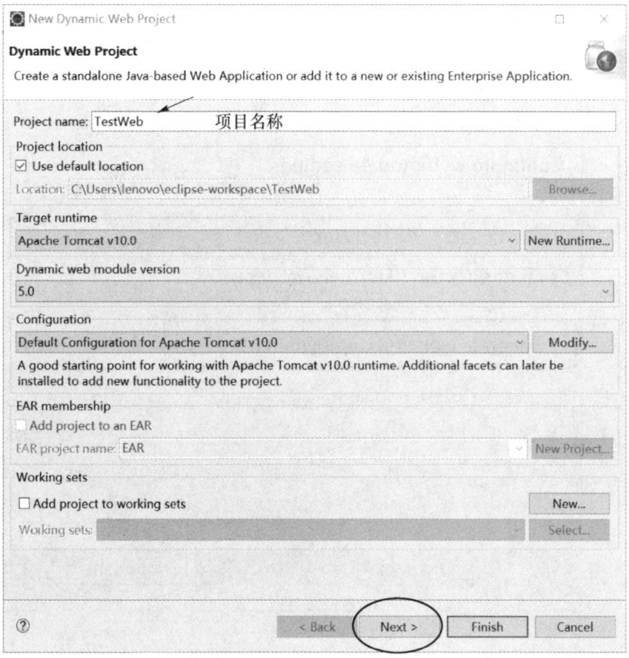
图 1.4.1</td></tr>
</table>

学生工作任务单			
关键知识点	在 Eclipse 中创建 Web 项目、调试 JSP 程序的步骤	完成日期	年　月　日

任务实现

第二步：进入图 1.4.2 所示的界面。在该界面中，可以单击“Edit”按钮修改用于保存 Java 源文件的路径，也可以采用默认的路径，然后单击“Next”按钮。

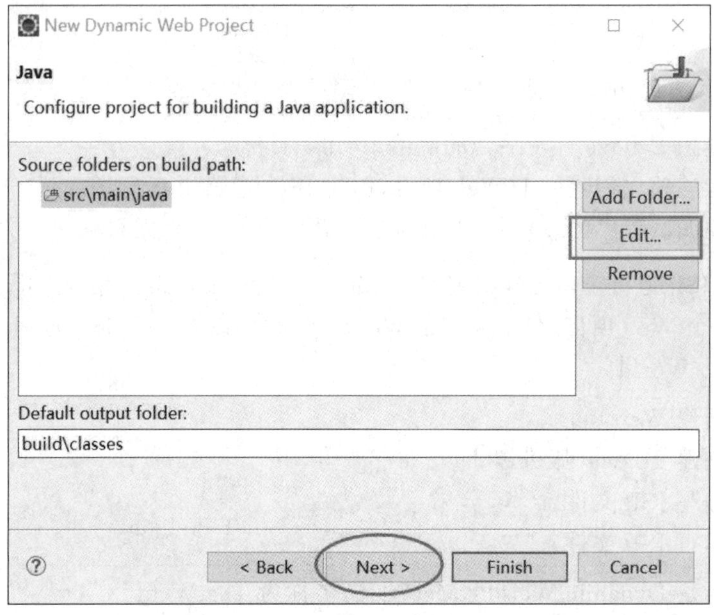

图 1.4.2

第三步：进入图 1.4.3 所示的界面，可以修改用于保存 Web 模块的内容的路径。本书采用默认，勾选自动创建 web.xml 后，单击“Finish”按钮完成项目创建。

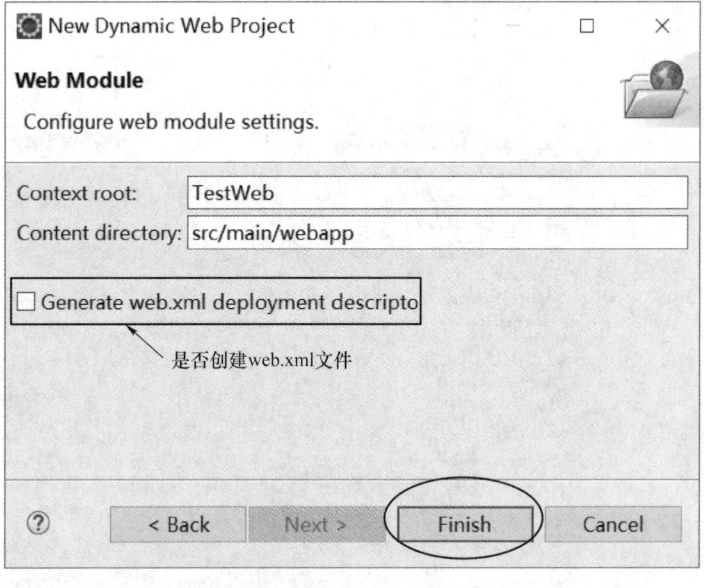

图 1.4.3

学生工作任务单			
关键知识点	在 Eclipse 中创建 Web 项目、调试 JSP 程序的步骤	完成日期	年　月　日

任务实现

2. 创建 Tomcat 服务器。

第一步：在 Eclipse 工作台底部居中的位置选中“Servers”选项卡，如果之前创建过 Tomcat 服务器，那么此步骤省略。如果之前没有创建过 Web 服务器，显示效果则如图 1.4.4 所示，点击该链接。

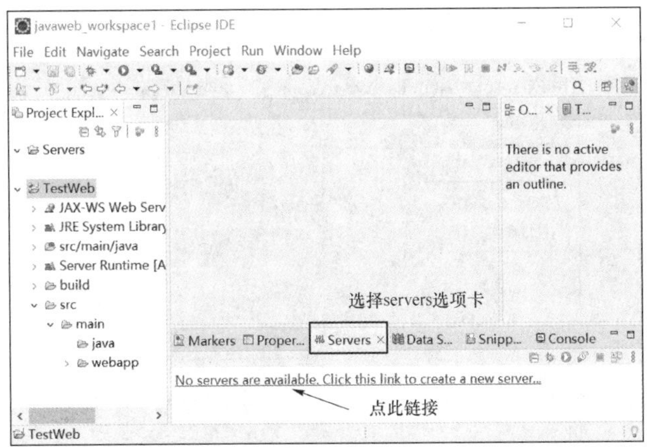

图 1.4.4

第二步：进入图 1.4.5 所示的界面，展开 apache 节点，选择本机上所安装的对应的服务器版本，即 Tomcat v10.0 Server，然后单击“Next”按钮。

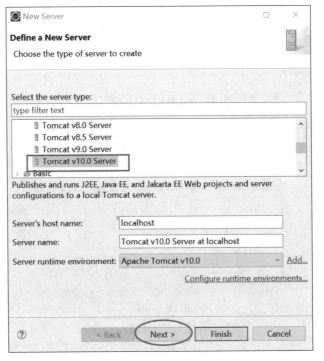

图 1.4.5

学生工作任务单			
关键知识点	在 Eclipse 中创建 Web 项目、调试 JSP 程序的步骤	完成日期	年　月　日

任务实现

第三步：进入图 1.4.6 所示的界面，将刚才新建的项目 TestWeb 项目添加到服务器，单击“Finish”按钮。

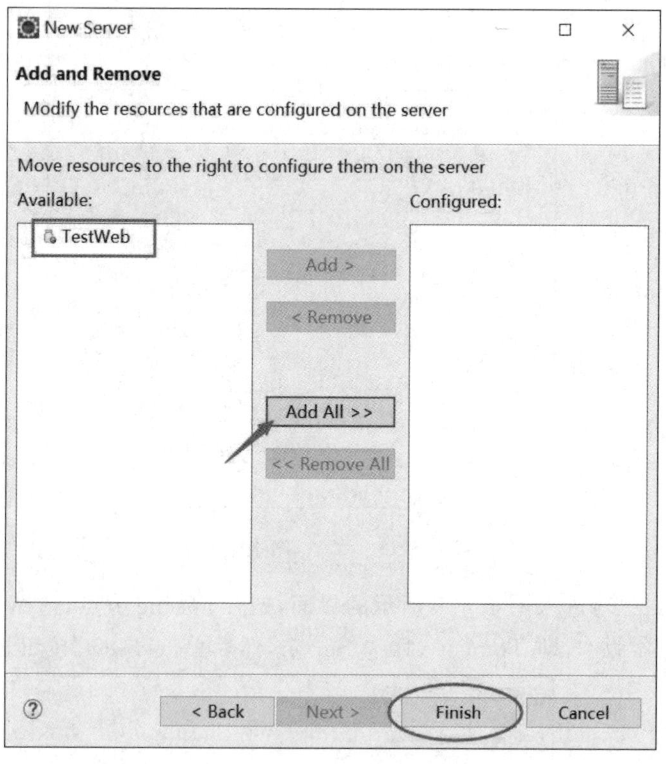

图 1.4.6

第四步：若出现图 1.4.7 所示的效果，则说明服务器创建成功，并且将 TestWeb 项目部署到了该服务器。

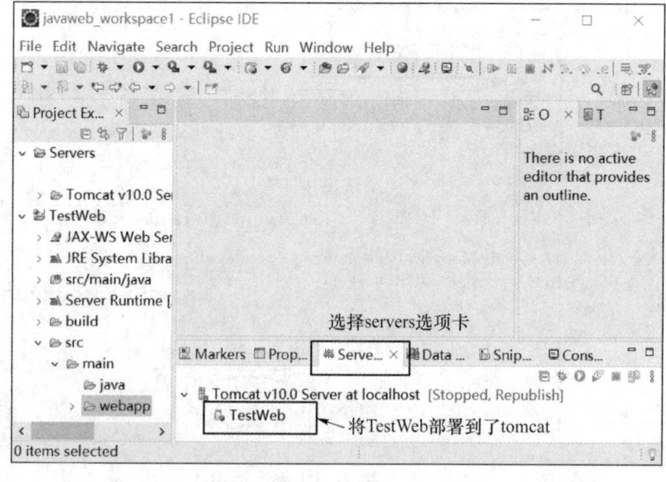

图 1.4.7

学生工作任务单			
关键知识点	在 Eclipse 中创建 Web 项目、调试 JSP 程序的步骤	完成日期	年 月 日

任务实现

3. 编写 JSP 文件。

第一步：Web 项目结构如图 1.4.8 所示。接下来，在 webapp 路径下创建 JSP 文件，右击 webapp 文件夹，选择“New→JSP File”。

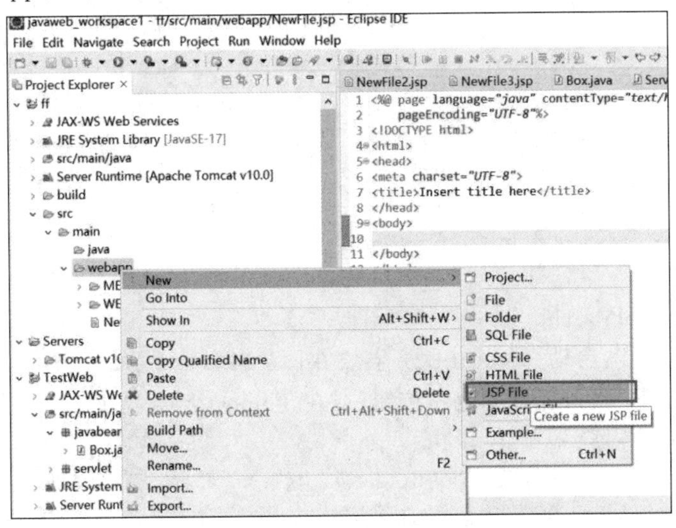

图 1.4.8

第二步：在图 1.4.9 所示界面中的 File name 中输入 JSP 文件名 index.jsp，单击“Finish”按钮，完成 JSP 文件创建。

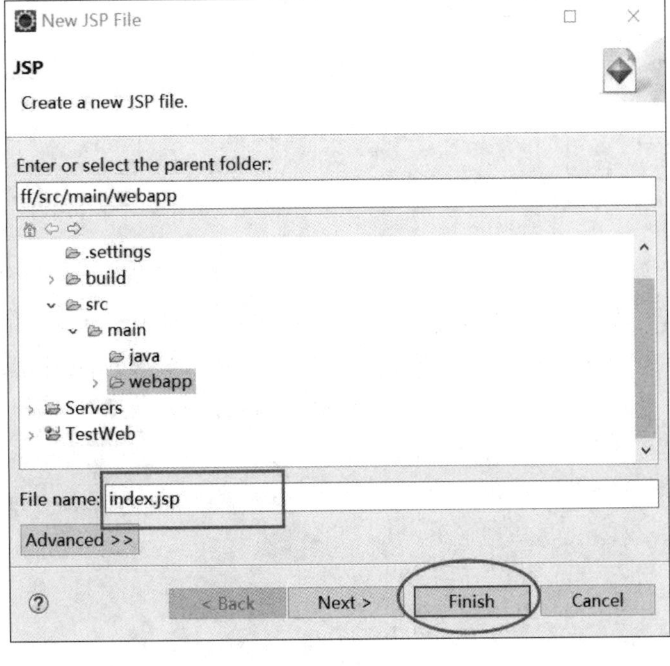

图 1.4.9

学生工作任务单			
关键知识点	在 Eclipse 中创建 Web 项目、调试 JSP 程序的步骤	完成日期	年　月　日

任务实现

第三步：编辑 index. jsp 文件下< title >和< body >中的内容，如图 1. 4. 10 所示。

```
index.jsp ×
<%@ page language="java" contentType="text/html; charset=UTF-8"
    pageEncoding="UTF-8"%>
<!DOCTYPE html>
<html>
<head>
<meta charset="UTF-8">
<title>TestWeb</title>
</head>
<body>
Hello  World!
</body>
</html>
```

图 1. 4. 10

4. 运行 JSP 文件。

第一步：启动 Tomcat 服务器。在图 1. 4. 11 所示的位置选择服务器，然后单击其右上方工具条部分的三角按钮（或在 Tomcat 服务器上右击，选择“start”），即可启动当前服务器。

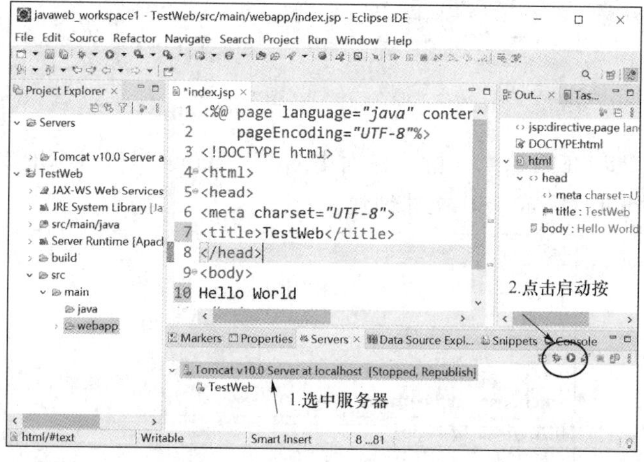

图 1. 4. 11

第二步：在地址栏中输入 http://localhost:8080/TestWeb/或者 http://localhost:8080/TestWeb/index. jsp，若出现如图 1. 4. 12 所示效果，则程序运行成功。

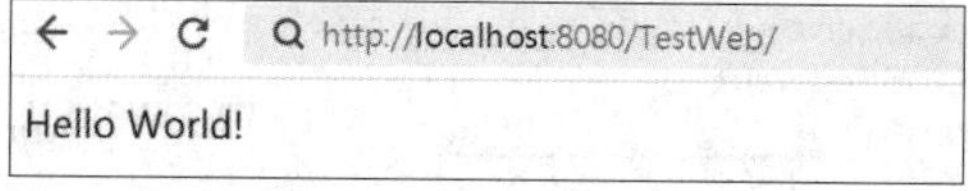

图 1. 4. 12

<table>
<tr><th colspan="4">学生工作任务单</th></tr>
<tr><td>关键知识点</td><td>在 Eclipse 中创建 Web 项目、调试 JSP 程序的步骤</td><td>完成日期</td><td>年 月 日</td></tr>
<tr><td>总结</td><td colspan="3">从新建 Web 项目，创建 Tomcat 服务器，编写 JSP 文件，到最后运行 JSP 文件，这是一个完整的过程，并且可以在这个项目中继续创建其他的 JSP 文件，部署到 Tomcat 后运行。
当访问一个 Web 应用程序时，通常需要指定访问的资源名称。如果没有指定资源名称，则会访问默认的页面。本例中，在访问资源时，没有指定名称，访问的是默认的页面。</td></tr>
<tr><td>职业素养养成</td><td colspan="3">在实际工作中，能熟练使用开发平台是最基本的岗位技能。</td></tr>
<tr><td rowspan="3">评价</td><td>完成情况(自评)：</td><td colspan="2">□顺利完成 □在他人帮助下完成 □未完成</td></tr>
<tr><td>团队合作(组内评)：</td><td colspan="2">组长签字：</td></tr>
<tr><td>学习态度(教师评)：</td><td colspan="2">教师签字：</td></tr>
<tr><td>课后拓展</td><td colspan="3">拓展 1：JSP 页面的默认字符编码集为 ISO-8859-1，该字符集不能处理中文，需要将字符编码集改为 UTF-8。如果每次都手动修改，比较麻烦，请修改配置，设置 JSP 模板页面中的默认字符编码为 UTF-8。
拓展 2：在 TestWeb 项目中，新建一个 JSP 页面，名称为 test.jsp，输入内容“China 你好！”，在浏览器中运行该页面。</td></tr>
<tr><td>学习笔记</td><td colspan="3"></td></tr>
</table>

知识加油站

一、在 Eclipse 中修改字体、字号

在 Eclipse 工具栏中选择“Window→Preferences→General→Appearance→Colors and Fonts”，在该界面中，找到 Basic 并展开，找到 Text Font，如图 1.4.13 所示，然后单击右侧的“Edit”按钮，打开如图 1.4.14 所示的设置字体的界面，可根据需要设置字体和字号。

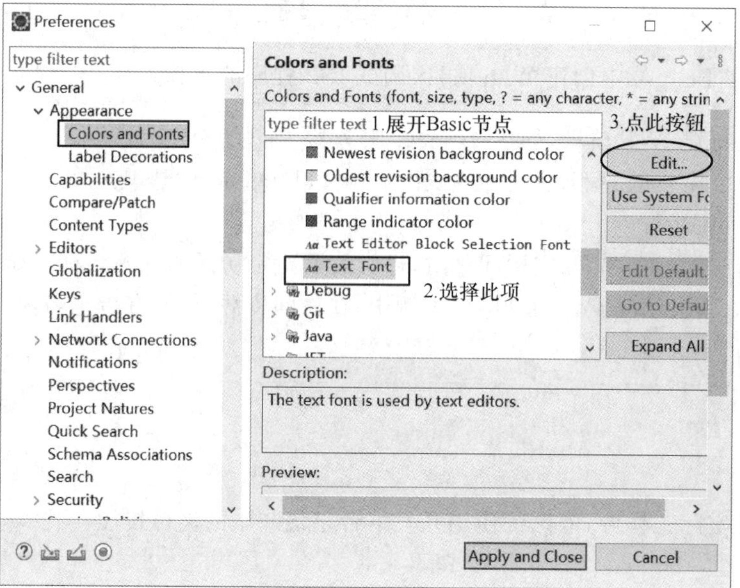
Preferences
type filter text
General
Appearance
Colors and Fonts
Label Decorations
Capabilities
Compare/Patch
Content Types
Editors
Globalization
Keys
Link Handlers
Network Connections
Notifications
Perspectives
Project Natures
Quick Search
Schema Associations
Search
Security
Colors and Fonts
Colors and Fonts (font, size, type, ? = any character, * = any strin
type filter text 1.展开Basic节点
3.点此按钮
Newest revision background color
Oldest revision background color
Qualifier information color
Range indicator color
Text Editor Block Selection Font
Text Font
2.选择此项
Debug
Git
Java
Edit...
Use System Fo
Reset
Edit Default
Go to Defau
Expand All
Description:
The text font is used by text editors.
Preview:
Apply and Close
Cancel

图 1.4.13

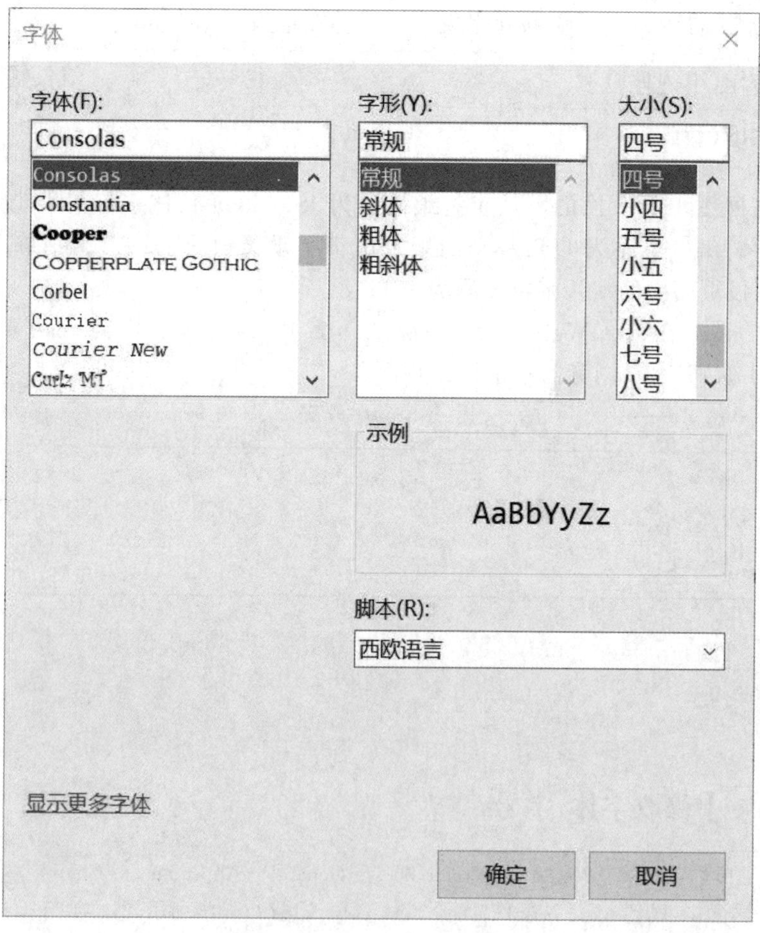
字体
字体(F):
Consolas
Consolas
Constantia
Cooper
Copperplate Gothic
Corbel
Courier
Courier New
Curlz MT
字形(Y):
常规
常规
斜体
粗体
粗斜体
大小(S):
四号
四号
小四
五号
小五
六号
小六
七号
八号
示例
AaBbYyZz
脚本(R):
西欧语言
显示更多字体
确定
取消

图 1.4.14

二、在 Eclipse 中显示各类窗口

对于初学者,如果不小心关闭了某个窗口,如何让该窗口恢复呢? 方法是:在 Eclipse 工具栏中选择"Window→Show View",如图 1.4.15 所示,用户可以根据需要选择想要显示的视图窗口。另外,我们还可以通过在 Eclipse 工具栏中选择"Window→Perspective→Reset Perspective"来重置窗口,将窗口恢复为系统默认的样式。

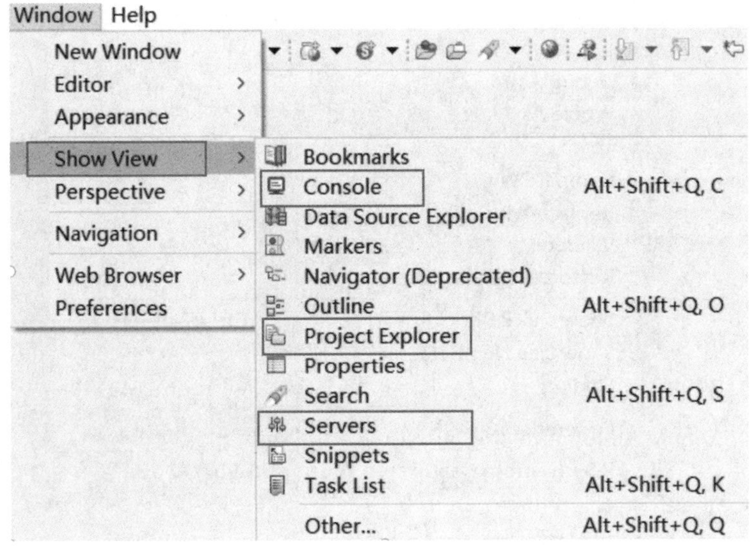

图 1.4.15

三、在 Eclipse 中显示行号

方法一:在 Eclipse 菜单栏依次选择"Window→Preferences→Gerenal→Editors→Text Editors",然后勾选右侧的"Show line numbers",如图 1.4.16 所示,即可显示行号。

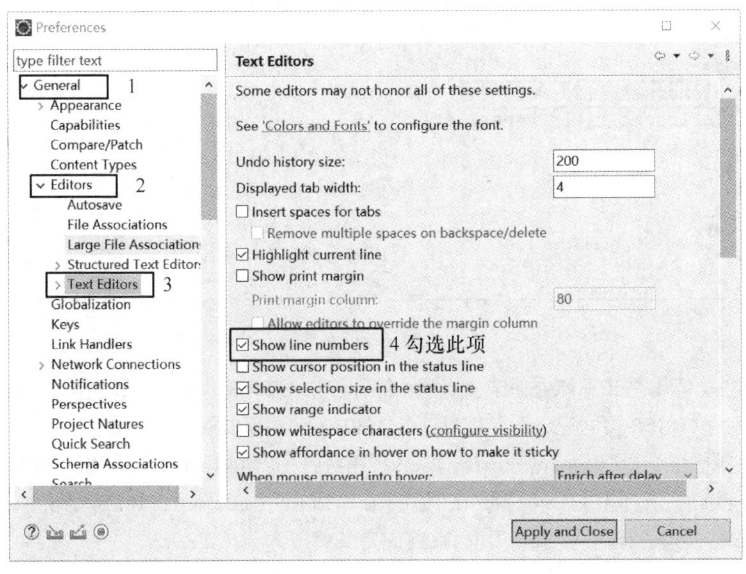

图 1.4.16

方法二:打开一个代码页面,右击其侧边栏,会显示如图 1.4.17 所示的菜单,勾选“Show Line Numbers”,即可显示行号。

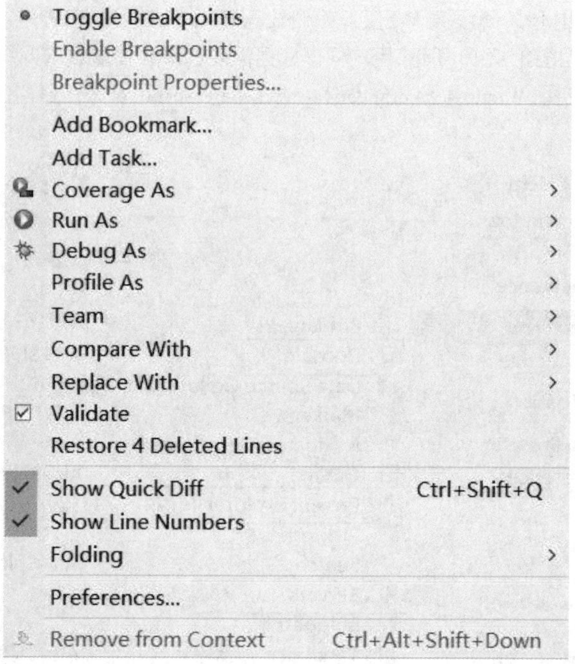

图 1.4.17

四、设置 JSP 模板页面中默认的字符编码

在 Eclipse 中,当我们新建一个 JSP 页面时,JSP 的默认编码是 ISO-8859-1,如图 1.4.18 所示。

```
NewFile.jsp ×
<%@ page language="java" contentType="text/html; charset=ISO-8859-1"
    pageEncoding="ISO-8859-1"%>
<!DOCTYPE html>
<html>
<head>
<meta charset="ISO-8859-1">
<title>Insert title here</title>
</head>
<body>

</body>
</html>
```

图 1.4.18

由于 ISO-8859-1 编码格式不能处理中文,所以需要改为 UTF-8。若每个页面都手动修改的话,则比较麻烦。那么,如何让一个 JSP 页面在新建时就默认是 UTF-8 编码格式呢?方法如下。

在 Eclipse 菜单栏中选择“Window→Preferences”,在打开的界面中依次展开 Web 节点下的 JSP Files,找到右侧的 Encoding 选项,选择 UTF-8 编码方式,如图 1.4.19 所示,单击“Apply”或“Apply and Close”按钮使设置生效。设置之后,再次新建一个 JSP 页面,其编码方式就改为了 UTF-8。

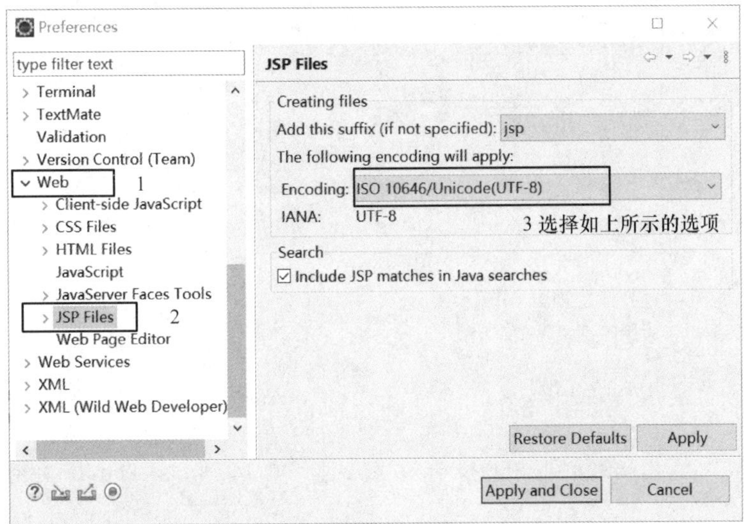

图 1.4.19

模块过关测评

本模块主要搭建了 JSP 开发环境，包括 JDK、Tomcat、Eclipse 等软件的下载、安装和配置。可以扫描二维码闯关答题。

随手记

模块二　JSP基本语法训练

模块导读

JSP 是 Java Server Pages 的简称，是 SUN 公司定义的一种用于开发动态 Web 资源的技术，目前是 Web 开发中的主流选择，它具有一套完整的语法规范。在本模块中，我们将学习 JSP 的基本语法知识。

职业能力

- 会编写由 JSP 脚本元素（如声明、脚本段、表达式）、指令元素（如 page、include、taglib、tag 等）、动作元素（如 <jsp:include>、<jsp:forward> 等）和注释（如 JSP 隐藏注释、Java 注释、HTML 注释）构成的程序，熟知各个元素的基本语法。
- 会调试程序，会分析、定位、排除常见的错误（由于语法有误引起的错误）。

本模块知识树

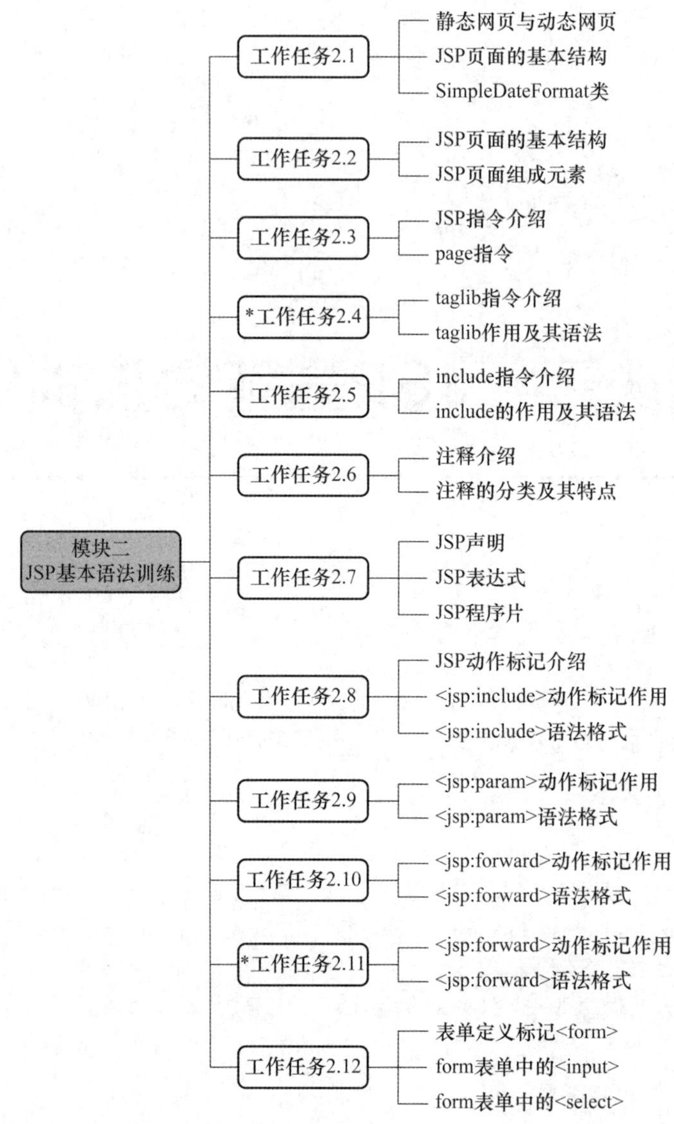

学习成长自我跟踪记录

在本模块中，表 2.0.1 用于学生自己跟踪学习，记录成长过程，方便自查自纠。如果完成该项，请在对应表格内画√，并根据自己的掌握程度，在对应栏目中画√。

表 2.0.1　学生学习成长自我跟踪记录表

任务单	课前预习	课中任务	课后拓展	掌握程度
工作任务 2.1				□掌握　□待提高
工作任务 2.2				□掌握　□待提高
工作任务 2.3				□掌握　□待提高
工作任务 2.4				□掌握　□待提高
工作任务 2.5				□掌握　□待提高
工作任务 2.6				□掌握　□待提高
工作任务 2.7				□掌握　□待提高
工作任务 2.8				□掌握　□待提高
工作任务 2.9				□掌握　□待提高
工作任务 2.10				□掌握　□待提高
工作任务 2.11				□掌握　□待提高
工作任务 2.12				□掌握　□待提高

工作任务 2.1　动态输出当前日期

教师评价：＿＿＿＿＿＿

学生工作任务单			
关键知识点	JSP 动态网页的特点	完成日期	年　月　日
学习目标	1. 掌握动态网页的特点，了解 JSP 页面基本结构和运行原理。（知识目标） 2. 能在浏览器上动态输出当前日期。（能力目标） 3. 调试程序时，多观察运行结果，并对比、分析代码，养成善观察、勤思考的学习习惯。（素质目标）		
任务描述	如何在浏览器上动态输出当前日期？显然，无法通过静态 HTML 达到该效果，试一试 JSP，看是否可行？		
实现思路	1. 新建 Dynamic Web Project 项目，项目名称为 JavaWEB。 2. 新建 part2.1_Javaweb.jsp 文件，使用 new java.util.Date()生成当前日期时间，使用 SimpleDateFormat 将日期时间格式化成“yyyy 年 MM 月 dd 日”。 3. 在浏览器运行该页面，观察运行效果，并分析代码。		

任务实现

1. 新建 Dynamic Web Project，名称为 JavaWEB。
2. 在 JavaWEB 项目中的 webapp 文件夹中新建 part2.1_Javaweb.jsp，使用 new java.util.Date()生成当前日期时间，使用 SimpleDateFormat 将日期时间格式化成“yyyy 年 MM 月 dd 日”，代码如下。

```
<%@ page language="java" contentType="text/html; charset=UTF-8" pageEncoding=
"UTF-8" import="java.util.*,java.text.*" %>
<!DOCTYPE html>
<html>
<head>
<meta charset="UTF-8">
<title>输出当前日期</title>
</head>
<body>
您好,Mary,今天是
<%
  SimpleDateFormat formater = new SimpleDateFormat("yyyy 年 MM 月 dd 日");
  String strCurrentTime = formater.format(new java.util.Date());
%>
<%= strCurrentTime %>
```

<table>
<tr><th colspan="4">学生工作任务单</th></tr>
<tr><td>关键知识点</td><td>JSP 动态网页的特点</td><td>完成日期</td><td>年　月　日</td></tr>
<tr><td>任务实现</td><td colspan="3">

</body>
</html>

3. 启动 Tomcat 服务器，在地址栏中输入http://localhost:8080/JavaWEB/part2.1_Javaweb.jsp，运行结果如图 2.1.1 所示。

图 2.1.1

4. 打开 Eclipse 的工作空间 workspace，依次找到如下目录\.metadata\.plugins\org.eclipse.wst.server.core\tmp0\work\Catalina\localhost\JavaWEB\org\apache\jsp，然后找到图 2.1.2 标识的两个文件。其中.java 文件是当在浏览器中运行 part2.1_Javaweb.jsp 页面时，该 JSP 页面被转换成了.java 文件（即 Servlet），而图中的.class 文件是 JSP 引擎调用 Java 编译器把该.java 文件编译成了.class 文件（即字节码文件），最后由虚拟机解释、执行该.class 文件，并将响应以 HTML 传给客户端。

名称	类型	大小
part2_1_005fJavaweb_jsp.class	CLASS 文件	6 KB
part2_1_005fJavaweb_jsp.java	JAVA 文件	6 KB
part7_1_005fCKE_jsp.class	CLASS 文件	8 KB
part7_1_005fCKE_jsp.java	JAVA 文件	8 KB

图 2.1.2

</td></tr>
<tr><td>总结</td><td colspan="3">该案例中，通过 new java.util.Date()生成当前日期时间，SimpleDateFormat 将日期时间格式化成“yyyy 年 MM 月 dd 日”，然后通过表达式<%=%>输出当前日期。通过这个案例，理解 JSP 是动态网页，可以动态地输出当前的日期；而 HTML 是静态网页，无法动态地输出当前日期。</td></tr>
<tr><td>职业素养养成</td><td colspan="3">动态网页交互性好，功能强大。所以，现在的网站基本都是通过动态网页技术实现的，而 JSP 是最主流的动态网页技术之一，充分了解 JSP 的原理是 Web 开发的基础。同时，在完成任务的过程中，要多调试程序，观察分析程序运行数据，思考出现这样的结果的原因，养成多观察、勤思考的学习习惯。</td></tr>
</table>

<table>
<tr><th colspan="4">学生工作任务单</th></tr>
<tr><td>关键知识点</td><td colspan="2">JSP 动态网页的特点</td><td>完成日期　　年　月　日</td></tr>
<tr><td rowspan="3">评价</td><td>完成情况(自评)：</td><td colspan="2">□顺利完成　　□在他人帮助下完成　　□未完成</td></tr>
<tr><td>团队合作(组内评)：</td><td colspan="2">组长签字：</td></tr>
<tr><td>学习态度(教师评)：</td><td colspan="2">教师签字：</td></tr>
<tr><td>课后拓展</td><td colspan="3">在 part2.1_Javaweb.jsp 页面中，将 SimpleDateFormat formater = new SimpleDateFormat("yyyy 年 MM 月 dd 日")修改为 SimpleDateFormat formater = new SimpleDateFormat("yyyy 年 MM 月 dd 日 HH:mm:ss ")，再次运行该页面，观察并分析页面运行效果。</td></tr>
<tr><td>学习笔记</td><td colspan="3"></td></tr>
</table>

一、动态网页技术

在网站设计中，纯 HTML 格式的网页通常被称为“静态网页”。静态网页是相对于动态网页而言的，是指没有后台数据库、不含程序和不可交互的网页。静态网页是标准的 HTML 文件，它的文件扩展名是.htm、.html，包含文本、图像、声音、FLASH 动画、客户端脚本和 ActiveX 控件及 JAVA 小程序等。

随着网络的发展，很多线下业务向线上发展，基于 Internet 的 Web 应用也变得越来越复杂，用户所访问的资源已不局限于服务器上保存的静态网页，更多的内容需要根据用户的请求动态生成页面信息，即动态网站。除了早期的 CGI 外，主流的动态网页技术有 JSP、ASP、PHP 等。

静态网页的显示内容是保持不变的，不能实现与用户的交互，不利于系统的扩展。而动态网页可以动态输出网页内容，同用户进行交互，对网页内容进行在线更新。

二、JSP 技术

JSP 是由 Sun 公司倡导、多家公司参与建立的一种动态网页技术标准，它是建立在 Servlet 规范之上的动态网页开发技术。JSP 页面是在 HTML 页面中嵌入 Java 代码形成的，其文件扩展名为.jsp。由应用服务器中的 JSP 引擎来编译和执行嵌入的 Java 脚本代码，然后将生成的整个页面信息返回客户端。它的特点是：编写简单、跨平台、易于维护、易于管理、适合 B/S 结构。

三、JSP 运行原理

用户通过客户端浏览器向服务器发送请求，当一个 JSP 文件第一次被请求时，JSP 页面先被转换成一个

Java 文件(即 Servlet),如果在转换过程中发现 JSP 文件有语法错误,则转换中断。转换成功后,JSP 引擎将调用 Java 编译器把该 Java 文件编译成.class 文件(即字节码文件),该.class 文件为二进制形式,但还不能被直接执行,需要虚拟机解释执行。执行结束后,服务器将结果发送给客户端。其过程如图 2.1.3 所示。如果 JSP 文件后来被修改了,服务器将重新进行编译、处理。

并不是每次请求都需要重复进行这样的处理,当一个 JSP 文件第一次被请求时,会执行上面的处理过程,如果后续再次对该页面进行请求,且没有对该页面进行任何改动,那么服务器只需要直接调用.class 文件执行即可。所以,一般在 JSP 页面第一次被请求时会有一些延迟,再次访问时速度会快很多。

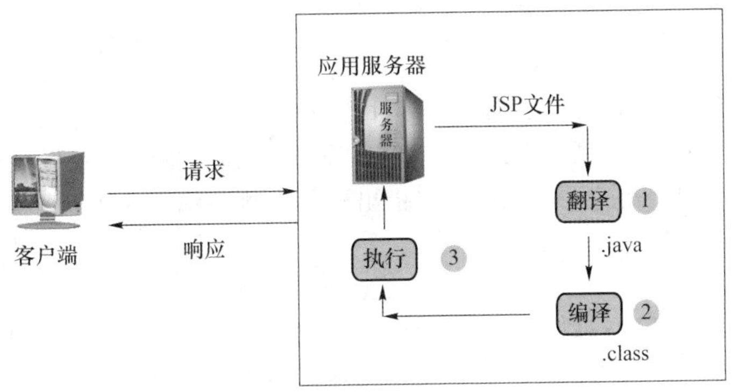

图 2.1.3

四、日期时间格式化

java.util.Date 类表示特定的瞬间,精确到毫秒。

示例:Date date=new Date();//表示创建一个 Date 对象,初始化为当前系统的时间。

java.text.SimpleDateFormat 是一个格式化和解析日期的具体类。

示例:SimpleDateFormat formater = new SimpleDateFormat("yyyy-MM-dd HH:mm:ss");

//用给定的模式和默认语言环境的日期格式符号构造 SimpleDateFormat。

格式符号说明如表 2.1.1 所示。

表 2.1.1　格式符号说明表

格式符号	含义
d	月中的某一天。一位数的日期没有前导零
dd	月中的某一天。一位数的日期有一个前导零
M	月份数字。一位数的月份没有前导零
MM	月份数字。一位数的月份有一个前导零
yy	不包含纪元的年份。如果不包含纪元的年份小于 10,则显示具有前导零的年份
yyyy	包括纪元的四位数的年份
h	12 小时制的小时。一位数的小时数没有前导零
hh	12 小时制的小时。一位数的小时数有前导零
H	24 小时制的小时。一位数的小时数没有前导零
HH	24 小时制的小时。一位数的小时数有前导零
m	分钟。一位数的分钟数没有前导零
mm	分钟。一位数的分钟数有一个前导零
s	秒。一位数的秒数没有前导零
ss	秒。一位数的秒数有一个前导零

工作任务 2.2　构建 JSP 页面

教师评价：＿＿＿＿＿＿

<table>
<tr><th colspan="4">学生工作任务单</th></tr>
<tr><td>关键知识点</td><td>JSP 页面的组成元素</td><td>完成日期</td><td>年　月　日</td></tr>
<tr><td>学习目标</td><td colspan="3">1. 熟悉 JSP 页面的基本组成。(知识目标)
2. 能指出 JSP 页面中哪些属于 HTML 静态数据,哪些属于 JSP 元素。(能力目标)
3. 对于初学者来说要多观察,能够指出页面上哪些属于 JSP 元素,培养敏锐的观察力。(素质目标)</td></tr>
<tr><td>任务描述</td><td colspan="3">在 JSP 页面中,可以包含静态内容、指令、表达式、小脚本(JSP 程序片)、声明、标准动作、注释等,请大家在工作任务 2.1 的基础上,调试程序,然后分别指出哪些代码属于静态内容、指令、表达式、小脚本、声明、标准动作以及注释。</td></tr>
<tr><td>实现思路</td><td colspan="3">1. 新建 part2.2_Javaweb2.jsp 文件,使用 new java.util.Date()生成当前日期时间,使用 SimpleDateFormat 将日期时间格式化成"yyyy 年 MM 月 dd 日"。在此基础上,编写注释内容。
2. 在浏览器中运行 part2.2_Javaweb2.jsp 页面,观察运行效果,并分析代码。
3. 分别指出页面中哪些代码属于静态内容、指令、表达式、小脚本(JSP 程序片)、声明、标准动作以及注释。</td></tr>
<tr><td>任务实现</td><td colspan="3">1. 在 JavaWEB 项目中,新建 part2.2_Javaweb2.jsp 页面,其代码与工作任务 2.1 中的 part2.1_Javaweb.jsp 基本相同,在此基础上,编写注释内容。代码如下:
<pre>
<%@ page language="java" contentType="text/html; charset=UTF-8"
    pageEncoding="UTF-8" import="java.util.*,java.text.*" %>
<!DOCTYPE html>
<html>
<head>
<meta charset="UTF-8">
<title>输出当前日期</title>
<!--这是 HTML 注释(客户端可以看到源代码)-->
<%--这是 JSP 注释(客户端不可以看到源代码)--%>
</head>
<body>
  您好,Mary,今天是
<%
  SimpleDateFormat formater = new SimpleDateFormat("yyyy 年 MM 月 dd 日");
  String strCurrentTime = formater.format(new java.util.Date());
%>
</pre></td></tr>
</table>

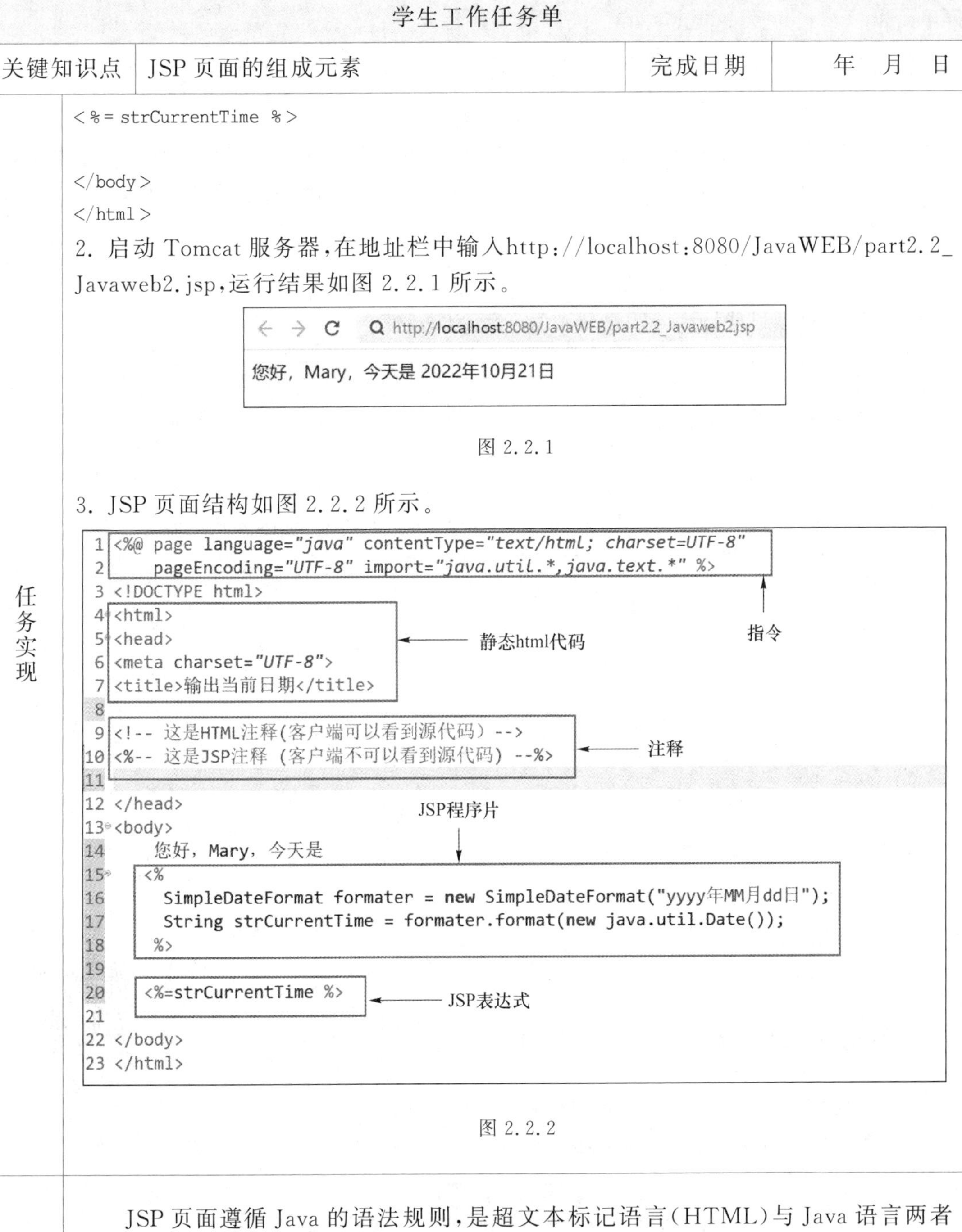

学生工作任务单			
关键知识点	JSP 页面的组成元素	完成日期	年　月　日

任务实现

```
<%= strCurrentTime %>

</body>
</html>
```

2. 启动 Tomcat 服务器，在地址栏中输入http://localhost:8080/JavaWEB/part2.2_Javaweb2.jsp，运行结果如图 2.2.1 所示。

图 2.2.1

3. JSP 页面结构如图 2.2.2 所示。

```
<%@ page language="java" contentType="text/html; charset=UTF-8"
    pageEncoding="UTF-8" import="java.util.*,java.text.*" %>
<!DOCTYPE html>
<html>
<head>
<meta charset="UTF-8">
<title>输出当前日期</title>

<!-- 这是HTML注释(客户端可以看到源代码) -->
<%-- 这是JSP注释 (客户端不可以看到源代码) --%>

</head>
<body>
    您好，Mary，今天是
  <%
    SimpleDateFormat formater = new SimpleDateFormat("yyyy年MM月dd日");
    String strCurrentTime = formater.format(new java.util.Date());
  %>

  <%=strCurrentTime %>

</body>
</html>
```


图 2.2.2

总结

JSP 页面遵循 Java 的语法规则，是超文本标记语言(HTML)与 Java 语言两者的融合。JSP 页面由静态内容、指令、表达式、小脚本(JSP 程序片)、声明、标准动作、注释等构成。

本案例使用 new java.util.Date()生成当前日期时间，使用 SimpleDateFormat 将日期时间格式化成"yyyy 年 MM 月 dd 日"，在此基础上，编写注释内容，运行页面，分析运行效果。

通过该案例熟悉 JSP 页面的基本组成。

<table>
<tr><th colspan="4">学生工作任务单</th></tr>
<tr><td>关键知识点</td><td colspan="2">JSP 页面的组成元素</td><td>完成日期　　年　月　日</td></tr>
<tr><td>职业素养养成</td><td colspan="3">对于一名优秀的程序员来说，良好的代码编写习惯是必不可少的。在完成任务的过程中，要注意变量命名规范，缩进合理，适当注释，逐步培养良好的代码书写习惯。</td></tr>
<tr><td rowspan="3">评价</td><td>完成情况(自评)：</td><td colspan="2">□顺利完成　□在他人帮助下完成　□未完成</td></tr>
<tr><td>团队合作(组内评)：</td><td colspan="2">组长签字：</td></tr>
<tr><td>学习态度(教师评)：</td><td colspan="2">教师签字：</td></tr>
<tr><td>课后拓展</td><td colspan="3">在 part2.2_Javaweb2.jsp 页面中是否包含了所有的 JSP 元素？思考：一个 JSP 页面并没有包括 JSP 中的所有元素，是否仍然可以构成一个动态的 JSP 程序。</td></tr>
<tr><td>学习笔记</td><td colspan="3"></td></tr>
</table>

知识加油站

一、JSP 页面的基本结构

JSP 页面遵循 Java 的语法规则，是超文本标记语言(HTML)与 Java 语言两者的融合。简言之，在静态页面中按照语法嵌入动态代码，就构成了 JSP 动态页面。一个完整的 JSP 页面构成如图 2.2.3 所示。

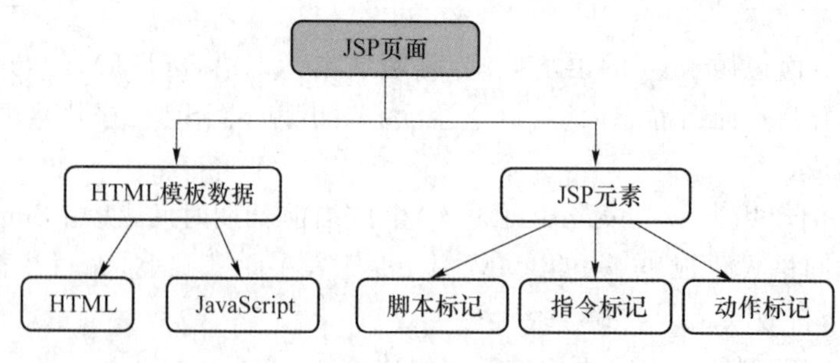

图 2.2.3

二、JSP 页面组成元素

JSP 原始代码中包含了模版元素和 JSP 元素。模版元素指的是 JSP 引擎不处理的部分，HTML＋JavaScript＋CSS 等；JSP 元素则指的是由 JSP 引擎直接处理的部分，这一部分必须符合 JSP 语法，否则会导致编译错误。JSP 元素又由脚本元素(比如声明、脚本段、表达式)、指令元素(比如 page、include、taglib、tag 等)、动作元素(比如<jsp:include>、<jsp:forward>等)和注释(比如 JSP 隐藏注释、Java 注释、HTML 注释)组成，如图 2.2.4 所示。

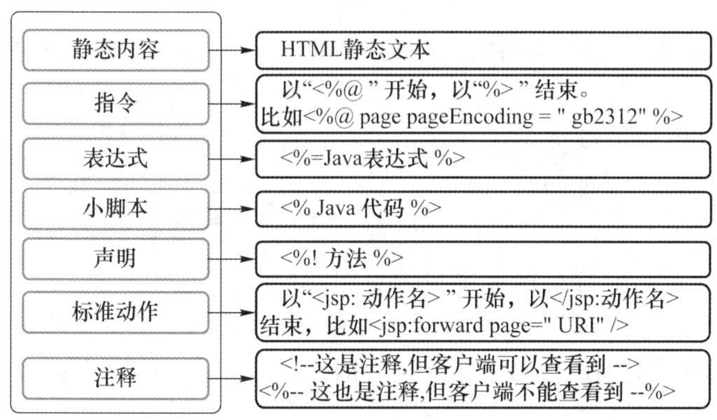
静态内容
HTML静态文本
指令
以“<%@ ”开始，以“%> ”结束。
比如<%@ page pageEncoding = " gb2312" %>
表达式
<%=Java表达式 %>
小脚本
<% Java 代码 %>
声明
<%! 方法 %>
标准动作
以“<jsp: 动作名> ”开始，以</jsp:动作名>
结束，比如<jsp:forward page=" URI" />
注释
<!--这是注释,但客户端可以查看到 -->
<%-- 这也是注释,但客户端不能查看到 --%>

图 2.2.4

工作任务 2.3　page 指令实现自定义错误处理页面

教师评价：＿＿＿＿＿＿

学生工作任务单			
关键知识点	page 指令的 errorPage 属性和 isErrorPage 属性	完成日期	年　月　日
学习目标	1. 掌握 page 指令的 errorPage 和 isErrorPage 属性，了解 page 指令的其他属性。(知识目标) 2. 能在项目中通过设置 page 指令的 errorPage 属性和 isErrorPage 属性来实现自定义错误处理页面。(能力目标) 3. 充分理解为客户设置一个错误处理页面的原因，能够站在客户的角度思考问题，保证系统运行流畅，提高服务客户的意识。(素质目标) 4. 将 page 指令放在整个 JSP 页面的起始位置，是为了保持程序良好的可读性，也是程序员要遵循的原则，从而培养其良好的编程习惯。(素质目标)		
任务描述	在系统运行过程中，JSP 页面在运行时有可能抛出异常。为了提高客户体验，请定义一个错误处理页面，当抛出异常时，自动跳转到错误处理页面，非常友好地提示用户系统出现了问题。		
实现思路	1. 新建 part2.3_index.jsp 页面，编写一段错误代码，并在浏览器中运行，观察运行效果，然后设置该页面的 page 指令的 errorPage="*part2.3_error.jsp*"。当页面出错时，会跳转到 part2.3_error.jsp 页面。 2. 新建 part2.3_error.jsp 页面，设置该页面的 page 指令的 isErrorPage="*true*"，当 part2.3_index.jsp 出错时跳转到此页面。 3. 在浏览器中运行 part2.3_index.jsp，观察运行效果，并分析为什么会出现这样的效果。		

任务实现

1. 在 JavaWEB 项目中，新建 part2.3_index.jsp 页面，在该页面中故意编写一段除数为 0 的错误代码，代码如下：

```
<%@ page language="java"contentType="text/html; charset=UTF-8"
    pageEncoding="UTF-8" %>
<!DOCTYPE html>
<html>
<head>
<meta charset="UTF-8">
<title>index 页面出现异常错误</title>
</head>
<body>
    <%
      int n=0;
```

学生工作任务单

关键知识点	page 指令的 errorPage 属性和 isErrorPage 属性	完成日期	年　月　日

任务实现

```
        int j = 1;
        int g = j/n;
      %>
    <%= g %>
</body>
</html>
```

2. 启动 Tomcat 服务器，在浏览器中运行 part2. 3_index. jsp，运行结果如图 2. 3. 1 所示。

图 2. 3. 1

页面在运行时出现了 ArithmeticException 异常，如果这个项目已经交付给了客户，出现这样的错误界面后，客户会不知所措，影响客户的使用体验。

修改上述代码，设置 page 指令的 errorPage 属性为 part2. 3_error. jsp。page 指令的代码如下：

```
<%@ page language = "java" contentType = "text/html; charset = UTF-8"
    pageEncoding = "UTF-8" errorPage = "part2.3_error.jsp" %>
```

其余代码没有变动。

说明：

无论 page 指令出现在 JSP 页面中的什么地方，它作用的都是整个 JSP 页面，但是为了保持程序良好的可读性，我们一般都会将 page 指令放在整个 JSP 页面的起始位置，这也是程序员要保持的良好习惯。

学生工作任务单			
关键知识点	page 指令的 errorPage 属性和 isErrorPage 属性	完成日期	年　月　日

任务实现

3. 新建 part2. 3_error. jsp 页面，设置 page 指令的 isErrorPage 属性为 true，当 part2. 3_index. jsp 出错时会自动跳转到此页面，此页面会比较友好地提示有错误存在，代码如下：

```
<%@ page language="java" contentType="text/html; charset=UTF-8"
    pageEncoding="UTF-8" isErrorPage="true" %>
<!DOCTYPE html>
<html>
<head>
<meta charset="UTF-8">
<title>异常处理页面</title>
</head>
<body>
    页面出现错误或服务器正在维护升级，请联系管理员处理！
</body>
</html>
```

4. 启动 Tomcat 服务器，在地址栏中输入http://localhost:8080/JavaWEB/part2. 3_index. jsp，运行结果如图 2. 3. 2 所示。虽然页面存在错误，但是给客户呈现的却是比较友好的提示。

http://localhost:8080/JavaWEB/part2.3_index.jsp
页面出现错误或服务器正在维护升级，请联系管理员处理！

图 2. 3. 2

总结

part2. 3_index. jsp 页面中有除数为 0 的 ArithmeticException 异常，所以会跳转到 errorPage 属性所设定的页面，也就是会跳转到 part2. 3_error. jsp 页面进行处理。在 part2. 3_error. jsp 页面中，为了提高客户体验，一般都显示比较友好的出错提示。

职业素养养成

在实际工作中，实现同一个功能，可能会有多种方法，程序员不仅要实现功能，还要写好代码，优化代码；同时，还要关注用户体验，不断提升用户满意度。需要注意，web. xml 中的< error-page >节点的配置是针对整个项目的，一般是在交付给客户时配置该参数，否则可能会影响程序员调试程序，影响排查程序出错的原因和位置。

另外，为了保持程序良好的可读性，一般都会将 page 指令放在整个 JSP 页面的起始位置，从细微之处开始，养成良好的编程习惯。

<table>
<tr><th colspan="6">学生工作任务单</th></tr>
<tr><td colspan="2">关键知识点</td><td colspan="2">page 指令的 errorPage 属性和 isErrorPage 属性</td><td>完成日期</td><td>年　月　日</td></tr>
<tr><td rowspan="3">评价</td><td>完成情况(自评)：</td><td colspan="4">□顺利完成　　□在他人帮助下完成　　□未完成</td></tr>
<tr><td>团队合作(组内评)：</td><td colspan="4">组长签字：</td></tr>
<tr><td>学习态度(教师评)：</td><td colspan="4">教师签字：</td></tr>
<tr><td>课后拓展</td><td colspan="5">改进上述程序，使用其他方法来实现自定义错误处理页面。
如果采用上面的方法，当项目中的某个页面出现异常时，为了实现页面的跳转，都需要把页面的 page 指令的 errorPage 属性的值设置为 part2.3_error.jsp，这样比较麻烦。
下面介绍另一种方法，通过配置 web.xml 文件中的< error-page >标签来定义错误页面，用该标签配置的错误页面将对所有页面有效，也就是说，无论是在哪个页面中出现了异常，都会被导向< error-page >所设置的错误页面。配置方法是，打开 web.xml，在< web-app >节点内，配置如下代码：
< web-app >
  < error-page >
    < exception-type > java.lang.ArithmeticException </exception-type >
    < location >/part2.3_error.jsp </location >
  </error-page >
  < error-page >
    < error-code > 404 </error-code >
    < location >/part2.3_error.jsp </location >
  </error-page >
</web-app >
通过这样的配置，当项目中的每个页面出现了 ArithmeticException 异常或 404 错误时，都会跳转到< location >所配置的页面，即 part2.3_error.jsp 页面。如果要处理其他类型的异常，可以在< web-app >节点下继续增加< error-page >节点。
重点提示：
需要说明的是，这样的配置一般都是在项目交付给客户之后，否则可能会影响程序员调试程序。所以，在本任务调试结束后，请大家将 web.xml 中的< error-page >节点删除或对其注释，注释的方法是添加<!--　-->。</td></tr>
<tr><td>学习笔记</td><td colspan="5"></td></tr>
</table>

知识加油站

一、JSP 指令介绍

JSP 指令标记(Directive Elements)是为 JSP 引擎设计的,该类标记并不直接产生任何可见的输出,而是告诉 JSP 引擎如何处理 JSP 页面的其余部分。例如:可以指定一个专门的错误处理网页,当 JSP 页面出现错误时,可以由 JSP 引擎自动地调用错误处理网页。

JSP 指令包括:page 指令、include 指令、taglib 指令。

二、page 指令

1. 作用

page 指令用于设置整个 JSP 页面相关的各种属性。

2. 语法格式

```
<%@ page [language = "java"]
         [info = "text"]
         [import = "{package.class|package.*},…"]
         [session = "true|false"]
         [contentType = "mimeType[;charset = characterSet]"
|"text/html;charset = ISO-8859-1"]
         [pageEncoding = "GBK|ISO-8859-1|……"]
         [errorPage = "relativeURL"]
         [isErrorPage = "true|false"]
         [buffer = "none|8kb|sizekb"]
         [autoFlush = "true|false"]
         [isELIgnored = "true|false"]    %>
```

其中,必须掌握的属性是 import、contentType、errorPage、isErrorPage。

3. page 指令的相关属性

page 指令的相关属性如表 2.3.1 所示。

表 2.3.1　page 指令的相关属性

属性	描述
language 属性	用来设置 JSP 页面使用的语言,目前只支持 Java,默认值为 Java。 <%@ page language = "java" %>
info 属性	通常用于定义 JSP 页面的描述信息,属性值使用 getServletInfo()方法得到,此方法通常用于获得描述 JSP 文件的信息。例如: <%@ page info = "你好 jsp" contentType = "text/html;charset = gb2312" %> <% out.println(getServletInfo()); %>
import 属性	用来说明在后面代码中会用到的类和接口,这些类和接口可能是 Sun JDK 中的类,也可能是自己定义的类。在 JSP 里,可用 import 指明多个包,包之间用逗号隔开。 <%@ page import = " java.text.*,java.util.*" %> 或者分多行写成如下格式: <%@ page import = "java.text.*" %>

续 表

属性	描述
import 属性	<%@ page import = " java.util. * " %> 注意,有些类默认被载入 JSP 当前页面,不需要进行声明,这些类是: java.lang. * jakarta.servlet. * jakarta.servlet.jsp. * jakarta.servlet.http. *
session 属性	用来指定在当前页中是否允许 session 操作,默认值为 true。例如: <%@ page session = "false" %> <% session.setAttribute("aa","bb"); %>
contentType 属性	用来设置返回浏览器网页的内容类型和字符编码格式,默认值是"text/html; charset = ISO-8859-1"。 如果需要在返回浏览器的 HTML 页面中显示中文,我们经常会用到字符集 GBK,GB2312,UTF-8。 例如:<%@page contentType = "text/html;charset = GBK" %> GB2312/GBK 是汉字的国标码,专门用来表示汉字,是双字节编码,其中 GBK 编码能够用来同时表示繁体字和简体字,而 GB2312 只能表示简体字,GBK 是兼容 GB2312 编码的,UTF-8 是针对 Unicode 的一种可变长度字符编码,它可以用来表示 Unicode 标准中的任何字符。
pageEncoding 属性	用来指定 JSP 页面的字符编码,默认为 ISO-8859-1。在 JSP 标准的语法中,如果 pageEncoding 属性存在,那么 JSP 页面的字符编码方式就由 pageEncoding 决定,否则就由 contentType 属性中的 charset 决定;如果 charset 也不存在,JSP 页面的字符编码方式就采用默认的 ISO-8859-1。 例如:<%@ page pageEncoding = "GBK" %>
errorPage 属性	用来指定页面的 URL。在 JSP 执行过程中有异常发生时,异常一般并不由此 JSP 页面处理,而由 errorPage 属性指定的页面处理。 例如,当前页面出错时,调用 error.jsp 页面来处理错误,其格式是: <%@ page errorPage = "error.jsp" %>
isErrorPage 属性	用来说明当前页面是否为异常处理页面。 isErrorPage 属性指明该页面是否为另一页面的异常处理页面,默认值是 false。若设定为 true,那么在设置了 errorPage 的页面发生错误时,会跳转至此页面。 例如:<%@ page isErrorPage = "true" %>

4. page 指令的使用

无论 page 指令出现在 JSP 页面中的什么地方,它作用的都是整个 JSP 页面(包括静态的包含文件,但不能作用于动态的包含文件),为了保持程序的可读性和良好的编程习惯,page 指令最好放在整个 JSP 页面的起始位置。

在一个 JSP 页面中可以使用多个<%@page %>指令,但其中的属性只能用一次,不过 import 属性例外,它可以多次出现,引入多个类和包,这和 Java 中的 import 语句差不多。

5. page 指令示例

在某个 JSP 页面中,如果需要导入 Java 的 sql 包,并设置错误处理页面,那么 page 指令可以写成:

```
<%@page contentType="text/html; charset=GB2312"%>
<%@page import="java.sql.*"%>
<%@page errorPage="err.jsp"%>
```

重点提示:

- page 指令作用于整个 JSP 页面。
- 一般情况下,page 指令放在整个 JSP 页面的起始位置。
- 一个 JSP 页面中可以使用多个<%@page %>指令。

*工作任务 2.4　taglib 指令引入 JSTL 标签库

教师评价：________

<table>
<tr><th colspan="4">学生工作任务单</th></tr>
<tr><td>关键知识点</td><td>taglib 指令</td><td>完成日期</td><td>年　月　日</td></tr>
<tr><td>学习目标</td><td colspan="3">1. 掌握 taglib 指令的作用以及语法。（知识目标）
2. 会用 taglib 指令导入 JSTL 标签库并通过定义的前缀名来引用标签库中的标签。（能力目标）
3. 能够独立下载 JSTL 标签库 jar 包，培养独立网上搜索资源并下载的能力，提高网络下载安全意识。（素质目标）</td></tr>
<tr><td>任务描述</td><td colspan="3">请利用 taglib 指令导入 JSTL 标签库并使用，并在页面上输出 hello，效果如图 2.4.1 所示。

图 2.4.1</td></tr>
<tr><td>实现思路</td><td colspan="3">1. 下载 JSTL 标签库 jar 包。
2. 将下载的 jar 包复制粘贴到项目中。
3. 新建并编写 part2.4_index.jsp，在页面中引入并使用 JSTL 标签库。
4. 在浏览器中运行，观察运行效果，分析代码实现过程。</td></tr>
<tr><td>任务实现</td><td colspan="3">1. http://archive.apache.org/dist/jakarta/taglibs/standard/binaries/提供了各个版本的 jar 包，选择最新版的 JSTL 标签库 jar 包并下载。
2. 将下载的 jar 包复制粘贴到项目的 webapp/WEB-INF/lib 中，如图 2.4.2 所示。</td></tr>
</table>

学生工作任务单

关键知识点	taglib 指令	完成日期	年　月　日

任务实现

```
JavaWEB
  > JAX-WS Web Services
  > JRE System Library [JavaSE-17]
  > src/main/java
  > Server Runtime [Apache Tomcat
  > Web App Libraries
  > build
  v src
    v main
        java
      v webapp
        > META-INF
        v WEB-INF
          v lib
              jstl-1.2.jar
            web.xml
```

图 2.4.2

3. 新建 part2.4_index.jsp，在页面中引入并使用 JSTL 标签库，代码如下：

```
<%@ page language = "java" contentType = "text/html; charset = UTF-8"
    pageEncoding = "UTF-8" %>
<%@taglib prefix = "c" uri = "http://java.sun.com/jsp/jstl/core" %>

<!DOCTYPE html>
<html>
<head>
<meta charset = "UTF-8">
  <title>taglib 指令使用实例</title>
</head>
<body>
  <c:out value = "hello"></c:out>
</body>
</html>
```

4. 启动 Tomcat 服务器，在地址栏中输入http://localhost:8080/JavaWEB/part2.4_index.jsp，运行效果如图 2.4.3 所示。

taglib指令使用实例

localhost:8080/JavaWEB/part2.4_index.jsp

hello

图 2.4.3

<table>
<tr><th colspan="4">学生工作任务单</th></tr>
<tr><td>关键知识点</td><td>taglib 指令</td><td>完成日期</td><td>年　月　日</td></tr>
<tr><td>总结</td><td colspan="3">本任务的核心代码为：
<%@ taglib prefix = "c" uri = "http://java.sun.com/jsp/jstl/core" %>
<c:out value = "hello"> </c:out>
上述第一行代码通过 taglib 指令引入 JSP 页面中要使用的标签库的定义，由此可以通过定义的前缀名来引用标签库中的标签，第二行代码通过<c:out>标签输出值“hello”。
说明：
本任务的实现需要使用 Tomcat 9 才能调试成功。因为 Tomcat 10 中使用的是 Servlet 5.0 规范，而 JSTL 的 1.2 版本与之不符，所以目前可以等待 JSTL 更新版本，或者使用 Tomcat 9 来调试本程序。</td></tr>
<tr><td>职业素养养成</td><td colspan="3">程序员在完成项目的过程中，经常要用到一些 jar 包，这就要求程序员能够独立下载相应的 jar 包，并将下载的 jar 包引入项目中，这就需要大家逐步了解常用的 jar 包的作用、下载方法、使用方法等，为实际工作积累经验。
另外，在下载资料的过程中，要注意提高网络安全意识，不在不明网站下载，不下载不明软件。</td></tr>
<tr><td rowspan="3">评价</td><td>完成情况(自评)：</td><td colspan="2">□顺利完成　　□在他人帮助下完成　　□未完成</td></tr>
<tr><td>团队合作(组内评)：</td><td colspan="2">组长签字：</td></tr>
<tr><td>学习态度(教师评)：</td><td colspan="2">教师签字：</td></tr>
<tr><td>课后拓展</td><td colspan="3">将页面中的
<c:out value = "hello"> </c:out>
改为
<c:set var = "name"　value = "hello china"/>
观察程序运行效果，并分析产生原因。</td></tr>
<tr><td>学习笔记</td><td colspan="3"></td></tr>
</table>

一、taglib 指令介绍

开发人员可以使用标签库来定义自己的 JSP 标记,页面设计人员可以直接使用标签库中的自定义标记,而同时隐藏底层的实现细节。taglib 指令用于引人 JSP 页面中需要使用的标签库的定义,开发者可通过前缀来引用标签库中的标签。

二、taglib 指令作用及其语法

1. taglib 指令作用

taglib 指令可以让 JSP 页面使用标签,它的作用是在 JSP 页面中,将标签库表述符文件引入到该页面中,并设置前缀,利用标签的前缀去使用标签库表述文件中的标签。

2. taglib 指令语法

```
<%@ taglib uri="标签库表述符文件" prefix="前缀名"%>
```

使用示例如下:

```
<%@ taglib prefix="c" uri="http://java.sun.com/jsp/jstl/core" %>
```

重点提示:

必须在使用自定义标签之前使用<%@ taglib %>指令,而且可以在一个页面中多次使用,但是前缀只能使用一次。

工作任务 2.5　include 指令标记包含页面

教师评价：________

学生工作任务单			
关键知识点	include 指令	完成日期	年　月　日
学习目标	1. 掌握 include 指令的语法，理解 include 指令的作用。（知识目标） 2. 会通过 include 指令，在 JSP 页面中静态包含一个文件。（能力目标） 3. 在编写代码过程中，提高代码优化的意识。（素质目标）		
任务描述	一个网页可以根据功能结构被划分为多个模块，有些模块是很多页面中都具有的，例如顶部的导航、左侧的菜单和最底部的版权信息等。在设计页面时，可以将这些模块设计成独立页面，然后根据需要，使用 include 指令，将页面包含到需要的页面中。请尝试在一个网页中使用 include 指令包含其他网页。		
实现思路	1. 编写顶部页面 part2.5_head.jsp。 2. 编写内容页面 part2.5_content.jsp。 3. 编写底部页面 part2.5_foot.jsp。 4. 在 part2.5_content.jsp 的内容页面中使用 include 指令引入 part2.5_head.jsp 和 part2.5_foot.jsp 等 JSP 文件。		

任务实现

1. 在 JavaWEB 项目中，新建页面 part2.5_head.jsp，其 body 中的关键代码如下：

```
<body>
    <div id="divhead">
    <table cellspacing="0" class="headtable">
        <tr>
            <td style="text-align:right">
                  <a href="#">首页</a>
                | <a href="#">学院简介</a>
                | <a href="#">新闻通知</a>
                | <a href="#">师资队伍</a>
                | <a href="#">智慧校园</a>
                | <a href="#">就业创业</a>
                | <a href="#">校园文化</a>
            </td>
        </tr>
    </table>
    </div>
</body>
```

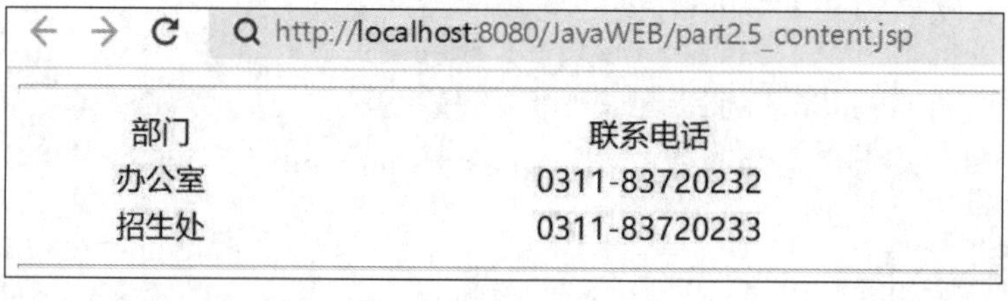

<table>
<tr><th colspan="4">学生工作任务单</th></tr>
<tr><td>关键知识点</td><td>include 指令</td><td>完成日期</td><td>年 月 日</td></tr>
<tr><td>任务实现</td><td colspan="3">

2. 启动 Tomcat 服务器，在地址栏中输入http://localhost:8080/JavaWEB/part2.5_head.jsp，运行结果如图 2.5.1 所示。

http://localhost:8080/JavaWEB/part2.5_head.jsp

首页 | 学院简介 | 新闻通知 | 师资队伍 | 智慧校园 | 就业创业 | 校园文化

图 2.5.1

3. 新建页面 part2.5_content.jsp，其 body 中的关键代码如下：

```
<body style="width:520px;text-align:center;">
  <hr />
  <table style="width:100%;">
     <tr>
          <td>部门</td>
          <td>联系电话</td>
     </tr>
     <tr>
          <td>办公室</td>
          <td>0311-83720232</td>
     </tr>
     <tr>
          <td>招生处</td>
          <td>0311-83720233</td>
     </tr>
  </table>
  <hr />
</body>
```

4. 启动 Tomcat 服务器，在地址栏中输入http://localhost:8080/JavaWEB/part2.5_content.jsp，运行结果如图 2.5.2 所示。

http://localhost:8080/JavaWEB/part2.5_content.jsp

部门	联系电话
办公室	0311-83720232
招生处	0311-83720233

图 2.5.2

</td></tr>
</table>

学生工作任务单

关键知识点	include 指令	完成日期	年 月 日

任务实现

5. 新建页面 part2.5_foot.jsp，其 body 中的关键代码如下：

```
<div id="divfoot">
    <table>
        <tr>
            <td rowspan="3" style="width:25%">
                东方职业学院
            </td>
        </tr>
        <tr>
            <td style="padding-left:20px">
                <font color="#CCCCCC">
                    <b>COPYRIGHT 2022 &copy;  All Rights</b>
                </font>
            </td>
        </tr>
    </table>
</div>
```

6. 启动 Tomcat 服务器，在地址栏中输入http://localhost:8080/JavaWEB/part2.5_foot.jsp，运行结果如图 2.5.3 所示。

http://localhost:8080/JavaWEB/part2.5_foot.jsp

东方职业学院 COPYRIGHT 2022 © All Rights

图 2.5.3

7. 在 part2.5_content.jsp 的页面中使用 include 指令引入 part2.5_head.jsp 和 part2.5_foot.jsp 等 JSP 文件，其 body 中的关键代码如下：

```
<body>
  <%@ include file="part2.5_head.jsp" %>
    <hr />
    <table>
        <!--此处代码省略-->
    </table>
    <hr />
    <%@ include file="part2.5_foot.jsp" %>
</body>
```

8. 启动 Tomcat 服务器，在地址栏中输入http://localhost:8080/JavaWEB/part2.5_content.jsp，运行结果如图 2.5.4 所示。

<table>
<tr><th colspan="4">学生工作任务单</th></tr>
<tr><td>关键知识点</td><td>include 指令</td><td>完成日期</td><td>年　月　日</td></tr>
<tr><td>任务实现</td><td colspan="3">首页 | 学院简介 | 新闻通知 | 师资队伍 | 智慧校园 | 就业创业 | 校园文化
部门　联系电话
办公室　0311-83720232
招生处　0311-83720233
东方职业学院　COPYRIGHT 2022 © All Rights

图 2.5.4

在该页面中，其顶部的导航链接和底部的公司名称及版权信息是通过 include 指令将 part2.5_head.jsp 和 part2.5_foot.jsp 包含到了页面中显示出来的。</td></tr>
<tr><td>总结</td><td colspan="3">本案例其顶部的导航链接和底部的公司名称及版权信息是通过 include 指令将 part2.5_head.jsp 和 part2.5_foot.jsp 包含到了页面中显示出来的。核心代码为 part2.5_content.jsp 页面中的：
<%@ include file="part2.5_head.jsp" %>
<%@ include file="part2.5_foot.jsp" %></td></tr>
<tr><td>职业素养养成</td><td colspan="3">在实际项目中，往往很多网页的结构都是相同的，例如顶部的导航、左侧的菜单和最底部的版权信息等。在设计页面时，可以将这些模块设计成独立页面，然后根据需要，使用 include 指令，将页面包含到需要的页面中。这样，可以避免多次编写相同的代码，实现了代码优化的目的。如果网页的局部发生了改变，例如要对左侧的菜单进行修改，只需要修改左侧菜单这个页面，则所有包含这个页面的页面都被改变了，方便系统升级维护。作为一名程序员，不仅要写正确的代码，还要提高代码优化意识，更要思考软件未来的可升级维护性。</td></tr>
<tr><td rowspan="3">评价</td><td>完成情况(自评)：</td><td colspan="2">□顺利完成　□在他人帮助下完成　□未完成</td></tr>
<tr><td>团队合作(组内评)：</td><td colspan="2">组长签字：</td></tr>
<tr><td>学习态度(教师评)：</td><td colspan="2">教师签字：</td></tr>
<tr><td>课后拓展</td><td colspan="3">修改公用的顶部页面 part2.5_head.jsp 和公用的底部页面 part2.5_foot.jsp 文件的代码，使其和之前的运行效果有所不同。保持 part2.5_content.jsp 页面的代码不变，运行 part2.5_content.jsp 页面，观察其运行效果的变化。</td></tr>
<tr><td>学习笔记</td><td colspan="3"></td></tr>
</table>

一、include 指令介绍

include 指令用来向当前页面插入一个静态文件，这个静态文件可以是 HTML 文件、JSP 文件、其他文本文件或者只是一段 Java 代码。JSP 编译器在碰到 include 指令时，就会读入包含的文件。通常，当应用程序中所有的页面的某些部分(如标题、页脚、导航栏或信息栏)都相同的时候，我们就可以考虑用 include 来减少代码的冗余。被包含文件中使用< html >、< /html >和< body >、< /body >等标签时，要防止与包含文件中的相应标签冲突而造成错误。

二、include 指令的作用及语法

1. include 指令作用

使用了 include 指令的 JSP 页面在转换时，JSP 容器会在其中插入所包含文件的文本或代码，同时解析这个文件中的 JSP 语句，从而方便地实现代码的重用，提高代码的使用效率。

在一些网站中，页面的头部和尾部一般都是由这种 include 引入的，在方便修改的同时也增加了页面的整体性。

2. 基本语法

```
<%@include file="URL" %>
```

URL 是要插入文件的绝对路径或相对路径。如果该属性以“/”开头，那么指定的是一个绝对路径，将在当前应用的根目录下查找文件；如果是以文件名称或文件夹名开头，那么指定的是一个相对路径，将在当前页面的目录下查找文件。

3. 使用示例

```
<html>
     <head> include 指令测试页面</head>
    <body>
         <%@ include file="/test.jsp" %>
   </body>
</html>
```

其中，test.jsp 页面会被嵌入当前页面中。

重点提示：

- 被包含的文件必须遵循 JSP 语法。
- 被包含的文件可以使用任意的扩展名，但都会被 JSP 引擎按照 JSP 页面的处理方式处理。为了见名知意，建议使用“.jspf”(JSP fragment，即 JSP 片段)作为静态引入文件的扩展名。
- 包含和被包含文件中的指令不能冲突(page 指令中的 pageEncoding 和 import 属性除外)。

工作任务 2.6　为代码添加注释

教师评价：＿＿＿＿＿＿

<table>
<tr><th colspan="4">学生工作任务单</th></tr>
<tr><td>关键知识点</td><td>注释(HTML 注释、JSP 注释、Java 注释)</td><td>完成日期</td><td>年　月　日</td></tr>
<tr><td>学习目标</td><td colspan="3">1. 了解常用注释的种类及区别。(知识目标)
2. 会根据实际需要合理地运用不同类别的注释。(能力目标)
3. 在代码书写过程中,注意要有必要的缩进,逐步培养良好的代码书写规范意识和为代码添加必要的注释的好习惯。(素质目标)</td></tr>
<tr><td>任务描述</td><td colspan="3">在项目中,程序员为自己所写的代码添加必要的注释是一个好习惯,这样可以提高代码的可读性。请设计一个用户登录的页面,并添加必要的注释。</td></tr>
<tr><td>实现思路</td><td colspan="3">1. 新建 part2.6_comment.jsp。
2. 增加不同类型的注释。
3. 在浏览器中运行,观察运行效果,分析代码,查看网页源代码。</td></tr>
<tr><td>任务实现</td><td colspan="3">1. 在 JavaWEB 项目中,新建 part2.6_comment.jsp,并复制模块一中 TestWeb 项目中的 login.jsp 页面代码,body 中关键代码如下:
<body>
    <table><tr><td>欢迎访问! 请登录 </td></tr></table>
    <form name = "reg" action = "#" method = "post">
        用户名： <input name = "username" type = "text" />

        密　码： <input name = password type = "text" />

        自动登录:<input type = "checkbox" name = "autoLogin" value = "autoLogin" />
       <input type = "submit" value = "登录"id = "bt" />
    </form>
</body>
2. 在 body 中添加一些注释的代码,如下所示:
<body>
    <!--试用账号为 guest,密码为 123-->
    <table><tr><td>欢迎访问! 请登录 </td></tr></table>

    <%--管理员账号为 admin--%>
    <%!
    /*　这是一个非常重要的项目,
    请不要泄露密码</td></tr>
</table>

学生工作任务单			
关键知识点	注释(HTML 注释、JSP 注释、Java 注释)	完成日期	年　月　日

任务实现

```
    */
      String pass = "123"; //pass 的值就是密码
      int add(int a,int b){//这个函数可以计算两个整数的和
        return a + b;
      }
    %>

    <form name = "reg" action = "#" method = "post">
        <!--此处代码同上,省略-->
    </form>
</body>
```

3. 启动 Tomcat 服务器,在地址栏中输入 http://localhost:8080/JavaWEB/part2.6_comment.jsp,运行结果如图 2.6.1 所示,任何注释的内容都不会显示在该页面中。

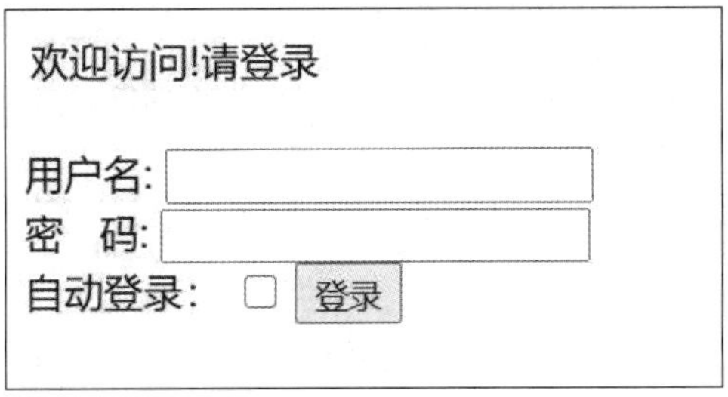

欢迎访问!请登录

用户名:

密　码:

自动登录:　登录

图 2.6.1

4. 查看网页源代码,如图 2.6.2 所示。在网页源代码中,显示了被<!--　-->所注释的部分,其余的注释内容没有显示出来。

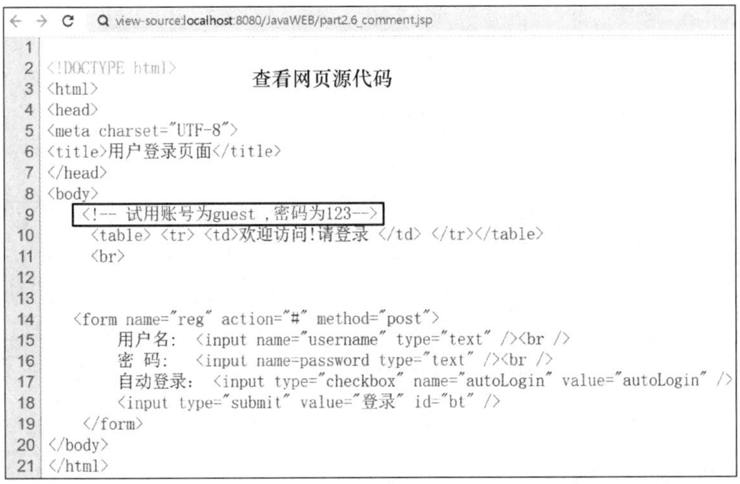

view-source:localhost:8080/JavaWEB/part2.6_comment.jsp

查看网页源代码

```

<!DOCTYPE html>
<html>
<head>
<meta charset="UTF-8">
<title>用户登录页面</title>
</head>
<body>
    <!-- 试用账号为guest ,密码为123-->
      <table> <tr> <td>欢迎访问!请登录 </td> </tr></table>
      <br>


    <form name="reg" action="#" method="post">
         用户名:  <input name="username" type="text" /><br />
         密　码:  <input name=password type="text" /><br />
         自动登录:  <input type="checkbox" name="autoLogin" value="autoLogin" />
         <input type="submit" value="登录" id="bt" />
     </form>
</body>
</html>
```

图 2.6.2

学生工作任务单			
关键知识点	注释(HTML 注释、JSP 注释、Java 注释)	完成日期	年　月　日
总结	通过调试程序,说明所有注释在浏览器中是看不到的,在浏览器中查看源代码时可以看到 HTML 注释内容,但是看不到 Java 注释和 JSP 注释的内容。		
职业素养养成	作为一名优秀的程序员,不仅要具备基本的代码编写能力,还要有良好的代码编写习惯,遵守编码规范,而为代码添加必要的注释是非常重要的,它可以提高程序的可读性,方便后期自己和其他同事能快速地读懂程序。例如,编写了一个非常复杂的正则表达式,可以通过注释说明该表达式的功能;编写了一个函数,可以通过注释说明该函数的功能及用法等。在完成此工作任务的过程中,要学会为代码编写注释,体会不同类型注释的特点,逐步提高编码规范意识和养成良好的代码编写习惯。		
评价	完成情况(自评):	□顺利完成　□在他人帮助下完成　□未完成	
	团队合作(组内评):	组长签字:	
	学习态度(教师评):	教师签字:	
课后拓展	修改之前完成的工作任务,为案例中的关键代码添加合适的注释,提高程序的可读性。		
学习笔记			

知识加油站

一、注释介绍

注释是程序员在代码中加入的辅助说明信息,注释本身不会被计算机编译,也不受语法约束。一般来说,注释用来帮助程序员记录程序设计方法,辅助程序阅读。注释的目的是让人们能够更加轻松地了解代码,可以提高代码的可读性。

在 JSP 页面中,注释分为两大类:静态注释和动态注释。静态注释是直接使用 HTML 风格的注释,这类注释在浏览器中查看源文件时是可以看到注释内容的;动态注释包括 Java 注释和 JSP 注释两种,这类注释在浏览器中查看源文件时是看不到注释内容的。

二、注释的分类及其特点

注释可以提高程序的可读性,它分为 HTML 注释、JSP 隐藏注释、Java 注释三种。HTML 注释属于显式注释，会输出到客户端浏览器，但不显示；其余两种是隐式注释，不会输出到客户端浏览器。

1. HTML 注释

格式：<! --HTML 注释-->

特点：属于显式注释，会被发送到客户端，客户可以通过查看页面的源代码发现这些注释。JSP 文件是由 HTML 标记和嵌入的 Java 程序段组成的，所以在 HTML 中的注释同样可以在 JSP 文件中使用。

2. JSP 隐藏注释

格式：<%--JSP 注释--%>

特点：属于隐式注释，不会被发送到客户端，即不被服务器执行。

3. Java 注释

格式： //单行注释

格式： /* 多行注释 */

格式： /** 文档注释 */

特点：只能在 JSP 的脚本或者声明中使用，属于隐式注释，不被服务器执行。

工作任务 2.7 JSP 页面中输出九九乘法表

教师评价：________

<table>
<tr><th colspan="4">学生工作任务单</th></tr>
<tr><td>关键知识点</td><td>JSP 声明、表达式和小脚本(程序片)</td><td>完成日期</td><td>年 月 日</td></tr>
<tr><td>学习目标</td><td colspan="3">1. 掌握 JSP 声明、表达式和小脚本(程序片)的语法格式。(知识目标)
2. 能运用 JSP 声明、表达式和小脚本(程序片)在 JSP 页面编写小程序。(能力目标)
3. 刚开始调试程序时，可能会遇到很多问题，需要牢记语法，把握细节，培养做事有耐心的良好品质。(素质目标)</td></tr>
<tr><td>任务描述</td><td colspan="3">请编写代码，通过小脚本(程序片)和 JSP 表达式在 JSP 页面中输出九九乘法表，效果如图 2.7.1 所示。

小脚本 (Java程序片) 实例
http://localhost:8080/JavaWEB/part2.7_index.jsp
这是一个九九乘法表
1*1=1
1*2=2 2*2=4
1*3=3 2*3=6 3*3=9
1*4=4 2*4=8 3*4=12 4*4=16
1*5=5 2*5=10 3*5=15 4*5=20 5*5=25
1*6=6 2*6=12 3*6=18 4*6=24 5*6=30 6*6=36
1*7=7 2*7=14 3*7=21 4*7=28 5*7=35 6*7=42 7*7=49
1*8=8 2*8=16 3*8=24 4*8=32 5*8=40 6*8=48 7*8=56 8*8=64
1*9=9 2*9=18 3*9=27 4*9=36 5*9=45 6*9=54 7*9=63 8*9=72 9*9=81

图 2.7.1</td></tr>
<tr><td>实现思路</td><td colspan="3">新建一个 JSP 的文件，在该页面中首先声明一个变量 s1，然后通过 Java 代码块将输出九九乘法表的文本连接成一个字符串 str，最后通过 JSP 表达式输出 s1 和 str 字符串。</td></tr>
<tr><td>任务实现</td><td colspan="3">1. 在 JavaWEB 项目中，新建一个名为 part2.7_index.jsp 的文件，body 中关键代码如下：
<body>
  <%! String s1 = "这是一个九九乘法表"; %>
  <% String str = "";
    for(int i = 1;i <= 9;i++){
      for(int j = 1;j <= i;j++){
        str += j + "*" + i + "=" + j*i;
        str += " ";</td></tr>
</table>

<table>
<tr><th colspan="4">学生工作任务单</th></tr>
<tr><td>关键知识点</td><td colspan="2">JSP 声明、表达式和小脚本(程序片)</td><td>完成日期　　年　月　日</td></tr>
<tr><td>任务实现</td><td colspan="3"><pre>
            }
          str += "<br>";
        }
  %>
  <%= s1 %>

  <%= str %>
</body>
</pre>2. 启动 Tomcat 服务器，在地址栏中输入http://localhost:8080/JavaWEB/part2.7_index.jsp，观察运行效果。</td></tr>
<tr><td>总结</td><td colspan="3">本任务中，在<%!　%>中声明了变量 s1，在<%　%>中编写了 Java 代码，实现了用字符串 str 拼接九九乘法表，最后通过<%= %>将 str 显示在浏览器上。</td></tr>
<tr><td>职业素养养成</td><td colspan="3">在学习过程中要牢牢掌握基本语法，把握细节，多调试，多思考。在实际工作中，程序员可能会反复修改、调试程序，分析程序，所以大家要对基本的语法非常熟悉。基础决定高度，越努力，离梦想就越近。</td></tr>
<tr><td rowspan="3">评价</td><td>完成情况(自评)：</td><td colspan="2">□顺利完成　　□在他人帮助下完成　　□未完成</td></tr>
<tr><td>团队合作(组内评)：</td><td colspan="2">组长签字：</td></tr>
<tr><td>学习态度(教师评)：</td><td colspan="2">教师签字：</td></tr>
<tr><td>课后拓展</td><td colspan="3">拓展 1：表达式<%= s1 %>中 s1 后面能加分号吗？“=”前面能加空格吗？请大家尝试独立调试程序。观察运行效果，并说明为什么。

拓展 2：将表达式<%= s1 %>改为<% out.println(s1); %>，观察程序运行结果，与之前的运行结果进行对比。</td></tr>
<tr><td>学习笔记</td><td colspan="3"></td></tr>
</table>

知识加油站

一、JSP 声明

1. 概述

在 JSP 页面中,可以声明合法的变量、方法和类,变量类型可以是 Java 语言允许的任何数据类型。这种声明是全局变量。

2. 基本语法

```
<%! 声明 1; 声明 2; … 声明 n; %>
```

3. 使用示例

(1) JSP 声明变量

在“<%!”和“%>”标记之间声明变量,即在“<%!”和“%>”之间放置 Java 的变量声明语句。变量的类型可以是 Java 语言允许的任何数据类型。我们将这些变量称为 JSP 页面的成员变量。

示例代码:

```
<%!
int x,y=100,z;
String tom=null,jery="JSP";
Date date;
%>
```

(2) JSP 声明方法

在“<%!”和“%>”标记之间声明的方法,在整个 JSP 页面有效,但是方法内定义的变量只在方法内有效。

示例代码:

```
<body>
  <%!
    int num=0;//声明一个变量
    //声明一个方法
    synchronized void add()
    {
      num++;
    }
  %>
  <% add(); %>
  <center>您是第<%=num %>位访问该页面的游客!</center>
</body>
```

(3) JSP 声明类

可以在“<%!”和“%>”之间声明一个类。该类在 JSP 页面内有效,即在 JSP 页面的 Java 程序段部分可以使用该类创建对象。

重点提示:

- 可以直接使用在<%@ page %>中已经声明的变量和方法,不需要重新声明。
- 声明以“<%!”开头,以“%>”结尾,“%!”必须紧挨,不能有空格。

- 变量和方法的命名规则与 Java 的命名规则相同。
- 一个声明仅在一个页面中生效。如果要在多个页面中用到，则可将它们写成一个单独的文件，然后用<%@include %>或<jsp:include>包含到网页中来。

二、JSP 表达式

1. 概述

在 JSP 页面中，可以用表达式将程序数据输出到客户端，其等价于“out.print”。一个在脚本语言中被定义的表达式，在运行后被自动转换为字符串，然后插入到这个表达式在 JSP 页面中的位置并显示。

2. 基本语法

```
<%= 变量或表达式 %>
```

3. 表达式本质

表达式的本质就是在将 JSP 页面转化为 Servlet 后，使用 out.print()将表达式的值输出。

提示：在实际开发中尽量不要用 out.println()输出，而是用<%= Java 表达式 %>进行输出，目的是达到 HTML 和 Java 代码分离。

4. JSP 表达式应用

(1) 向页面输出内容

示例代码：

```
<% String name = "www.good.com"; %>
用户名:<%= name %>
```

上述代码将生成如下 HTML 代码：

```
用户名:www.good.com
```

(2) 生成动态的链接地址

示例代码：

```
<% String path = "welcome.jsp"; %>
<a href = "<%= path %>">链接到 welcome.jsp</a>
```

上述代码将生成如下 HTML 代码：

```
<a href = "welcome.jsp" >链接到 welcome.jsp</a>
```

(3) 动态指定 form 表单处理页面

示例代码：

```
<% String name = "logon.jsp"; %>
<form action = "<%= name %>"> </form>
```

上述代码将生成如下 HTML 代码：

```
<form action = " logon.jsp " ></form>
```

(4) 为通过循环语句生成的元素命名

示例代码：

```
<%
     for(int i = 1;i<3;i++) {
%>
   file<%= i %>:<input type = "text" name = "<%= "file" + i %>"><br>
<%
```

```
    }
%>
```

上述代码将生成如下 HTML 代码:

```
file1:<input type="text" name="file1"><br>
file2:<input type="text" name="file2"><br>
```

三、JSP 程序片

1. 语法格式

```
<% Java 代码或是脚本代码 %>
```

2. 说明

- 可以在"<%"和"%>"之间插入 Java 程序片。一个 JSP 页面可以有许多程序片,这些程序片将被 JSP 引擎按顺序执行。
- 在一个程序片中声明的变量称作 JSP 页面的局部变量,它们在 JSP 页面内的所有程序片部分以及表达式部分内都有效。
- 利用程序片的这个性质,有时可以将一个程序片分割成几个更小的程序片。
- 当程序片被调用执行时,这些变量被分配内存空间,所有程序片调用完毕,这些变量即可释放所占的内存。

3. JSP 程序片与 JSP 声明的区别

- 通过 JSP 声明创建的变量和方法在当前 JSP 页面中有效,它的生命周期是从创建开始到服务器关闭结束。
- JSP 程序片创建的变量或方法也是在当前 JSP 页面中有效,但它的生命周期是页面关闭后就会被销毁。

工作任务 2.8　<jsp:include>包含文件

教师评价：

<table>
<tr><th colspan="4">学生工作任务单</th></tr>
<tr><td>关键知识点</td><td><jsp:include>动作标记</td><td>完成日期</td><td>年　月　日</td></tr>
<tr><td>学习目标</td><td colspan="3">1. 掌握<jsp:include>动作标记的语法格式。(知识目标)
2. 能利用<jsp:include>动作标记将一个文件的内容包含到另一个 JSP 页面。(能力目标)
3. 使用文件包含可以提高代码的可重用性,避免重复代码,还有利于系统维护,培养代码优化意识,提高软件开发效率。(素质目标)</td></tr>
<tr><td>任务描述</td><td colspan="3">在开发网站时,如果多数网页都包含相同的内容,可以把这部分内容单独放到一个文件中,其他的 JSP 文件通过<jsp:include>标签即可将这个文件包含进来。
使用<jsp:include>动作标记将一个文本文件 staFile. txt 的内容插入同一个 Web 服务目录中的 part2. 8_index. jsp 页面中。</td></tr>
<tr><td>实现思路</td><td colspan="3">1. 新建一个名为 staFile. txt 文本文件,文件内容是静态文本的代码。
2. 新建 part2. 8_index. jsp 页面,使用<jsp:include>动作标记将 staFile. txt 包含到 part2. 8_index 页面中。
3. 在浏览器中运行 part2. 8_index. jsp,观察效果,并分析代码。</td></tr>
<tr><td>任务实现</td><td colspan="3">1. 在 JavaWEB 项目的 webapp 目录下新建一个名为 staFile. txt 文本文件。方法是在 webapp 目录上右击,选择“new→file”,打开如图 2. 8. 1 所示的界面,在 File name 一栏中填写文件的名字 staFile. txt,单击“Finish”按钮,完成创建。 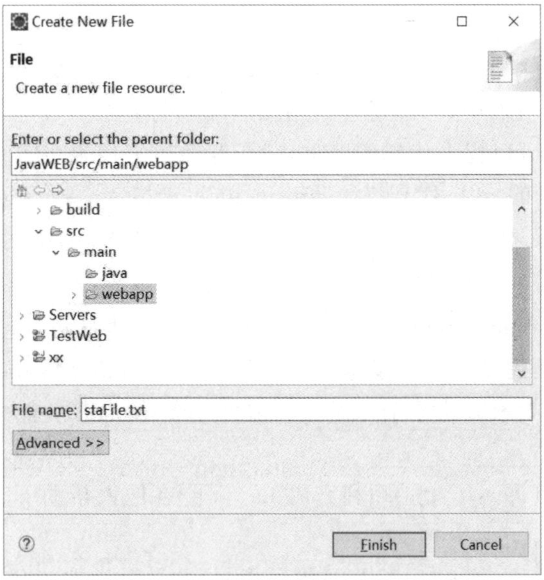

图 2. 8. 1</td></tr>
</table>

学生工作任务单			
关键知识点	<jsp:include>动作标记	完成日期	年　月　日

任务实现

在 staFile. txt 文件中添加如下代码：

```
<font color = "blue" size = "3">
    <br>这是静态文件 staFile.txt 的内容!
</font>
```

2. 新建 part2. 8_index. jsp 页面，使用<jsp:include>动作标记将 staFile. txt 插入 part2. 8_index 页面中，body 中代码如下：

```
<body>
    使用 &lt;jsp:include&gt;动作标记将静态文件包含到 JSP 文件中!
    <hr>
    <jsp:include page = "staFile.txt"  />
</body>
```

3. 启动 Tomcat 服务器，在地址栏中输入http://localhost:8080/JavaWEB/part2. 8_index. jsp，运行果如图 2. 8. 2 所示。

http://localhost:8080/JavaWEB/part2.8_index.jsp

使用<jsp:include>动作标记将静态文件包含到JSP文件中!

这是静态文件staFile.txt的内容!

图 2. 8. 2

总结

在 JSP 页面中，可以通过<jsp:include>标签将一个静态文件或动态网页包含进来。这样做可以提高代码的可重用性，避免重复代码，从而提高软件开发效率。

本任务的核心代码为<jsp:include page = "staFile. txt"/>，该行代码使用<jsp:include>动作标记将 staFile. txt 的内容插入 part2. 8_index. jsp 页面中。

职业素养养成

<jsp:include>动作标记将一个静态文件或动态网页包含进来，可以提高代码的重用性，从而提高软件开发的效率，将<jsp:include>与 include 指令进行对比学习，进一步加深大家对这两个知识点的理解，不断提高专业能力和专业素养。

评价

完成情况(自评)：	□顺利完成　□在他人帮助下完成　□未完成
团队合作(组内评)：	组长签字：
学习态度(教师评)：	教师签字：

学生工作任务单			
关键知识点	<jsp:include>动作标记	完成日期	年　月　日
课后拓展	请使用 include 指令来改写本任务，并将<jsp:include>动作标记和 include 指令从格式、作用时间、包含内容、编译速度、灵活性等方面进行对比。		
学习笔记			

一、JSP 动作标记

1. 概述

JSP 动作标记是一种特殊标签，并且以前缀 jsp 和其他的 HTML 标签相区别，利用 JSP 动作标记可以实现很多功能，包括动态地插入文件、使用 JavaBean 组件、把用户重定向到另外的页面、为 Java 插件生成 HTML 代码等。

标准动作元素由 SUN 公司定义，与 JSP 相应版本同步发行，以 jsp 作为前缀。下面是 JSP2.0 提供的 20 种标准动作。

<jsp:include>

<jsp:forward>

<jsp:param>

<jsp:useBean>

<jsp:setProperty>

<jsp:getProperty>

<jsp:params>

<jsp:fallback>

<jsp:plugin>

<jsp:root>

<jsp:text>

<jsp:element>

<jsp:output>

<jsp:declaration>

<jsp:scriptlet>

<jsp:expresson>

<jsp:attribute>

<jsp:body>

```
<jsp:doBody>
<jsp:invoke>
```

2. 语法格式

```
<prefix:tagName [attribute1 = value1]…[attributen = valuen] / >
```

或者:

```
<prefix:tagName [attribute1 = value1]…[attributen = valuen] >
            tagbody
</prefix:tagName>
```

二、<jsp:include>动作标记

1. 作用

在当前的 JSP 页面中加入(包含)静态和动态的资源。include 指令标记(静态插入)与 include 动作标记(动态插入)的区别如下。

静态插入是在编译时就调用插入文件,并合并编译为一个新的 Java 文件,逻辑与语法依赖于当前 JSP,执行速度快。

动态插入是在运行时调用插入文件,逻辑与语法独立于当前 JSP,可以使用 param 子标记更灵活处理文件,执行速度慢。

2. 语法格式

```
<jsp:include page = "URL 或 <%= expression %>" flush = "true"/>
```

或者

```
<jsp:include page = "URL 或 <%= expression %>" flush = "true">
    {<jsp:param name = "parameterName" value = "parameterValue"/>}
</jsp:include>
```

参数说明:

- page:值为一个相对的路径,代表所要包含进来的文件位置。
- flush:boolean 类型。flush 如果为 true,缓冲区满,必须被清空。
- <jsp:param>传递一个或多个参数给被包含的网页。

工作任务 2.9　<jsp:param>传递参数

教师评价：________

<table>
<tr><td colspan="4">学生工作任务单</td></tr>
<tr><td>关键知识点</td><td><jsp:param>动作标记</td><td>完成日期</td><td>年　月　日</td></tr>
<tr><td>学习目标</td><td colspan="3">1. 掌握<jsp:param>动作标记的语法格式。（知识目标）
2. 能利用<jsp:param>动作标记向被包含文件传递参数。（知识目标）</td></tr>
<tr><td>任务描述</td><td colspan="3">使用<jsp:param>动作标记向被包含文件传递参数。在一个 JSP 页面中，通过动作标记<jsp:param>引入 part2.9_number.jsp 页面，实现计算 1 到 n 的和。</td></tr>
<tr><td>实现思路</td><td colspan="3">1. 新建 part2.9_index.jsp 界面，编写加载文件代码。
2. 新建 part2.9_number.jsp 页面，实现计算 1 到 n 的和。其中，n 的值通过参数传递实现。
3. 运行 part2.9_index.jsp，查看运行效果。</td></tr>
<tr><td>任务实现</td><td colspan="3">1. 在 JavaWEB 项目中，新建 part2.9_index.jsp，编写加载文件代码，body 中代码如下：
<pre>
<body>
    <jsp:include page="part2.9_number.jsp">
            <jsp:param name="computer" value="100"/>
    </jsp:include>
</body>
</pre>2. 新建 part2.9_number.jsp 页面，实现计算 1 到 n 的和，body 中代码如下：
<pre>
<body>
<%
    String str = request.getParameter("computer");
    int n = Integer.parseInt(str);
    int sum = 0;
    for(int i = 1;i<= n;i++){
        sum += i;}
%>
<p>从 1 到<%= n %>相加的和是:<%= sum %></p>
</body>
</pre>3. 启动 Tomcat 服务器，在地址栏中输入http://localhost:8080/JavaWEB/part2.9_index.jsp，运行效果如图 2.9.1 所示。</td></tr>
</table>

<table>
<tr><th colspan="5">学生工作任务单</th></tr>
<tr><td>关键知识点</td><td colspan="2"><jsp:param>动作标记</td><td>完成日期</td><td>年　月　日</td></tr>
<tr><td>任务实现</td><td colspan="4">http://localhost:8080/JavaWEB/part2.9_index.jsp
从1到100相加的和是：5050
图 2.9.1
4. 请修改 part2.9_index.jsp 中的参数值，实现计算 1 到 300 的和。</td></tr>
<tr><td>总结</td><td colspan="4">本任务中 part2.9_index.jsp 页面的核心代码为：
<jsp:include page="part2.9_number.jsp">
<jsp:param name="computer" value="300"/>
</jsp:include>
使用<jsp:param>动作标记向被包含文件 part2.9_number.jsp 传递参数 computer 的值。</td></tr>
<tr><td>职业素养养成</td><td colspan="4">在完成此任务的过程中，由简单到复杂，先传递一个参数，然后传递两个参数。在完成任务的同时，要对知识点有充分的理解，既要实现知识的积累，又要培养自己知识迁移的能力。在实际工作中，知识的积累很重要，能力的培养更重要。</td></tr>
<tr><td rowspan="3">评价</td><td>完成情况(自评)：</td><td colspan="3">□顺利完成　　□在他人帮助下完成　　□未完成</td></tr>
<tr><td>团队合作(组内评)：</td><td colspan="3">组长签字：</td></tr>
<tr><td>学习态度(教师评)：</td><td colspan="3">教师签字：</td></tr>
<tr><td>课后拓展</td><td colspan="4">对本案例进行修改，在 part2.9_index.jsp 页面中传递两个参数的值给被包含文件 part2.9_number.jsp，在 part2.9_number.jsp 这个页面实现 m 到 n 的和的计算。请尝试独立完成。</td></tr>
<tr><td>学习笔记</td><td colspan="4"></td></tr>
</table>

知识加油站

一、<jsp:param>动作标记作用

<jsp:param >用来提供 key/value 的信息，param 动作标记不能独立使用，可以与<jsp:include>、<jsp:forward>或<jsp:plugin>一起搭配使用。

二、<jsp:param>动作标记的语法格式

1. 语法格式

```
<jsp:param name="参数名" value="参数值|<%=expression1%>"/>
```

其中，name 属性表示传递的参数名称，value 属性设置属性的值。

2. 使用示例

(1) 将名称为 computer 的参数传递到被包含页面 part2.9_number.jsp 中

```
<jsp:include page="part2.9_number.jsp">
        <jsp:param name="computer" value="300"/>
</jsp:include>
```

(2) 将名称为 user 和 pass 的两个参数传递到跳转后的页面 admin.jsp 中

```
<jsp:forward page="admin.jsp">
  <jsp:param name="user" value="admin"/>
  <jsp:param name="pass" value="123456"/>
</jsp:forward>
```

重点提示：

- 属性值必须加上双引号，否则执行时会报错。
- 在 JSP 页面中通过 request.getParameter("属性名")来获取参数的值。
- <jsp:param>动作标记必须配合<jsp:include>、<jsp:forward>或<jsp:plugin>等标记使用。

工作任务 2.10 <jsp:forward>转发页面

教师评价：__________

学生工作任务单

关键知识点	<jsp:forward>动作标记	完成日期	年 月 日

学习目标

1. 掌握<jsp:forward>动作标记的语法格式并理解其作用。(知识目标)
2. 能利用<jsp:forward>动作标记将请求转发到其他的 Web 资源。(能力目标)

任务描述

通过<jsp:forward>动作标记可以将请求转发到其他的 Web 资源，例如另一个 JSP 页面、HTML 页面、Servlet 等。执行请求转发后，当前页面将不再被执行，而是去执行该标识指定的目标页面。编写代码，使用<jsp:forward>动作标记，由 part2.10_index.jsp 页面跳转到 part2.10_login.jsp 页面。

实现思路

1. 新建 part2.10_index.jsp，在该页面中通过<jsp:forward>跳转到 part2.10_login.jsp 页面。
2. 新建 part2.10_login.jsp，在该页面中设计用户登录。
3. 在浏览器运行 part2.10_index.jsp，观察运行效果，并分析代码。

任务实现

1. 在 JavaWEB 项目中，新建 part2.10_index.jsp，在该页面中通过<jsp:forward>跳转到 part2.10_login.jsp 页面。body 中代码如下：

```
<body>
   <jsp:forward page = "part2.10_login.jsp"/>
   <p>这里的内容能够输出吗? </p>
</body>
```

2. 新建 part2.10_login.jsp，在该页面中设计用户登录，body 中代码如下：

```
<body>
   <form name = "form1" method = "post" action = "">
      用户名:
      <input name = "name" type = "text" id = "name" style = "width:130px"><br>
      密    码:
      <input name = "pwd" type = "password" id = "pwd" style = "width:130px"><br>
      <input name = "Submit" type = "submit" value = "提交">
   </form>
</body>
```

3. 在浏览器中运行 part2.10_index.jsp 页面，运行效果如图 2.10.1 所示，这说明当运行 part2.10_index.jsp 页面时，请求被转发到了 part2.10_login.jsp 页面。

<table>
<tr><td colspan="4">学生工作任务单</td></tr>
<tr><td>关键知识点</td><td colspan="2"><jsp:forward>动作标记</td><td>完成日期　　年　月　日</td></tr>
<tr><td>任务实现</td><td colspan="3">
图 2.10.1</td></tr>
<tr><td>总结</td><td colspan="3">本任务中，在浏览器运行的是 part2.10_index.jsp 页面，但是请求被转发到了 part2.10_login.jsp 页面，所以最后在浏览器中显示的是 part2.10_login.jsp 的页面内容。</td></tr>
<tr><td>职业素养养成</td><td colspan="3">在实际工作中，页面请求转发的功能应用比较广泛，例如在用户访问某系统时，会首先判断该用户是否登录，如果没有登录，会被转发到指定的登录页面。大家在调试程序过程中，进一步领会<jsp:forward>动作标记的作用及其特点，提高自己的专业能力。</td></tr>
<tr><td rowspan="3">评价</td><td>完成情况(自评)：</td><td colspan="2">□顺利完成　　□在他人帮助下完成　　□未完成</td></tr>
<tr><td>团队合作(组内评)：</td><td colspan="2">组长签字：</td></tr>
<tr><td>学习态度(教师评)：</td><td colspan="2">教师签字：</td></tr>
<tr><td>课后拓展</td><td colspan="3">运行 part2.10_index.jsp 页面之后，分析程序的运行效果，并观察地址栏的地址的变化。</td></tr>
<tr><td>学习笔记</td><td colspan="3"></td></tr>
</table>

知识加油站

一、<jsp:forward>动作标记

<jsp:forward>用来将请求转发到另外一个 JSP、HTML 或相关的资源文件中。通常,请求被转发后会停止当前 JSP 文件的执行。它的特点如下。

- <jsp:forward>动作标记将会引起 Web 服务器的请求目标转发。
- 转发的工作机制与重定向不同,这些工作都是在服务器端进行的,不会引起客户端的二次请求。
- <jsp:forward>标签之后的程序将不能执行。

二、<jsp:forward>动作标记的基本语法

- 不带参数

```
<jsp:forward page="页面URL" />
```

- 带参数

```
<jsp:forward page="页面URL>
    <jsp:param name="属性名" value="属性值"/>
    <jsp:param …
</jsp:forward>
```

其中,属性 page 指向的是转发的页面路径,<jsp:param>表示传递一个或多个参数给目标网页,name 指定参数名,value 指定参数值。

*工作任务 2.11　<jsp:forward>带参数页面跳转

教师评价：______

学生工作任务单			
关键知识点	带参数的<jsp:forward>动作标记	完成日期	年　月　日
学习目标	1. 掌握带参数的<jsp:forward>动作标记的使用方法。(知识目标) 2. 能利用 forward 动作标记和<jsp:param>动作标记,将参数传递到另外的页面上。(能力目标) 3. 分析程序,对比学习不带参数与带参数的<jsp:forward>转发,养成对比学习、多观察、勤思考的好习惯。(素质目标)		
任务描述	使用<jsp:forward>动作标记和<jsp:param>动作标记,在页面跳转的同时,将参数传递到跳转后的页面上,并显示出来,请设计实现该功能。		
实现思路	1. 新建 part2.11_forward.jsp,在页面中通过带参数的<jsp:forward>动作标记将页面跳转到 part2.11_forwardTo.jsp 页面。 2. 新建 part2.11_forwardTo.jsp,在页面中获取参数值。 3. 运行 part2.11_forward.jsp,查看并分析运行结果。		

任务实现	1. 在 JavaWEB 项目中,新建 part2.11_forward.jsp,在页面中通过带参数的<jsp:forward>动作标记将页面跳转到 part2.11_forwardTo.jsp 页面。body 中的代码如下:
	<body>
	  <%!int i = 0; %>
	  <jsp:forward page = "part2.11_forwardTo.jsp">
	    <jsp:param name = "username" value = "Tom"/>
	    <jsp:param name = "password" value = "123456"/>
	  </jsp:forward>
	  <p>这里的表达式能够输出吗?</p>
	</body>
	2. 新建 part2.11_forwardTo.jsp,在页面中获取参数值。body 中的代码如下:
	<body>
	  <%
	    String name = request.getParameter("username");
	    String pw = request.getParameter("password");
	    out.print("您的用户名是:" + name + "
	");
	    out.print("您的密码是:" + pw);
	  %>
	</body>			

学生工作任务单			
关键知识点	带参数的<jsp:forward>动作标记	完成日期	年 月 日
任务实现	3. 启动 Tomcat 服务器，在地址栏中输入 http://localhost:8080/JavaWEB/part2.11_forward.jsp，运行效果如图 2.11.1 所示。 http://localhost:8080/JavaWEB/part2.11_forward.jsp 您的用户名是:Tom 您的密码是:123456 图 2.11.1		
总结	本任务中，当运行 part2.11_forward.jsp 页面时，请求被转发到了 part2.11_forwardTo.jsp 页面，且通过<jsp:param>传递的参数 username 和 password 也被传递到了 part2.11_forwardTo.jsp 页面中。		
职业素养养成	在实际项目开发中，可以通过不同的方式实现页面跳转以及参数的传递，例如<jsp:forward>和超链接是两种不同方式的跳转，各有特点，所以在学习过程中要仔细观察、对比学习、善于发现，养成多动脑、勤思考的好习惯，还要多调试程序，多实践，在实践中积累知识，提高专业能力。		
评价	完成情况(自评):	□顺利完成 □在他人帮助下完成 □未完成	
	团队合作(组内评):	组长签字:	
	学习态度(教师评):	教师签字:	
课后拓展	使用超链接实现从 part2.11_forward.jsp 页面跳转到 part2.11_forwardTo.jsp 页面，并将 username=Tom 和 password=123456 传递到 part2.11_forwardTo.jsp 页面，代码为： <a href = "part2.11_forwardTo.jsp? username = Tom&password = 123456">跳转</a> 请调试程序，并尝试在 part2.11_forwardTo.jsp 页面中获取参数的值。		
学习笔记			

知识加油站

<jsp:forward>动作标记的相关知识可以参考工作任务 2.10 的知识加油站。

工作任务 2.12　form 表单构建学员注册页面

教师评价：________

学生工作任务单			
关键知识点	form 表单元素(< form >标签及其常见的子标签)	完成日期	年　月　日
学习目标	1. 掌握< form >标签及其常见的子标签< input >、< select >的用法。(知识目标) 2. 充分理解各标签属性的作用和使用场合，结合我们平常上网时看到的注册页面，能利用< form >标签及其常见的子标签< input >、< select >设计 JSP 页面。(能力目标)		
任务描述	请设计学员注册页面，页面效果参考图 2.12.1 所示。		

学员注册

姓名:	
密码:	
性别:	◉男 ○女
学历:	--请选择--
选修课程:	□Linux □Java □C++ □PHP
自我评价:	
提交　重置	

图 2.12.1

实现思路

1. 新建 part2.12_index.jsp 页面，根据需要插入相应的表单元素，设计学员注册的界面。
2. 在浏览器中运行 part2.12_index.jsp，观察运行效果。

任务实现

1. 在 JavaWEB 项目中，新建 part2.12_index.jsp 页面，在页面中使用不同的表单元素，设计学员注册的界面，body 中代码如下：

```
<body>
  <table style="width:500px;" border="1">
      <caption>学员注册</caption>
      <form action="" method="get">
      <tr>
          <th>姓名:</th>
          <td><input type="text" name="username" size="20"/></td>
      </tr>
      <tr>
```

学生工作任务单			
关键知识点	form 表单元素(< form >标签及其常见的子标签)	完成日期	年 月 日

任务实现

```
        <th>密码:</th>
        <td><input type="password" name="pwd"/></td>
    </tr>
    <tr>
        <th>性别:</th>
        <td>
    <input type="radio" name="sex" value="男" checked="checked"/>男
    <input type="radio" name="sex" value="女"/>女
        </td>
    </tr>
    <tr>
        <th>学历:</th>
        <td>
            <select name="edu">
                <option>--请选择--</option>
                <option value="高中">高中</option>
                <option value="大专">大专</option>
                <option value="本科">本科</option>
                <option value="研究生">研究生</option>
                <option value="其他">其他</option>
            </select>
        </td>
    </tr>
    <tr>
        <th>选修课程:</th>
        <td>
            <input type="checkbox" name="courses" value="Linux">Linux
            <input type="checkbox" name="courses" value="java">Java
            <input type="checkbox" name="courses" value="C++">C++
            <input type="checkbox" name="courses" value="PHP">PHP
        </td>
    </tr>
    <tr>
        <th>自我评价:</th>
        <td><textarea rows="4" cols="40" name="eval"></textarea></td>
    </tr>
    <tr>
        <td colspan="2" align="center">
            <input type="submit" name="submit" value="提交">
            <input type="reset" name="reset" value="重置">
```

<table>
<tr><th colspan="6">学生工作任务单</th></tr>
<tr><td>关键知识点</td><td colspan="3">form 表单元素(< form >标签及其常见的子标签)</td><td>完成日期</td><td>年　月　日</td></tr>
<tr><td>任务实现</td><td colspan="5"></td>
</tr>
</form>
</table>
</body>
2. 启动 Tomcat 服务器，在地址栏中运行 http://localhost:8080/JavaWEB/part2.12_index.jsp，观察运行效果。</td></tr>
<tr><td>总结</td><td colspan="5">本任务在 form 表单中使用了< input >标签、< select >标签等，其中性别使用单选按钮，学历使用下拉选择框，选修课程使用复选框，自我评价使用文本域。</td></tr>
<tr><td>职业素养养成</td><td colspan="5">在实际工作中，form 表单的各个元素使用非常广泛。在完成任务的过程中，我们要结合各标签的特性，修改代码中各标签的属性值，通过反复调试、运行页面，分析代码，一步步理解各标签属性的作用和使用场合，并结合我们平常上网时看到的注册页面，逐渐完善注册页面内容。</td></tr>
<tr><td rowspan="3">评价</td><td>完成情况(自评)：</td><td colspan="4">□顺利完成　　□在他人帮助下完成　　□未完成</td></tr>
<tr><td>团队合作(组内评)：</td><td colspan="4">组长签字：</td></tr>
<tr><td>学习态度(教师评)：</td><td colspan="4">教师签字：</td></tr>
<tr><td>课后拓展</td><td colspan="5">如果修改程序中的单选按钮的 name 值为不同的名字，例如改为：
< input type = "radio" name = "sex1" value = "男" checked = "checked"/>男
< input type = "radio" name = "sex2" value = "女"/>女
请调试程序，性别能否实现单选的功能？尝试说明原因。</td></tr>
<tr><td>学习笔记</td><td colspan="5"></td></tr>
</table>

知识加油站

一、表单定义标记<form>

1. 定义表单的基本语法

<form name="formName" method="post|get" action="url" enctype="encoding"> ……</form>

表单标记的属性及说明如表 2.12.1 所示。

表 2.12.1　表单标记的属性及说明

属性	说明
name	表单名称，区分同一个页面中的多个表单
method	表单发送的方式，可以是“post”或者“get”。采用 get 方式提交的数据将显示在浏览器的地址栏中，保密性差，且有数据量的限制。而采用 post 方式提交的保密性好，且无数据量的限制，所以使用 method="post"可以大量地提交数据
action	表单处理程序，在表单收集到信息后，需要将信息传递给服务器进行处理，action 属性用于指定接收并处理表单数据的服务器程序的 url 地址
enctype	表单的编码方式，其取值主要有： application/x-www-form-urlencoded：在发送前编码所有字符（默认）。 multipart/form-data：不对字符编码。在使用包含文件上传控件的表单时，必须使用该值。 text/plain：空格转换为“+”加号，但不对特殊字符编码

2. 示例

```
<form name="myform" method="post"  action="login.jsp"  enctype="text/plain">
<!--提交的数据-->
</form>
```

二、<input>标记

1. 定义和用法

<input>标记用于搜集用户信息。根据不同的 type 属性值，输入字段有多种形式，可以是文本字段、复选框、单选按钮、复选框等。

2. 语法格式

<input>标记是表单中输入信息常用的标记，其语法格式如下：

```
<input  name="控件名称"  type="控件类型">
```

其中，type 属性取值及说明如表 2.12.2 所示。

表 2.12.2　<input>标记的 type 属性取值及说明

属性值	说明
text	文本域(Text Fields)
password	密码域(Password Fields)

续 表

属性值	说明
file	文件域(File Fields)
checkbox	复选框(Checkboxes)
radio	单选按钮(Radio Buttons)
button	标准按钮(Standard button)
submit	提交按钮(Submit Button)
reset	重置按钮(Reset Button)
image	图像域(Image Filed)

三、form 表单中的<select>标记

1. 定义和用法

select 标记可创建单选或多选菜单。<select>标记中的<option>标签用于定义列表中的可用选项。

2. 示例代码

```
<form action="">
  <select name="学历">
  <option value="博士">博士</option>
  <option value="研究生">研究生</option>
  <option value="本科">本科</option>
  <option value="专科">专科</option>
  </select>
</form>
```

模块过关测评

本模块主要对 JSP 的基本语法进行训练,包括 JSP 脚本元素、指令元素、动作元素、注释等,可以扫描二维码闯关答题。

随手记

模块三　服务器交互

模块导读

本模块主要介绍 JSP 的内置对象。为了简化页面开发复杂性，JSP 提供了一些可在脚本中使用的内置对象。这些对象无须声明，可以直接在 JSP 程序片和表达式中使用。使用这些对象可以使用户更容易收集客户端发送请求的信息，并响应客户端的请求以及存储客户信息。JSP 共有九大内置对象，常用的内置对象有 out、request、response、session、application 等。

职业能力

- 会用 JSP 内置对象获取客户端请求信息，并响应请求以及存储客户信息。
- 会用 out 对象向浏览器输出内容。
- 会用 request 获取客户端请求信息。
- 会用 response 向客户端输出数据。
- 会用 session 保存客户信息。
- 会用 application 对象保存所有应用程序中的公共数据。

本模块知识树

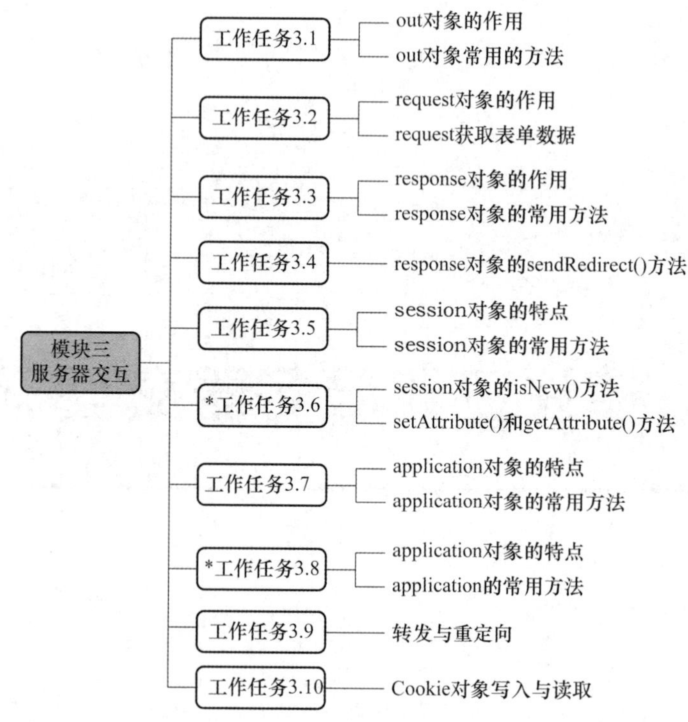

学习成长自我跟踪记录

在本模块中，表 3.0.1 用于学生自己跟踪学习，记录成长过程，方便自查自纠。如果完成该项，请在对应表格内画√，并根据自己的掌握程度，在对应栏目中画√。

表 3.0.1　学生学习成长自我跟踪记录表

任务单	课前预习	课中任务	课后拓展	掌握程度
工作任务 3.1				□掌握　□待提高
工作任务 3.2				□掌握　□待提高
工作任务 3.3				□掌握　□待提高
工作任务 3.4				□掌握　□待提高
工作任务 3.5				□掌握　□待提高
工作任务 3.6				□掌握　□待提高
工作任务 3.7				□掌握　□待提高
工作任务 3.8				□掌握　□待提高
工作任务 3.9				□掌握　□待提高
工作任务 3.10				□掌握　□待提高

工作任务 3.1　out 对象输出表格

教师评价：________

学生工作任务单

关键知识点	out 对象及其方法	完成日期	年　月　日

学习目标

1. 了解 out 对象的作用和特点。(知识目标)
2. 了解 out 对象常用的方法和属性。(知识目标)
3. 能通过 out 对象向浏览器输出 HTML 标签的内容。(能力目标)
4. 在编写代码过程中,注意对齐、添加必要的缩进,提高程序可读性,养成良好的代码编写习惯。(素质目标)

任务描述

out 对象向浏览器输出信息是常见的功能,也是最基础的功能。在某系统中,要求向浏览器动态的输出表格,请使用 out 对象实现。效果如图 3.1.1 所示。

参会人员名单

姓名	性别	职称	工作单位
张平	男	副教授	北京某某大学
李晶	女	副教授	西安某某大学
李静	女	教师	上海某某大学

图 3.1.1

实现思路

新建 part3.1_index.jsp,在页面中,通过 out.print 输出 HTML 标签的内容,逐步输出表格及表格内容。

任务实现

1. 在 JavaWEB 项目中,新建 part3.1_index.jsp,body 中的关键代码如下:

```
<body>
  <%
    out.print("<table  border='1'width='500px'>");
    out.print("<caption>参会人员名单</caption>");
    out.print("<tr><td>" + "姓名" + "</td>");
    out.print("<td>" + "性别" + "</td>");
    out.print("<td>" + "职称" + "</td>");
    out.print("<td>" + "工作单位" + "</td></tr>");
    out.print("<tr><td>" + "张平" + "</td>");
    out.print("<td>" + "男" + "</td>");
    out.print("<td>" + "副教授" + "</td>");
    out.print("<td>" + "北京某某大学" + "</td></tr>");
```

<table>
<tr><td colspan="4">学生工作任务单</td></tr>
<tr><td>关键知识点</td><td colspan="2">out 对象及其方法</td><td>完成日期　　　　年　月　日</td></tr>
<tr><td>任务实现</td><td colspan="3"><pre>
        out.print("<tr><td>" + "李晶" + "</td>");
        out.print("<td>" + "女" + "</td>");
        out.print("<td>" + "副教授" + "</td>");
        out.print("<td>" + "西安某某大学" + "</td></tr>");
        out.print("<tr><td>" + "李静" + "</td>");
        out.print("<td>" + "女" + "</td>");
        out.print("<td>" + "教师" + "</td>");
        out.print("<td>" + "上海某某大学" + "</td></tr>");
        out.print("</table>");
    %>
</body>
</pre>2. 启动 Tomcat 服务器，在地址栏中输入http://localhost:8080/JavaWEB/part3.1_index.jsp，观察运行效果，并对比分析代码。</td></tr>
<tr><td>总结</td><td colspan="3">本任务是用 out 对象输出表格。out.print()和 out.println()都用于输出数据。out.print()方法在输出完毕后，并不结束该行；out.println()方法在输出完毕后，会结束当前行，下一个输出语句将在下一行开始输出。out 对象的 println()方法输出 HTML 标签时，是以字符串格式输出的。</td></tr>
<tr><td>职业素养养成</td><td colspan="3">JSP 共有九大内置对象，这些对象可以直接在 JSP 使用，使用这些对象可以使用户更容易收集客户端发送请求的信息。
在实际工作中，通过 out 对象向浏览器输出信息是常见的功能，也是最基础的功能。JSP 程序员需要掌握基础技能，基础决定了高度，从点滴知识开始积累吧！</td></tr>
<tr><td rowspan="3">评价</td><td>完成情况(自评)：</td><td colspan="2">□顺利完成　　□在他人帮助下完成　　□未完成</td></tr>
<tr><td>团队合作(组内评)：</td><td colspan="2">组长签字：</td></tr>
<tr><td>学习态度(教师评)：</td><td colspan="2">教师签字：</td></tr>
<tr><td>课后拓展</td><td colspan="3">拓展 1：说一说 out.print()和<%=%>的区别。
拓展 2：新建 part3.1_other.jsp，在该 JSP 页面中练习使用 out 对象的其他常用方法，如 getBufferSize()、getRemaining()、isAutoFlush()等。</td></tr>
<tr><td>学习笔记</td><td colspan="3"></td></tr>
</table>

知识加油站

一、JSP 内置对象

为了简化页面开发过程,JSP 提供了一些可在脚本中使用的内置对象。使用这些对象可以使用户更容易收集客户端发送请求的信息,并响应客户端的请求以及存储客户信息。每个内置对象都对应一个特定的 Java 类或接口。

JSP 内置对象是 Web 容器加载的一组类,它不像一般的 Java 对象一样用“new”去获取实例,而是可以直接在 JSP 页面使用的对象,内置对象的名称是 JSP 的保留字,JSP 使用 Java 定义的内置对象来访问网页的动态内容。

JSP 共有九大内置对象(如图 3.1.2 所示),这九大内置对象的类型和作用如表 3.1.1 所示。

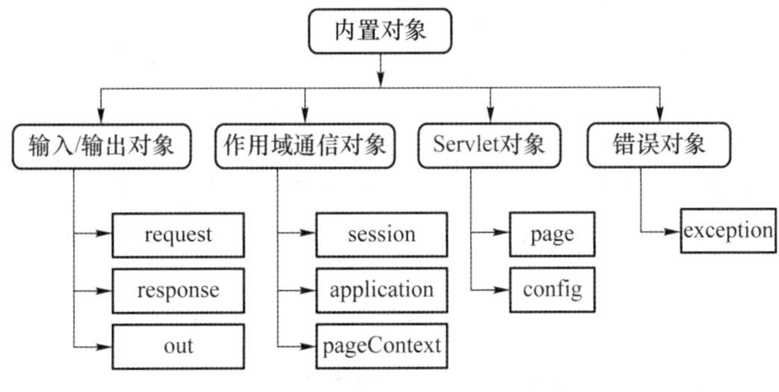

图 3.1.2

表 3.1.1　内置对象的类型和作用

对象名称	所属类型	作用范围	说明
request	jakarta. servlet. http. HttpServletRequest	request	该对象提供对 HTTP 请求数据的访问,同时还提供用于加入特定请求数据的上下文
response	jakarta. servlet. http. HttpServletResponse	page	该对象允许直接访问 HttpServletReponse 对象,可用来向客户端输出数据
session	jakarta. servlet. http. HttpSession	session	该对象可用来保存服务器与客户端之间需要保存的数据,当客户端关闭网站的所有网页时,session 对象会自动消失
application	jakarta. servlet. ServletContext	application	该对象代表应用程序上下文,它允许 JSP 页面与包括在同一应用程序中的任何 Web 组件共享信息
config	jakarta. servlet. ServletConfig	page	该对象允许将初始化数据传递给一个 JSP 页面

续 表

对象名称	所属类型	作用范围	说明
exception	java. lang. Throwable	page	该对象含有只能由指定的 JSP“错误处理页面”访问的异常数据
out	jakarta. servlet. jsp. JspWriter	page	该对象提供对输出流的访问
page	jakarta. servlet. jsp. HttpJspPage	page	该对象代表 JSP 页面对应的 Servlet 类实例
pageContext	jakarta. servlet. jsp. PageContext	page	该对象是 JSP 页面本身的上下文,它提供了唯一一组方法来管理具有不同作用域的属性

二、out 对象

out 对象是一个输出流,用来向客户端发送数据。

out 对象主要内容是向 Web 浏览器输出各种数据类型的内容,并且管理应用服务器上的输出缓冲区,缓冲区默认值是 8 KB。out 对象被封装为 jakarta. servlet. jsp. JspWriter 接口,它是 JSP 中经常用到的一个对象。

out 对象发送的内容具有文本的性质,可以通过 out 对象直接向客户端发送一个由程序动态生成的 HTML 文件。常用的方法有 print()和 println()。由于 out 对象内部包含了一个缓冲区,所以需要一些对缓冲区进行操作的方法。

out 对象的常用方法如表 3.1.2 所示。

表 3.1.2　out 对象的常用方法

方法	说明
void print()	输出数据。输出完毕后,并不结束该行。其参数有多种类型
void println()	输出数据。输出完毕后,会结束当前行,下一个输出语句将在下一行开始输出。其参数有多种类型
void newLine()	输出一个换行符
void clearBuffer()	清除缓冲区里的数据,并且把数据写到客户端去
void clear()	清除缓冲区里的数据,但不把数据写到客户端去
int getRemaining()	获取缓冲区中没有被占用的空间的大小
void flush()	输出缓冲区里的数据。out. flush()方法也会清除缓冲区中的数据。但是此方法会先将之前缓冲区中的数据输出至客户端,然后清除缓冲区中的数据
int getBufferSize()	获取当前缓冲区的大小(KB)。可以通过 page 指令来调整缓冲区的大小,例如:<%@page buffer="*none*|*8kb*|*sizekb*"%>
boolean isAutoFlush()	返回布尔值,如果返回 true,缓冲区满了会自动刷新;反之,如果返回 false,缓冲区满了则不会自动刷新,而会产生 IOException 异常。是否自动刷新缓冲区可以用<%@page autoFlush="*true*|*false*"%>来设置
void close()	关闭输出流,从而可以强制终止当前页面的剩余部分向浏览器输出

工作任务 3.2　request 获取复杂表单数据

教师评价：＿＿＿＿＿＿

<table>
<tr><td colspan="4">学生工作任务单</td></tr>
<tr><td>关键知识点</td><td>request 对象</td><td>完成日期</td><td>年　月　日</td></tr>
<tr><td>学习目标</td><td colspan="3">1. 理解 request 的作用，掌握 request 的常用方法。（知识目标）
2. 理解 request. getParameter()与 request. getParameterValues()的用法及区别。（知识目标）
3. 能够在表单处理页面获取上一个页面提交的数据，并将数据显示在 JSP 页面上。（能力目标）
4. request 是 JSP 的九大内置对象之一，是常用的内置对象。通过训练，快速学习，逐步积累经验知识，培养学习能力和解决问题的能力。（素质目标）</td></tr>
<tr><td>任务描述</td><td colspan="3">在系统中，需要设计用户注册的表单页面，提交表单后，在表单处理页面获取这些数据，并将数据显示在 JSP 页面上。请编程实现。</td></tr>
<tr><td>实现思路</td><td colspan="3">1. 新建用户注册的表单页 part3. 2_index. jsp，将表单提交到 part3. 2_register. jsp 页。
2. 新建 part3. 2_register. jsp 页，利用 request 获取提交的数据，并将获取的数据显示到页面上。
3. 运行 part3. 2_index. jsp，验证程序效果。</td></tr>
<tr><td>任务实现</td><td colspan="3">1. 在 JavaWEB 项目中，新建 part3. 2_index. jsp 页面，设计用户注册表单，将表单提交到 part3. 2_register. jsp 页。因与 part2. 12_index. jsp 中的代码相同，可以直接复制代码，注意设置 form 表单的 action 属性：
<form action = "part3.2_register.jsp" method = "post">
2. 新建 part3. 2_register. jsp 页面，获取上一页面中提交的表单数据，并将获取的数据显示到页面上，body 中的关键代码如下：
<body>
<%
  request.setCharacterEncoding("utf-8");
  String name = request.getParameter("username");
  String pass = request.getParameter("pwd");
  String sex = request.getParameter("sex");</td></tr>
</table>

学生工作任务单			
关键知识点	request 对象	完成日期	年 月 日

任务实现

```
    String edu = request.getParameter("edu");
    String [] courses = request.getParameterValues("courses");
    String eval = request.getParameter("eval");
 %>
<br>你注册的用户名是:<%= name %>
<br>你注册的密码是:<%= pass %>
<br>你的性别是:<%= sex %>
<br>你的学历是:<%= edu %>
<br>你选的课程是:
<%
    if(courses! = null){
      for(int i = 0;i< courses.length;i ++ ){
 %>
      <%= courses[i] %>
<%
     }
    }
 %>
<br>你的自我评价是:<%= eval %>
<br>
</body>
```

3. 启动 Tomcat 服务器,在地址栏中输入http://localhost:8080/JavaWEB/part3.2_index.jsp,页面显示出学员注册的相关信息,在页面中填写相关数据项(如图 3.2.1 所示),填写数据后,单击"提交"按钮,页面跳转到 part3.2_register.jsp 页面,并将输入的内容显示到了页面上,效果如图 3.2.2 所示。

学员注册

姓名:	李静
密码:	••••••
性别:	○男 ◉女
学历:	研究生
选修课程:	☐Linux ☑Java ☑C++ ☐PHP
自我评价:	从事编程十余年,擅长Java Web编程
	提交 重置

图 3.2.1

学生工作任务单			
关键知识点	request 对象	完成日期	年　月　日
任务实现	http://localhost:8080/JavaWEB/part3.2_register.jsp 你注册的用户名是：李静 你注册的密码是：123456 你的性别是：女 你的学历是：研究生 你选的课程是: Java C++ 你的自我评价是：从事编程十余年，擅长Java Web编程 图 3.2.2 重点提示： 这里需要注意的是，part3.2_index.jsp 页面中“选修课程”使用的是复选框 checkbox，在 part3.2_register.jsp 页面中提取数据时，通过 request.getParameterValues()方法获得一组数据，其返回值是数组，显示数据时，如果数组不为 null，则根据数组长度，使用循环输出。		
总结	从 part3.2_index.jsp 页面跳转到 part3.2_register.jsp 页面时，request 对象封装了浏览器的请求信息，所以在 part3.2_register.jsp 页面中通过 request 对象获取了用户的请求信息。		
职业素养养成	request 封装了浏览器的请求信息，我们可以采用 request 相关方法获取这些信息。一个简单的任务不能练习所有的 request 方法，还需要大家多做练习，坚持学习，逐步积累知识。		
评价	完成情况(自评)：	□顺利完成　□在他人帮助下完成　□未完成	
	团队合作(组内评)：	组长签字：	
	学习态度(教师评)：	教师签字：	
课后拓展	拓展 1：在 part3.2_register.jsp 页面中提取数据时，通过 request.getParameterValues()方法获得一组数据，其返回值是数组。显示数据时，如果数组不为 null，则根据数组长度，使用循环输出。如果数组为 null，则输出“你目前没有选修课程”，输出时采用 out.print()方法。请修改代码，实现上述功能。 拓展 2：out.print()和<%=%>都可以用于向页面输出内容，请对比两种方法的异同。		
学习笔记			

一、request 对象的概念

request 是 jakarta. servlet. http. HttpServletRequest 对象，它封装了浏览器的请求信息，request 也提供了获取 Cookie、header 和 session 等对象的数据的方法。request 对象的主要方法如表 3.2.1 所示。

表 3.2.1　request 对象的主要方法

方法	说明
Object getAttribute(String name)	用于返回 name 指定的属性值，若不存在指定的属性，就返回 null
Enumeration < String > getAttributeNames()	用于返回 request 对象的所有属性的名字集合，结果集是一个枚举类的实例
void setAttribute(String name,Object obj)	设置名字为 name 的 request 参数的值为 obj
Cookie [] getCookies()	用于返回客户端的所有 Cookie 对象，结果是一个 Cookie 数组
String getCharacterEncoding()	返回请求中的字符编码方式
int getContentLength()	以字节为单位返回客户端请求的大小。如果无法得到该请求的大小，则返回－1
String getHeader(String name)	用于获得 HTTP 协议定义的文件头信息
Enumeration < String > getHeaders(String name)	用于返回指定名字的 request Header 的所有值，其结果是一个 Enumeration 类的实例
Enumeration < String > getHeaderNames()	返回所有 request header 的名字，结果保存在一个 Enumeration 类的实例中
String getServerName()	获得服务器名字
int　getServerPort()	获得服务器的端口号
String getRemoteAddr()	获得客户端的 IP 地址
String getRemoteHost()	获得客户端计算机的名称
String getProtocol()	获得客户端向服务器端传送数据的协议名称
String getMethod()	获得客户端向服务器端传送数据的方法
HttpSession getSession()	返回和请求相关的 session
String getParameter(String name)	获得客户端传送给服务器端的参数值
Enumeration < String > getParameterNames()	获得所有的参数的名称
String [] getParameterValues(String name)	获得指定的参数的参数值列表。返回值为数组。如果没有，则返回值为 null
String getQueryString()	获得查询字符串，由客户端 get 方法向服务器传送
String getRequestURI()	获得发出请求字符串的客户端地址
String getContextPath()	获得用户请求的当前 Web 服务目录
String getServletPath()	获得客户端所请求的脚本文件的文件目录

二、request 对象执行流程

当客户端通过 HTTP 协议请求一个 JSP 页面时，JSP 容器就会将请求信息包装到 request 对象中，即创建 request 对象；当 JSP 容器完成该请求后，request 对象就会被撤销。客户端的请求信息包括请求的头信息（Header）、系统信息（如编码方式）、请求的方式（如 get 或 post）、请求的参数名称、参数值、获取 cookie、访问请求行元素和访问安全信息等，可以采用 request 相关方法获取这些信息。

三、访问请求参数

在 Web 应用程序中，经常还需要完成用户与网站的交互。例如，当用户填写表单后，需要把数据提交给服务器处理，服务器获取这些信息并进行处理。我们可以用 request 对象的 getParameter()方法获取用户提交的数据。

访问请求参数的方法如下：

```
String userName = request.getParameter(String name);
```

参数 name 与 HTML 标记 name 属性对应，如果参数值不存在，则返回一个 null 值，该方法的返回值为 String 类型。

对于复选框 checkbox 这样的控件，访问请求参数的方法如下：

```
String[] userName = request.getParameterValues(String name);
```

四、在作用域中管理属性

在进行请求转发操作时，把一些数据带到转发后的页面处理。这时，就可以使用 request 对象的 setAttribute()方法将数据设置在 request 范围内存取。

（1）在 request 作用域中，设置转发数据的方法使用格式为：request.setAttribute("key",value)；参数 key 为 String 类型的键名。在转发后的页面获取数据时，通过这个键名来获取数据；参数 value 为 Object 类型的键值，代表需要保存在 request 范围内的数据。

（2）在 request 作用域中，获取转发数据的方法使用格式为：Object object = request.getAttribute("name")。

（3）在 request 作用域中，获取所有属性的名称集的方法使用格式为：request.getAttributeNames()；该方法返回值是枚举类型（Enumeration）数据。

工作任务 3.3 response 对象实现自动刷新

教师评价：________

<table>
<tr><th colspan="4">学生工作任务单</th></tr>
<tr><td>关键知识点</td><td>response 对象</td><td>完成日期</td><td>年 月 日</td></tr>
<tr><td>学习目标</td><td colspan="3">1. 掌握 response 对象的作用。(知识目标)
2. 掌握 response 对象的 setHeader(String name,String value)方法。了解 response 对象的其他常用方法。(知识目标)
3. 能通过 response 实现页面的刷新和跳转,多动手调试程序,反复训练,加强记忆。(能力目标)</td></tr>
<tr><td>任务描述</td><td colspan="3">在项目中,要求在一个 JSP 页面中显示当前时间,每隔 1 秒刷新一次。5 秒钟之后,从该页面跳转到其他的页面。请设计实现。</td></tr>
<tr><td>实现思路</td><td colspan="3">1. 新建一个 JSP 页面,在页面中显示当前时间。
2. 实现页面一秒钟刷新一次,设置语句为:response.setHeader("refresh","1")。
3. 实现定时跳转到其他页面,response.setHeader("refresh","5:URL = 页面名称")。</td></tr>
<tr><td>任务实现</td><td colspan="3">1. 新建 part3.3_index.jsp,输出当前的日期,将日期时间按照指定的格式输出,(由于使用了 java.text.SimpleDateFormat 和 java.util.Date,所以需要使用 import 导包),代码如下:
<pre>
<%@ page language = "java" contentType = "text/html; charset = UTF-8"
    pageEncoding = "UTF-8" import = "java.util.*,java.text.*" %>
<!DOCTYPE html>
<html>
<head>
<meta charset = "UTF-8">
<title>Insert title here</title>
</head>
<body>
  <h3>现在时间是:</h3>
  <!--时间格式化-->
  <%
   SimpleDateFormat format = new SimpleDateFormat("yyyy-MM-dd hh:mm:ss");
   String t = format.format(new Date());
  %>
</pre></td></tr>
</table>

学生工作任务单

关键知识点	response 对象	完成日期	年　月　日

任务实现

```
    <%= t %>
    <%
    /* 每一秒，重新对 refresh 赋值 */
    response.setHeader("refresh","1");
    %>
<hr>
</body>
</html>
```

2. 启动 Tomcat，在地址栏中输入 http://localhost:8080/JavaWEB/part3.3_index.jsp，效果如图 3.3.1 所示，可以看到，页面上的时间每隔 1 秒会变化一次，实现这个效果的关键代码在于 response.setHeader("refresh","1")，实现了每隔 1 秒钟，刷新一次。

http://localhost:8080/JavaWEB/part3.3_index.jsp

现在时间是:

2022-10-21 10:29:54

图 3.3.1

3. 在 part3.3_index.jsp 页面中增加如下代码：

```
    <h4>5 秒之后自动跳转到另一个页面</h4>
    <% response.setHeader("refresh","5;URL=part3.3_test.jsp"); %>
```

4. 新建一个 part3.3_test.jsp，body 中的关键代码如下：

```
<body>
    <h4>跳转成功了</h4>
</body>
```

5. 启动 Tomcat 服务器，在地址栏中输入http://localhost:8080/JavaWEB/part3.3_index.jsp，效果如图 3.3.2 所示，5 秒之后，自动跳转到了 part3.3_test.jsp 页面，效果如图 3.3.3 所示。

http://localhost:8080/JavaWEB/part3.3_index.jsp
现在时间是:
2022-10-21 10:30:56
5秒之后自动跳转到另一个页面

图 3.3.2

<table>
<tr><th colspan="6">学生工作任务单</th></tr>
<tr><td>关键知识点</td><td colspan="3">response 对象</td><td>完成日期</td><td>年　月　日</td></tr>
<tr><td>任务实现</td><td colspan="5">http://localhost:8080/JavaWEB/part3.3_test.jsp
跳转成功了
图 3.3.3</td></tr>
<tr><td>总结</td><td colspan="5">在该任务中,我们主要运用的是 response 对象的 setHeader()方法:
• esponse.setHeader("refresh","1")实现页面一秒钟刷新一次。
• esponse.setHeader("refresh","5:URL = 页面名称")实现页面定时跳转。</td></tr>
<tr><td>职业素养养成</td><td colspan="5">response 对象用于将服务器端的数据发送到客户端,对客户的请求作出动态响应。在实际工作中,response 对象是常用的内置对象之一,这就需要大家加强基础知识的记忆,多动手调试程序,不怕麻烦,反复训练。</td></tr>
<tr><td rowspan="3">评价</td><td>完成情况(自评):</td><td colspan="4">□顺利完成　□在他人帮助下完成　□未完成</td></tr>
<tr><td>团队合作(组内评):</td><td colspan="4">组长签字:</td></tr>
<tr><td>学习态度(教师评):</td><td colspan="4">教师签字:</td></tr>
<tr><td>课后拓展</td><td colspan="5">修改 part3.3_test.jsp 页面代码。在该页面中,当用户单击“保存”按钮时,动态改变 contentType 的属性值为 application/msword,此时,浏览器会提示用户启用 Word 来显示或保存文档,body 中参考代码如下:
<body>
<h3>跳转成功了</h3>
<%
String str = request.getParameter("save");
if(str = = null){
str = "";
}
if(str.equals("保存"))
{ response.setContentType("application/msword;charset = GB2312");
}
%>
<form action = "" method = "get" name = "form">
<input type = "submit" value = "保存"name = "save">
</form>
</body></td></tr>
<tr><td>学习笔记</td><td colspan="5"></td></tr>
</table>

知识加油站

一、response 对象

response 对象和 request 对象相对应，用于响应客户请求，向客户端输出信息。response 实现 jakarta. servlet. http. HttpServletResponse 接口，是 HttpServletResponse 的实例，封装了 JSP 产生的响应客户端请求的有关信息，如回应的 Header、回应本体(HTML 的内容)以及服务器端的状态码等信息，提供给客户端。请求的信息可以是各种数据类型，甚至是文件。

request 对象和 response 对象的结合可以使 JSP 更好地实现客户端与服务器的信息交互。用户在客户端浏览器中发出的请求信息被保存在 request 对象中并发送给 Web 服务器，JSP 引擎根据 JSP 文件的指示处理 request 对象，或者根据实际需要将 request 对象转发给由 JSP 文件所指定的其他服务器端组件，如 Servlet 组件、JavaBean 组件或 EJB 组件等。处理结果则以 response 对象的方式返回给 JSP 引擎，JSP 引擎和 Web 服务器根据 response 对象最终生成 JSP 页面，返回给客户端浏览器，这也是用户最终看到的内容。

response 对象常用方法如表 3.3.1 所示。

表 3.3.1　response 对象常用方法

方法	说明
void setContentType(String type)	动态响应 contentType 属性。设置发送到客户端的响应数据内容的类型
void setContentLength(int contentLength)	设置响应数据内容的长度
void setHeader (String name, String value)	设置 HTTP 应答报文的首部字段和值及自动更新
void sendRedirect(String redirectURL)	将客户端重定向到指定 URL
void setStatus(int n)	设置 HTTP 返回的状态值
void addCookie(Cookie cookie)	添加一个 Cookie 对象
void sendError(int sc)	该方法是向客户端发送错误的状态码，例如 404、500 等
void sendError(int sc,String msg)	该方法是向客户端发送错误的状态码，并且添加错误信息
void flushBuffer( )	刷新缓冲区，把信息传给客户端
void setBufferSize( )	定义缓冲区大小
int getBufferSize( )	获取缓冲区大小
void resetBuffer( )	清除响应缓冲区中的内容
boolean isCommitted()	判断服务器是否已将数据输出到客户端

二、response 对象的 setHeader 方法使用示例

response 对象的 setHeader(String name,String value)方法用于设置指定名字的 HTTP 文件头的值，name 为报头名，value 为值。如果该值已经存在，则新值会覆盖旧值。

(1) 实现页面一秒钟刷新一次

```
response.setHeader("refresh","1");
```

(2) 实现页面定时跳转

例如：2 秒钟后自动跳转到 URL 所指的页面

```
response.setHeader("refresh","2;URL = 页面名称");
```

(3) 禁用缓存

```
response.setHeader("Pragma", "no-cache");
response.setHeader("Cache-Control", "no-cache");
```

(4) 设置过期的时间期限

```
response.setDateHeader("Expires", System.currentTimeMillis() + 自己设置的时间期限);
```

(5) 访问其他的页面(跳转到其他页面)

```
response.setStatus(302);
response.setHeader("location","url");//url 为要访问的页面 URL 地址
```

(6) 下载文件

Content-Type 实体头的作用是让服务器告诉浏览器其发送的数据属于什么文件类型。

例如:当 Content-Type 的值设置为 text/html 时,让浏览器把接收到的实体内容以 HTML 格式解析;当 Content-Type 的值设置为 text/plain 时,浏览器把接收到的实体内容以普通文本解析;当 Content-Type 的类型为要下载的类型时,Content-Disposition 信息头会告诉浏览器这个文件的名字和类型。

```
response.setHeader("Content-Type","video/x-msvideo");
response.setHeader( "Content-Disposition", "attachment;filename = " + new String( "文件名称".getBytes("gb2312"), "ISO8859-1") );
```

三、response 的 setContentType()方法

JSP 页面一般使用 page 指令设置其 contentType 属性值,这样 JSP 引擎将按照该属性值的设置,将静态页面部分返回给用户,用户浏览器接收到该响应就会使用响应手段处理接收到的信息。

使用 response 对象的 setContentType(String contentType)方法可以动态地改变 contentType 的属性值。该方法中的参数 contentType 可以为 text/html、text/plain、text/xml、application/afp、application/pdf、application/msword、image/bmp、image/gif、image/jpeg。例如:response.setContentType("application/msword;charset = GB2312");。

工作任务 3.4　response 重定向

教师评价：____________

<table>
<tr><th colspan="4">学生工作任务单</th></tr>
<tr><td>关键知识点</td><td>response 对象</td><td>完成日期</td><td>年　月　日</td></tr>
<tr><td>学习目标</td><td colspan="3">1. 掌握 response 对象的作用和常用方法。(知识目标)
2. 能够结合实际任务,使用 sendRedirect()方法实现页面重定向。(能力目标)
3. 本任务中涉及了多个 response 对象的常用方法,应多调试程序,提高调试程序的能力。(能力目标)
4.完成任务的过程中会反复调试、修改程序,对比观察运行效果。我们要在这个过程中积累经验,锻炼耐心。(素质目标)</td></tr>
<tr><td>任务描述</td><td colspan="3">在系统中,part3.4_index.jsp 页面中提供友情链接的下拉菜单,选择其中一个网站链接,单击“确定”按钮,跳转到 part3.4_result.jsp 页面,在 part3.4_result.jsp 页面获取上一页中的数据,并根据数据重定向到指定的页面。请设计实现。</td></tr>
<tr><td>实现思路</td><td colspan="3">1. 新建 part3.4_index.jsp,在该页面中调用 response 的一些常用方法,并且在 form 表单中添加一个关于网站的友情链接的下拉菜单。
2. 新建 part3.4_result.jsp,在该页面中获取上一页面中的数据,根据数据跳转到不同的页面。</td></tr>
<tr><td>任务实现</td><td colspan="3">1. 新建 part3.4_index.jsp,在该页面中调用 response 的一些常用方法,并设计一个友情链接的下拉菜单,body 中关键代码如下:
<pre>
<body>
<hr>
  <% response.setBufferSize(10240); %>
  缓冲区大小:<%= response.getBufferSize() %>

  <% response.setCharacterEncoding("UTF-8"); %>
  字符编码:<%= response.getCharacterEncoding( ) %>
  <hr>

  网站友情链接:

   <form action = "part3.4_result.jsp" method = "post">
        <select name = "link">
              <option value = "dxs">教育部中国大学生在线</option>
              <option value = "jyb">中华人民共和国教育部</option>
              <option value = "pf">教育部全国青少年普法网</option>
</pre></td></tr>
</table>

学生工作任务单			
关键知识点	response 对象	完成日期	年　月　日

任务实现

```
        </select>
    <input type="submit" name="submit" value="确定">
    </form>
    <hr>
</body>
```

2. 新建 part3.4_result.jsp,根据上一个页面中的选择,跳转到相应的页面,body 中关键代码如下:

```
<body>
<%
  String address=request.getParameter("link");
   if(address!=null)
   {
        if(address.equals("dxs")){ response.sendRedirect("https://dxs.moe.gov.cn/zx/");
          }else if(address.equals("jyb")) {
           response.sendRedirect("http://www.moe.gov.cn/");
          }else     response.sendRedirect("https://qspfw.moe.gov.cn/index.html");
   }
%>
</body>
```

3. 启动 Tomcat 服务器,在地址栏中输入http://localhost:8080/JavaWEB/part3.4_index.jsp,效果如图 3.4.1 所示。

图 3.4.1

在下拉菜单中选择“教育部中国大学生在线”后,单击“确定”按钮,即跳转到了教育部中国大学生在线网站;选择“中华人民共和国教育部”,即跳转到中华人民共和国教育部的网站。这里使用的是 response.sendRedirect()来实现页面之间的跳转。

总结

在本任务中,需要根据用户选择的下拉菜单的选项,跳转到不同的页面。这里使用的是 response.sendRedirect()实现页面之间的跳转。跳转后,地址栏中的地址变成了跳转后的网页的地址。

<table>
<tr><th colspan="4">学生工作任务单</th></tr>
<tr><td>关键知识点</td><td>response 对象</td><td>完成日期</td><td>年　月　日</td></tr>
<tr><td>职业素养养成</td><td colspan="3">实现一个功能可以有多种方法，在初学阶段，我们可以尝试不同的方法，多调试程序，积累经验，提高调试程序的能力。在实际工作中，往往需要反复调试、修改程序，这不仅需要我们保持耐心，还需要我们具备一定的程序纠错能力。</td></tr>
<tr><td rowspan="3">评价</td><td>完成情况（自评）：</td><td colspan="2">□顺利完成　□在他人帮助下完成　□未完成</td></tr>
<tr><td>团队合作（组内评）：</td><td colspan="2">组长签字：</td></tr>
<tr><td>学习态度（教师评）：</td><td colspan="2">教师签字：</td></tr>
<tr><td>课后拓展</td><td colspan="3">也可以使用 setStatus()和 setHeader()方法得到重定向的效果。参考代码如下：
<%
String site = "http://www.sjzkg.edu.cn" ;
response.setStatus(response.SC_MOVED_TEMPORARILY);
response.setHeader("Location", site);
%></td></tr>
<tr><td>学习笔记</td><td colspan="3"></td></tr>
</table>

知识加油站

一、重定向

重定向（Redirect）就是通过各种方法将各种网络请求重新定个方向转到其他位置。重定向分为以下三类：

- 网页重定向
- 域名的重定向
- 数据报文经由路径的重定向（路由选择）

当需要将文档移动到一个新的位置时，就需要使用 JSP 重定向了。最简单的重定向方式就是使用 response 对象的 sendRedirect()方法。例如，当客户输入正确的登录信息时，需要被重定向到登录成功页面，否则就会被重定向到错误显示页面。此时，可以使用 response 的 sendRedirect()方法将客户请求重定向到不同的页面。

语法格式如下：

```
public void response.sendRedirect(String location)
```

将客户请求重定向到 login.jsp 页面的代码如下：

```
response.sendRedirect("login.jsp");
```

也可以使用 setStatus()和 setHeader()方法得到重定向的效果。示例代码如下：

```
<%
   String site = "http://www.sjzkg.edu.cn" ;
   response.setStatus(response.SC_MOVED_TEMPORARILY);
   response.setHeader("Location", site);
%>
```

这里的 SC_MOVED_TEMPORARILY，状态码是 302，表示请求所申请的资源已经被移到一个新的地方。也可以直接写成 response.setStatus(302)。

二、response 的其他常用方法

- response.setBufferSize(int size)：定义输出缓冲区的大小，以字节为单位。
- response.setCharacterEncoding(String charset)：指定服务器响应给浏览器的编码。
- response.getCharacterEncoding( )：获取服务器响应给浏览器的编码。
- response.setStatus(int sc)：设置响应的状态编码。
- sendRedirect(String location)：将客户请求重定向到指定页面。
- sendError(int sc,String msg)：该方法是向客户端发送错误的状态码，并且添加错误信息。在 JSP 页面中，使用 response 对象中的 sendError()方法指明一个错误状态。该方法接收一个错误以及一条可选的错误消息，该消息将内容主体返回给客户。

工作任务 3.5　session 对象常用方法训练

教师评价：____________

<table>
<tr><th colspan="4">学生工作任务单</th></tr>
<tr><td>关键知识点</td><td>session 对象</td><td>完成日期</td><td>年　月　日</td></tr>
<tr><td>学习目标</td><td colspan="3">1. 了解 session 的作用，掌握 session 对象常用方法。（知识目标）
2. 能够通过 getAttribute()方法取得 session 对象的值。（能力目标）
3. 能够通过多种方式设置 session 对象的有效时间，培养灵活运用所学知识和解决问题的能力。（素质目标）</td></tr>
<tr><td>任务描述</td><td colspan="3">在项目中，包括两个 JSP 页面，即 part3.5_session.jsp 和 part3.5_test.jsp。在 part3.5_session.jsp 中获取一些 session 对象的基本属性，并通过 setAttribute()方法将一些数据保存在 session 对象中，设置 session 对象的有效时间，在 part3.5_test.jsp 页面中通过 getAttribute()方法取得 session 对象的值。请设计实现。</td></tr>
<tr><td>实现思路</td><td colspan="3">1. 新建 part3.5_session.jsp，在页面中调用 session 的 getCreationTime()、getId()、isNew()、setAttribute()等方法。
2. 新建 part3.5_test.jsp，获取 session 中的数据。
3. 运行 part3.5_session.jsp，查看并分析运行结果；点击超链接跳转到 part3.5_test.jsp，查看并分析运行结果。
4. 在 part3.5_test.jsp 页面中，移除 session 中的 info 对象，运行页面，查看并分析运行结果。
5. 在 part3.5_session.jsp 页面中，获取 session 的默认有效时间，并重新设置 session 的有效时间，运行页面，然后无操作等待相应的时间，等 session 过了有效期后，再运行 part3.5_test.jsp 页面，查看并分析运行结果。</td></tr>
<tr><td>任务实现</td><td colspan="3">1. 新建 part3.5_session.jsp，在页面中调用 session 的 getCreationTime()、getId()、isNew()、setAttribute()等方法（本页面中的代码中使用了 java.util.Date，所以需要使用 import 导包，即在 page 指令中加上 import="java.util.*"）。代码如下：
<%@ page language="java" import="java.util.*" pageEncoding="utf-8" %>
<html>
<head>
    <title>session 对象</title>
</head>
<body>
session 的创建时间：<%= new Date(session.getCreationTime()).toLocaleString() %>
</td></tr>
</table>

学生工作任务单			
关键知识点	session 对象	完成日期	年　月　日

任务实现

```
session 的 ID 号:<%= session.getId() %><br>
<hr>
当前时间:<%= new Date().toLocaleString() %><br>
该 session 是新创建的吗?:<%= session.isNew()?"是" : "否" %><br>
<hr>
当前时间:<%= new Date().toLocaleString() %><br>
<% session.setAttribute("info", "您好,我们正在使用 session 对象传递数据!"); %>
已向 session 中保存数据,请点击后面的链接跳转到 part3.5_test.jsp 页面
<a href = "part3.5_test.jsp">点击这里</a>
</body>
</html>
```

2. 新建 part3.5_test.jsp,获取 session 中的数据,代码如下:

```
<body>
   <br>
   <%= session.getAttribute("info") %>
</body>
```

3. 启动 Tomcat 服务器,在地址栏中输入http://localhost:8080/JavaWEB/part3.5_session.jsp,页面显示如图 3.5.1 所示。

http://localhost:8080/JavaWEB/part3.5_session.jsp

session 的创建时间: 2022年10月21日 下午10:19:26
session 的 ID 号: BFBF5F61B905236A90BF2B225BC24649

当前时间: 2022年10月21日 下午10:34:40
该 session 是新创建的吗? : 否

当前时间: 2022年10月21日 下午10:34:40
已向 Session 中保存数据, 请点击后面的链接跳转到part3.5_test.jsp页面 点击这里

图 3.5.1

4. 点击页面中的“点击这里”超链接,跳转到 part3.5_test.jsp(或者直接在地址栏中输入 http://localhost:8080/JavaWEB/part3.5_test.jsp),页面运行效果如图 3.5.2 所示。

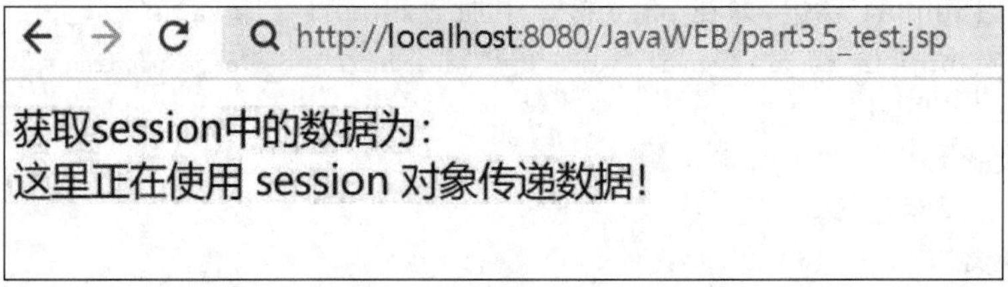

http://localhost:8080/JavaWEB/part3.5_test.jsp

获取session中的数据为:
这里正在使用 session 对象传递数据!

图 3.5.2

学生工作任务单			
关键知识点	session 对象	完成日期	年　月　日

任务实现

5. 修改 part3.5_test.jsp，移除 session 中的 info 对象，在原代码后面增加如下代码：

```
<br>
  移除 session 中的 info：
  <% session.removeAttribute("info");
     //或者 session.invalidate();
   %>
  <%= session.getAttribute("info") %>
```

6. 在地址栏中输入 http://localhost:8080/JavaWEB/part3.5_test.jsp，运行后效果如图 3.5.3。

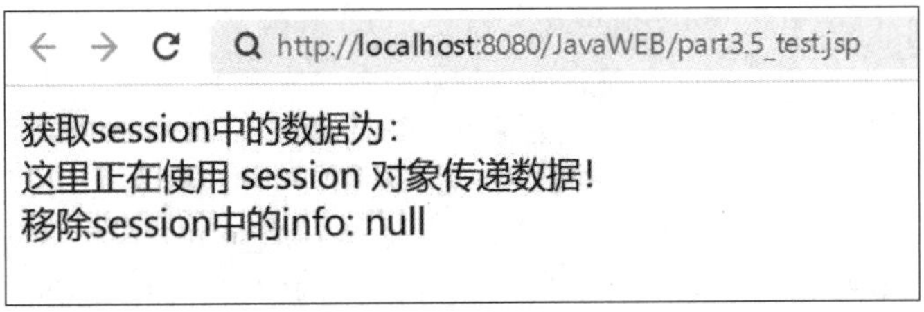

http://localhost:8080/JavaWEB/part3.5_test.jsp

获取session中的数据为:
这里正在使用 session 对象传递数据!
移除session中的info: null

图 3.5.3

这说明移除 session 中的 info 对象后，再通过 session.getAttribute("info")获取，其值为 null。在实际工作中，此方法一般用于实现“安全退出”的功能。

7. 修改 part3.5_session.jsp，获取 session 的默认有效时间，并重新设置 session 的有效时间，在原代码的基础上增加如下代码：

```
<hr>
session 对象默认的有效时间:<%= session.getMaxInactiveInterval() %>秒<br>
<%
  session.setMaxInactiveInterval(60 * 5);//设置 session 的有效时间为 5 分钟
 %>
已经将 session 有效时间修改为:<%= session.getMaxInactiveInterval() %>秒<br>
```

8. 在地址栏中输入 http://localhost:8080/JavaWEB/part3.5_session.jsp，运行后效果如图 3.5.4 所示。

http://localhost:8080/JavaWEB/part3.5_session.jsp

session 的创建时间：2022年10月21日 下午10:19:26
session 的 ID 号：BFBF5F61B905236A90BF2B225BC24649

当前时间：2022年10月21日 下午10:37:02
该 session 是新创建的吗？：否

当前时间：2022年10月21日 下午10:37:02
已向 Session 中保存数据，请点击后面的链接跳转到part3.5_test.jsp页面 点击这里

session 对象默认的有效时间：1800秒
已经将 session 有效时间修改为：300秒

图 3.5.4

<table>
<tr><th colspan="4">学生工作任务单</th></tr>
<tr><td>关键知识点</td><td>session 对象</td><td>完成日期</td><td>年　月　日</td></tr>
<tr><td>任务实现</td><td colspan="3">重点提示：
session 的默认有效时间为 30 分钟(即 1 800 秒)，通过 session. getMaxInactiveInterval()方法获取的时间，其单位为秒；还可以通过 session. setMaxInactiveInterval()方法设置 session 的有效时间，这里将有效时间设置成5 分钟，接下来无任何操作等待 5 分钟，然后运行 part3. 5_test. jsp 页面，查看并分析运行结果(如果是在程序调试阶段，为了快速验证程序结果，减少等待时间，可以将有效时间设置得短一些，例如可以设置有效时间为 1 分钟或者 10 秒等。)。</td></tr>
<tr><td>总结</td><td colspan="3">本任务是在页面中调用 session 的 getCreationTime()、getId()、isNew()、setAttribute()、getMaxInactiveInterval()、setMaxInactiveInterval()等方法，通过调试程序，观察运行结果，加深对 request 对象的常用方法的理解。</td></tr>
<tr><td>职业素养养成</td><td colspan="3">在实际工作中，要根据项目的实际情况、客户的要求等设置 session 的有效时间。例如，某银行出于用户安全考虑，当用户在其网站无操作时间达到 3 分钟时，登录就会失效。通常，一些网站系统会提供“安全退出”“注销”等类似的功能，该功能一般都是通过 session. invalidate()或者 session. removeAttribute()实现的。
另外，可以通过多种方式设置 session 对象的有效时间。我们要多尝试，提高灵活运用所学知识解决问题的能力。</td></tr>
<tr><td rowspan="3">评价</td><td>完成情况(自评)：</td><td colspan="2">□顺利完成　□在他人帮助下完成　□未完成</td></tr>
<tr><td>团队合作(组内评)：</td><td colspan="2">组长签字：</td></tr>
<tr><td>学习态度(教师评)：</td><td colspan="2">教师签字：</td></tr>
<tr><td>课后拓展</td><td colspan="3">我们还可以通过修改 web. xml 设置 session 的有效时间：打开 web. xml (webapp-> WEB-INF-> web. xml)，增加如下配置节点，并设置有效时间是 20 分钟(注意，这里的时间单位为分钟)。
<web-app>
<session-config>
    <session-timeout>20</session-timeout>
</session-config>
</web-app></td></tr>
<tr><td>学习笔记</td><td colspan="3"></td></tr>
</table>

知识加油站

一、session 对象

session 是用于保存客户端请求信息而分配给客户的对象，因为 HTTP 协议不能保存客户端请求信息的历史记录，所以为了解决这一问题，生成一个 session 对象，这样服务器和客户端之间的连接就会一直保持下去。

当一个客户访问一个服务器时，可能会在这个服务器的几个页面之间来回切换，反复连接，刷新页面。服务器如何知道这是同一个客户呢？这就需要 session 对象。

session 对象在第一个 JSP 页面被装载时自动创建，从一个客户打开浏览器并连接到服务器开始，到客户关闭浏览器离开这个服务器为止，被称为一个会话。

session 对象的 ID 是当一个客户首次访问服务器上的一个 JSP 页面时，JSP 引擎产生一个 session 对象，同时会分配一个字符类型的 ID 号，session 对象中的 ID 标识是唯一的，用来标识每个用户。当客户刷新浏览器时，该标识的值不变；当客户关闭浏览器，或者在一定时间内(默认有效时间为 30 分钟)，客户端不向服务器发出应答请求，session 对象会自动消失；当客户重新打开浏览器，连接到该服务器时，服务器为该客户再次创建一个新的 session 对象。

session 对象常用方法如表 3.5.1 所示。

表 3.5.1　session 对象常用方法

方法	说明
void setAttribute(String name, Object obj)	在 session 中设定 name 所指定的属性值为 obj
Object getAttribute(String name)	返回 session 中 name 所指定的属性值
Enumeration <String> getAttributeNames( )	返回 session 中所有变量的名称
void removeAttribute(String name)	删除 session 中 name 所指定的属性
void invalidate()	注销当前的 session
long getCreationTime( )	返回 session 建立的时间，返回值为从 1970 年 1 月 1 日开始算到 session 建立时的毫秒数
long getLastAccessedTime( )	返回客户端对服务器端提出请求至处理 session 中数据的最后时间。若为新建的 session，则返回 -1
int getMaxInactiveInterval( )	返回 session 的超时时间，单位为秒。若超过该时间没有访问，服务器认为该 session 失效
boolean isNew()	返回布尔值，表示是否为新建的 session
void setMaxInactiveInterval(int interval)	设置 session 的超时时间，单位为秒

二、创建与获取客户端 session

session 内置对象可以使用 setAttribute()方法保存对象名和对象的值。程序员如果想要获取保存到 session 中的信息，则需要用 getAttribute()方法进行获取。设置属性和获取属性可以在不同的文件中。

示例如下：

```
<%
String my_name = "李静";
//在 session 中设定 name 所指定的属性值为 my_name
session.setAttribute("name",my_name);
//获取 session 中所设定的 name 的值
String name2 = (String)session.getAttribute("name");
%>
```

三、移除指定 session 中的对象

JSP 页面可以将任何已经保存的对象中的一部分或者全部移除。使用 removeAttribute()方法将指定名称的对象移除，也就是说，从这个会话删除与指定名称绑定的对象。使用 invalidate()方法可以将会话中的全部内容删除。

语法格式如下：

```
<%
  //参数 name 为 session 对象的属性名，代表要移除的对象名
  session.removeAttribute(name);
  session.invalidate();//把保存的所有对象全部删除
%>
```

四、session 超时管理

一个用户在某个 Web 服务目录的 session 对象的生存期限依赖于以下三点。

1. 客户是否关闭浏览器。

2. session 对象是否调用 invalidate()方法使得 session 无效。

3. session 对象是否达到了设置的最长的“发呆”状态时间(即有效时间)。如果用户长时间不关闭浏览器，用户的 session 也会消失，因为 Tomcat 服务器默认允许用户最长的“发呆”状态时间为 30 分钟。也可以通过下面的方法设置 session 的最长的“发呆”状态时间。

(1) 通过 session 的 setMaxInactiveInterval(int interval)方法设置。示例如下：

```
session.setMaxInactiveInterval(300);//单位是秒
```

(2) 通过 web.xml 设置。示例如下：

```
<session-config>
    <session-timeout>5</session-timeout>
</session-config>
```

单位是分钟，如果时间修改为负数，则“发呆”时间不受限制。

*工作任务 3.6　session 统计站点访问人数

教师评价：＿＿＿＿＿＿

<table>
<tr><th colspan="4">学生工作任务单</th></tr>
<tr><td>关键知识点</td><td>session 对象</td><td>完成日期</td><td>年　月　日</td></tr>
<tr><td>学习目标</td><td colspan="3">1. 了解 session 的作用，掌握 session 对象常用方法。（知识目标）
2. 会编写程序，使用 session 对象统计站点访问人数。（能力目标）
3. 要充分理解 session 对象的特点，认真分析可以保存在 session 中的数据，合理使用 session，提高分析问题的能力，培养多观察、勤思考的好习惯。（素质目标）</td></tr>
<tr><td>任务描述</td><td colspan="3">在项目中，需要统计站点访问人数（只统计新用户），如果是新用户则访问人数加 1，否则访问人数不变。请实现该功能。</td></tr>
<tr><td>实现思路</td><td colspan="3">1. 在 part3.6_index.jsp 中，利用 session 内置对象中的 isNew()方法判断当前是否为一个新创建的 session，如果是，则访问数加 1，否则访问数不变。
2. 在浏览器中运行，观察运行结果，然后刷新浏览器或增加浏览器标签，再次运行 part3.6_index.jsp，观察运行结果的变化。</td></tr>
<tr><td>任务实现</td><td colspan="3">1. 新建 part3.6_index.jsp，利用 session 内置对象中的 isNew()方法判断当前是否为一个新创建的 session，如果是，则访问数加 1，否则访问数不变。body 中关键代码如下：
<body>
  <%!int num = 0; %>
  <%
   if(session.isNew()){
      num += 1;
      session.setAttribute("num", num);
   }
  %>
  您是第<%= session.getAttribute("num") %>个访问本网站的用户。
</body>
2. 启动 Tomcat 服务器，在地址栏中输入http://localhost:8080/JavaWEB/part3.6_index.jsp，运行效果如图 3.6.1 所示。
http://localhost:8080/JavaWEB/part3.6_index.jsp
您是第1个访问本网站的用户
图 3.6.1</td></tr>
</table>

<table>
<tr><th colspan="4">学生工作任务单</th></tr>
<tr><td>关键知识点</td><td colspan="2">session 对象</td><td>完成日期　　年　月　日</td></tr>
<tr><td>任务实现</td><td colspan="3">3. 刷新网页时，观察运行效果，访问人数没有增加。
4. 不关闭浏览器，再增加一个浏览器标签，再次运行 http://localhost:8080/JavaWEB/part3.6_index.jsp 页面，观察运行效果，访问人数依然没有增加。</td></tr>
<tr><td>总结</td><td colspan="3">本例利用 session 内置对象中的 isNew()方法判断当前是否为一个新创建的 session，如果是，则访问数加 1。第一次运行 part3.6_index.jsp 页面后，访问人数为 1，刷新当前页面后，访问人数不变，增加一个浏览器标签，再次运行，访问人数依然不变。
这说明刷新页面和增加浏览器标签时，session 对象依然是之前的 session，即 session.isNew()为 false。</td></tr>
<tr><td>职业素养养成</td><td colspan="3">session 对象封装了属于客户会话的所有信息。当用户在应用程序的 Web 页之间跳转时，存储在 session 对象中的变量将不会丢失，而是在整个用户会话中一直存在下去。当用户请求来自应用程序的 Web 页时，如果该用户还没有会话，则 Web 服务器将自动创建一个 session 对象。当会话过期或被放弃后，服务器将终止该会话。
随着越来越多用户登录，session 所需要的服务器内存量也会不断增加。访问 Web 应用程序的每个客户都生成一个单独的 session 对象。每个 session 对象的持续时间是用户访问的时间加上不活动的时间。如果每个 session 中保持许多对象，并且许多用户同时使用 Web 应用程序(创建许多 session)，则 session 可能会占用较多的服务器内存，从而可能影响服务器性能。
在实际工作中，我们要合理使用 session，灵活运用所学知识，提高解决问题的能力。</td></tr>
<tr><td rowspan="3">评价</td><td>完成情况(自评)：</td><td colspan="2">□顺利完成　　□在他人帮助下完成　　□未完成</td></tr>
<tr><td>团队合作(组内评)：</td><td colspan="2">组长签字：</td></tr>
<tr><td>学习态度(教师评)：</td><td colspan="2">教师签字：</td></tr>
<tr><td>课后拓展</td><td colspan="3">在浏览器中运行 part3.6_index.jsp 后，换一个其他的浏览器，在地址栏输入 http://localhost:8080/JavaWEB/part3.6_index.jsp，观察浏览器中人数是否增加，请思考为什么。</td></tr>
<tr><td>学习笔记</td><td colspan="3"></td></tr>
</table>

知识加油站

相关理论知识可以参考工作任务 3.5。

工作任务 3.7　application 对象存取数据

教师评价：____________

<table>
<tr><th colspan="4">学生工作任务单</th></tr>
<tr><td>关键知识点</td><td>application 对象</td><td>完成日期</td><td>年　月　日</td></tr>
<tr><td>学习目标</td><td colspan="3">1. 了解 application 对象的特点，掌握 application 的常用方法。比较 application 对象与 session 对象的区别。（知识目标）
2. 能够利用 application 的 setAttribute()存储属性和值，利用 getAttribute()方法获取指定的属性值。（能力目标）</td></tr>
<tr><td>任务描述</td><td colspan="3">在项目中，有些全局数据需要保存在 application 对象中，请设计程序实现，并读取、显示该数据。</td></tr>
<tr><td>实现思路</td><td colspan="3">新建 part3.7_index.jsp 页面，在页面中编写代码，使用 application 对象的 setAttribute、getAttribute、getResource、getRealPath 等常用的方法。</td></tr>
<tr><td>任务实现</td><td colspan="3">1. 新建 part3.7_index.jsp，body 中关键代码如下：
<pre>
<body>
  JSP 引擎名及 Servlet 版本号:<%= application.getServerInfo() %>

<%
    application.setAttribute("name", "Java Web 程序设计教材");
    out.print(application.getAttribute("name") + "<br>");
    application.removeAttribute("name");
    out.print(application.getAttribute("name") + "<br>");
  %>
</body>
</pre>
2. 启动 Tomcat 服务器，在地址栏中输入http://localhost:8080/JavaWEB/part3.7_index.jsp，运行效果如图 3.7.1 所示。

http://localhost:8080/JavaWEB/part3.7_index.jsp
JSP引擎名及Servlet版本号：Apache Tomcat/10.0.18
Java Web程序设计教材
null

图 3.7.1</td></tr>
</table>

<table>
<tr><th colspan="4">学生工作任务单</th></tr>
<tr><td>关键知识点</td><td>application 对象</td><td>完成日期</td><td>年　月　日</td></tr>
<tr><td>总结</td><td colspan="3">本任务实现了获取 application 对象内的一些基本信息，以及对 application 对象属性的操作。当通过 application. setAttribute("name", "Java Web 程序设计教材")设置了属性 name 的值后，通过 application. getAttribute("name")可以获取 name 的值。当通过 application. removeAttribute("name")将 name 移除后，再次通过 application. getAttribute("name")获取 name 的值时，其值为 null。</td></tr>
<tr><td>职业素养养成</td><td colspan="3">在实际工作中，关于 application 对象的难点问题在于要充分利用 application 对象的特点，认真分析，将程序中需要共享的全局变量存放在 application 中，这就需要大家既要牢牢掌握 application 对象的特点，又要有一定的分析问题、解决问题的能力。</td></tr>
<tr><td rowspan="3">评价</td><td>完成情况(自评)：</td><td colspan="2">□顺利完成　□在他人帮助下完成　□未完成</td></tr>
<tr><td>团队合作(组内评)：</td><td colspan="2">组长签字：</td></tr>
<tr><td>学习态度(教师评)：</td><td colspan="2">教师签字：</td></tr>
<tr><td>课后拓展</td><td colspan="3">练习使用 application 对象的其他常用方法，例如：
//返回此 servlet 容器支持的主要版本的 Servlet API：
application.getMajorVersion ();
//返回此 servlet 容器支持的次要版本的 Servlet API：
application.getMinorVersion();
//指定资源(文件及目录)的 URL 路径：
application.getResource("part3.7_index.jsp");
//返回 part3.7_index.jsp 的真实路径：
application.getRealPath("part3.7_index.jsp");
调试运行程序，对比观察运行效果。</td></tr>
<tr><td>学习笔记</td><td colspan="3"></td></tr>
</table>

一、application 对象

application 对象用于保存所有应用程序中的公共数据，用于在所有用户间共享信息，并可以在 Web 应用程序运行期间持久地保持数据。application 实现的是 jakarta. servlet. ServletContext 接口。

当 Web 应用中的任意一个 JSP 页面开始执行时，将产生一个 application 对象。在同一个 Web 应用中的所有 JSP 页面，即使浏览 JSP 页面的不是同一个客户，也都将存取同一个 application 对象。只要服务器没有关闭，application 对象就一直存在，所有用户可以共享 application 对象。当服务器关闭时，application 对象也将消失。

application 对象常用方法如表 3.7.1 所示。

表 3.7.1　application 对象常用方法

方法	说明
int　getMajorVersion( )	返回此 Servlet 容器支持的 Servlet API 的主要版本
int　getMinorVersion( )	返回此 Servlet 容器支持的次要版本的 Servlet API
String　getServerInfo( )	返回当前版本 Servlet 编译器的信息
String　getMimeType(String file)	返回指定文件的 MIME 类型
String　getRealPath(String path)	返回虚拟路径 path 的真实路径
void　log(String message)	将信息写入 log 文件中
void　log(String message,Throwable throwable)	将 stack trace 所产生的异常信息写入 log 文件中
void　setAttribute(String name,Object object)	将数据保存到 application 对象
Object　getAttribute(String name)	返回由 name 对象指定的 application 对象属性的值
void　removeAttribute(String name)	从 application 对象中删除指定的属性

*工作任务 3.8 application 对象实现网站计数器

教师评价：________

<table>
<tr><th colspan="4">学生工作任务单</th></tr>
<tr><td>关键知识点</td><td>application 对象</td><td>完成日期</td><td>年 月 日</td></tr>
<tr><td>学习目标</td><td colspan="3">1. 掌握 application 对象的特点、常用方法。(知识目标)
2. 能够利用 application 的特性统计页面访问次数，页面每被访问一次数值加 1。(能力目标)
3. 本任务需要大家分析哪些数据是全局变量，需要放在 application 对象中，培养分析问题的能力。(素质目标)</td></tr>
<tr><td>任务描述</td><td colspan="3">利用 application 的特性统计页面访问次数，页面每被访问一次数值加 1。</td></tr>
<tr><td>实现思路</td><td colspan="3">1. 通过 application. getAttribute()获取 Object 对象，访问人数初始化。
2. 判断。如果这个 Object 对象存在，则说明有用户访问，访问人数加 1。
3. 重新对 count 赋值，向页面显示访问数据。</td></tr>
<tr><td>任务实现</td><td colspan="3">1. 新建 part3. 8_index. jsp，body 中关键代码如下：
<pre>
<body>
<%
    //通过 application.getAttribute 获取 Object 对象
    String strNum = (String)application.getAttribute("count");
    int count = 1;
    //如果一个 Object 对象存在，则说明有用户访问
    if(strNum! = null){
        count = Integer.parseInt(strNum) + 1;
    }
    //人数值加 1 后重新对 count 赋值
    application.setAttribute("count", String.valueOf(count));
%>

  您是第<%= application.getAttribute("count") %>位访问者！
</body>
</pre>2. 启动 Tomcat 服务器，在地址栏中输入http://localhost:8080/JavaWEB/part3. 8_index. jsp，效果如图 3.8.1 所示。刷新页面，每刷新一次，人数都加 1；关闭浏览器，</td></tr>
</table>

<table>
<tr><th colspan="4">学生工作任务单</th></tr>
<tr><td>关键知识点</td><td>application 对象</td><td>完成日期</td><td>年　月　日</td></tr>
<tr><td>任务实现</td><td colspan="3">再次打开该页面，人数不清零，继续加 1；但是重启 Tomcat 服务器后，人数清零，重新开始计算。
http://localhost:8080/JavaWEB/part3.8_index.jsp
您是第1位访问者！
图 3.8.1</td></tr>
<tr><td>总结</td><td colspan="3">本任务是利用 application 的特性统计页面访问次数，运行 part3. 8_index. jsp 页面后，通过刷新页面、重启浏览器、更换浏览器等操作，观察运行效果，发现统计的人数都在增加。当重新启动服务器后，运行 part3. 8_index. jsp 页面，观察运行效果，发现人数清零。这证明了 application 对象在重启服务器之后，原来的 application 对象消亡，并生成了新的 application 对象。</td></tr>
<tr><td>职业素养养成</td><td colspan="3">在实际工作中，需要大家牢牢掌握 application 对象的特点。在此基础上，大家认真分析实际程序，分析程序中哪些数据是需要共享的全局变量，是否有必要存放在 application 中。这些都需要大家具备一定的分析问题能力。</td></tr>
<tr><td rowspan="3">评价</td><td>完成情况(自评)：</td><td colspan="2">□顺利完成　□在他人帮助下完成　□未完成</td></tr>
<tr><td>团队合作(组内评)：</td><td colspan="2">组长签字：</td></tr>
<tr><td>学习态度(教师评)：</td><td colspan="2">教师签字：</td></tr>
<tr><td>课后拓展</td><td colspan="3">请对比 application 与 session 实现统计访问人数的异同之处。</td></tr>
<tr><td>学习笔记</td><td colspan="3"></td></tr>
</table>

知识加油站

一、application 对象的生命周期

application 对象用于保存所有应用程序中的公共数据，一个 Web 应用程序启动后，将会自动创建一个 application 对象，而且在整个应用程序的运行过程中只有一个 application 对象，也就是说，所有访问该网站的客户共享一个 application 对象，直到服务器关闭为止。所以，application 对象的生命周期是从 Web 服务器启动到 Web 服务器关闭。

二、setAttribute( )方法

public void setAttribute(String name,Object obj)将参数 obj 添加到 application 对象中，并为添加的对象指定了一个索引关键字 name，如果添加的两个对象的关键字相同，则先前添加对象被清除。

在 application 对象中保存属性 user 的值，示例代码如下：

```
<%
    application.setAttribute("user","YanXue");
%>
```

三、getAttribute( )方法

Object getAttribute(String name)，返回由 name 对象指定的 application 对象属性的值。其中，name 为要获取的属性的名称。

在 JSP 页面中获取属性名称(即关键字)为 user 的属性值，示例代码如下：

```
<%
    application.getAttribute("user");
%>
```

工作任务 3.9　转发与重定向页面

教师评价：________

<table>
<tr><th colspan="4">学生工作任务单</th></tr>
<tr><td>关键知识点</td><td>forward 和 redirect(即转发与重定向)</td><td>完成日期</td><td>年　月　日</td></tr>
<tr><td>学习目标</td><td colspan="3">1. 了解转发与重定向的特点、区别。(知识目标)
2. 能够使用 forward 或 redirect 实现页面跳转。(能力目标)
3. 页面跳转可以通过多种方式实现，这些方式功能相同，实现机制却不相同。大家应边学习边研究，提高学习能力。(素质目标)</td></tr>
<tr><td>任务描述</td><td colspan="3">该任务包含三个 JSP 页面，在 part3.9_index.jsp 中，当下拉选择框选择相应的命令后，会在 part3.9_check.jsp 中进行验证，如果用户选择的是 forward 方式，则执行 forward 命令转发到 part3.9_command.jsp 中；如果用户选择的是 redirect 方式，则执行 redirect 命令重定向到 part3.9_command.jsp 中。请设计实现该功能。</td></tr>
<tr><td>实现思路</td><td colspan="3">1. 在 part3.9_index.jsp 页面中，设计下拉菜单，供用户选择跳转方式。
2. 在 part3.9_check.jsp 页面中，获取用户选择的跳转方式，并根据其选择采用不同的方式跳转到 part3.9_command.jsp 页面。
3. 在 part3.9_command.jsp 页面中，判断用户的跳转方式，输出提示信息。</td></tr>
<tr><td>任务实现</td><td colspan="3">1. 新建 part3.9_index.jsp，设计下拉菜单，供用户选择跳转方式，body 中的关键代码如下：

```
<body>
    <form action="part3.9_check.jsp"  method="post">
      <table>
          <tr>
          <td>请选择命令</td>
              <td>
                    <select name="command" >
                         <option>--请选择--</option>
                         <option value="forward">forward 方式</option>
                         <option value="redirect">redirect 方式</option>
                    </select>
          <input type="submit"  value=验证>
              </td>
          </tr>
    </table>
  </form>
</body>
```
</td></tr>
</table>

学生工作任务单			
关键知识点	forward 和 redirect(即转发与重定向)	完成日期	年　月　日

任务实现

2. 新建 part3.9_check.jsp，获取用户选择的跳转方式，并根据其选择采用不同的方式跳转到 part3.9_command.jsp 页面，body 中的关键代码如下：

```
<body>
  <%
  String command = request.getParameter("command");
  if(command.equals("forward")){
     request.getRequestDispatcher("part3.9_command.jsp").forward(request,response);
  }
  else
    response.sendRedirect("part3.9_command.jsp");
 %>
</body>
```

3. 新建 part3.9_command.jsp，判断用户的跳转方式，输出提示信息，body 中的关键代码如下：

```
<body>
  <%
    String command = request.getParameter("command");
    if(command! = null)
      out.write("forward 方式,请观察地址栏的变化");
    else
      out.write("redirect 方式,请观察地址栏的变化");
  %>
</body>
```

4. 启动 Tomcat 服务器，在地址栏中输入http://localhost:8080/JavaWEB/part3.9_index.jsp，运行效果如图 3.9.1 所示。在网页的下拉菜单中选择“forward 方式”，单击“验证”按钮，页面跳转，跳转后的页面如图 3.9.2 所示。

图 3.9.1

http://localhost:8080/JavaWEB/part3.9_check.jsp

forward方式，请观察地址栏的变化

图 3.9.2

<table>
<tr><th colspan="4">学生工作任务单</th></tr>
<tr><td>关键知识点</td><td>forward 和 redirect(即转发与重定向)</td><td>完成日期</td><td>年 月 日</td></tr>
<tr><td>任务实现</td><td colspan="3">5. 重新运行 part3. 9_index. jsp,在下拉菜单中选择"redirect 方式",点击"验证"按钮,页面跳转,跳转后的页面如图 3. 9. 3 所示。

http://localhost:8080/JavaWEB/part3.9_command.jsp
redirect方式,请观察地址栏的变化

图 3. 9. 3</td></tr>
<tr><td>总结</td><td colspan="3">forward 方式和 redirect 方式都可以实现页面跳转。通过 forward 方式跳转后,浏览器根本不知道服务器发送的内容是从哪里来的,所以它的地址栏还是原来的地址,而且转发页面和转发到的页面可以共享 request 里面的数据,所以当在 part3. 9_command. jsp 页面中,通过 request. getParameter("command")获取 command 的值时,其值不为空。而通过 redirect 方式跳转后,地址栏显示的是新的 URL 地址,而且转发页面和转发到的页面不可以共享 request 里面的数据,所以 request. getParameter("command")为 null。</td></tr>
<tr><td>职业素养养成</td><td colspan="3">在实际工作中,页面跳转可以通过多种方式实现,forward 方式一般用于用户登录时,根据角色转发到相应的模块;redirect 方式一般用于用户注销登录时返回主页面和跳转到其他的网站等。软件行业知识更新迭代很快,需要我们在日常学习中提高学习能力。</td></tr>
<tr><td rowspan="3">评价</td><td>完成情况(自评):</td><td colspan="2">□顺利完成 □在他人帮助下完成 □未完成</td></tr>
<tr><td>团队合作(组内评):</td><td colspan="2">组长签字:</td></tr>
<tr><td>学习态度(教师评):</td><td colspan="2">教师签字:</td></tr>
<tr><td>课后拓展</td><td colspan="3">说一说 forward 方式和 redirect 方式的区别。</td></tr>
<tr><td>学习笔记</td><td colspan="3"></td></tr>
</table>

知识加油站

一、forward 和 redirect

用户向服务器发送了一次 HTTP 请求,该请求可能会经过多个信息资源处理以后才返回给用户,各个信息资源使用请求转发机制相互转发请求,但是用户是感觉不到请求转发。根据转发方式的不同,可以分为转发 forward 和重定向 redirect。

• forward 调用示例:

```
request.getRequestDispatcher("s.jsp").forward(request, response);
```

• redirect 调用示例:

```
response.sendRedirect("s.jsp");
```

二、forward 方式和 redirect 方式区别

forward 方式是服务器请求资源,服务器直接访问目标地址的 URL,把 URL 的响应内容读取过来,然后把这些内容发送给浏览器。浏览器根本不知道服务器发送的内容是从哪里来的,所以它的地址栏还是原来的地址;redirect 方式是服务端根据逻辑发送一个状态码,告诉浏览器重新请求新的地址,所以地址栏显示的是新的 URL。

在 forward 方式中,转发页面和转发到的页面可以共享 request 里面的数据;而在 redirect 方式中,不能共享数据。

工作任务 3.10　创建和读取 Cookie

教师评价：＿＿＿＿＿＿

<table>
<tr><th colspan="4">学生工作任务单</th></tr>
<tr><td>关键知识点</td><td>Cookie 对象</td><td>完成日期</td><td>年　月　日</td></tr>
<tr><td>学习目标</td><td colspan="3">1. 了解 Cookie 对象的特点、Cookie 与 session 的区别。（知识目标）
2. 能够创建 Cookie，并能够读取 Cookie。（能力目标）
3. 通过观察运行结果，对比分析代码，培养分析代码的能力。运行结果中有一个名为 JSESSIONID 的 Cookie，查阅资料，弄清楚是什么，培养独立学习的能力。（素质目标）</td></tr>
<tr><td>任务描述</td><td colspan="3">创建两个 Cookie 对象，设定 Cookie 有效期为 30 天，将 Cookie 对象写入 Cookie，读取 Cookie，并将读取的 Cookie 的名字和值显示在 JSP 页面上。请设计实现。</td></tr>
<tr><td>实现思路</td><td colspan="3">1. 新建 JSP 页面，编写代码实现：创建 Cookie，设定 Cookie 有效期，将 Cookie 对象写入 Cookie，读取 Cookie。
2. 在浏览器中运行，观察运行结果，对比分析代码。</td></tr>
<tr><td>任务实现</td><td colspan="3">1. 新建 part3.10_index.jsp 页面，创建两个 Cookie 对象，设定 Cookie 有效期为 30 天，将 Cookie 对象写入 Cookie，最后读取 Cookie。body 中的关键代码如下：
<body>
<%
  Cookie c1 = new Cookie("user","admin");
  c1.setMaxAge(30 * 24 * 60 * 60);
  response.addCookie(c1);
%>

<%
  Cookie c2 = new Cookie("pass","123456");
  c2.setMaxAge(30 * 24 * 60 * 60);
  response.addCookie(c2);
%>
<%
  String name,value;
  Cookie cookies[] = request.getCookies();
  if(cookies! = null){</td></tr>
</table>

学生工作任务单			
关键知识点	Cookie 对象	完成日期	年　月　日

任务实现

```
        for(int i = 0;i < cookies.length;i ++ )
        {
          name = cookies[i].getName();
          value = cookies[i].getValue();
 %>
<div>Cookie 的名为:<%= name %>,Cookie 的值为<%= value %></div><br>
<%
        }
    }
 %>
</body>
```

2. 启动 Tomcat 服务器,在地址栏中输入 http://localhost:8080/JavaWEB/part3.10_index.jsp,运行效果如图 3.10.1 所示。刷新页面后,运行效果如图 3.10.2 所示。这里出现了一个名为 JSESSIONID 的 Cookie,是因为在每一个客户端第一次访问服务器时,服务器端会生成一个唯一的 session 对象返回给客户端,客户端将其存储为 Cookie,其 name 为 JSESSIONID,value 为 sessionID。

http://localhost:8080/JavaWEB/part3.10_index.jsp
Cookie的名为:user,Cookie的值为admin
Cookie的名为:pass,Cookie的值为123456

图 3.10.1

http://localhost:8080/JavaWEB/part3.10_index.jsp
Cookie的名为:user,Cookie的值为admin
Cookie的名为:pass,Cookie的值为123456
Cookie的名为:JSESSIONID,Cookie的值为FEFA35B029ECB832ADD5235F2055EE11

图 3.10.2

总结

本任务主要是训练 JSP 中 Cookie 的创建和读取过程:创建两个 Cookie 对象,设定 Cookie 有效期,将 Cookie 对象写入 Cookie,读取 Cookie。

<table>
<tr><th colspan="4">学生工作任务单</th></tr>
<tr><td>关键知识点</td><td>Cookie 对象</td><td>完成日期</td><td>年　月　日</td></tr>
<tr><td>职业素养养成</td><td colspan="3">在实际工作中，Cookie 常用于：①站点跟踪特定访问者访问的次数，最后访问的时间以及访问者进入站点的路径。②帮助站点统计用户个人资料实现个性化服务。③搜索引擎记录、购物车等。
我们在登录一些网站时，经常会遇到“记住我”“保存用户”这样的选项，如果勾选了该选项，那么在下次访问该网站时就不需要进行输入用户名和密码的操作了，而这个功能正是通过 Cookie 实现的。
在学习过程中，通过观察运行结果，对比分析代码，反复修改、调试，提高分析代码的能力和调试代码的能力。</td></tr>
<tr><td rowspan="3">评价</td><td>完成情况（自评）：</td><td colspan="2">□顺利完成　□在他人帮助下完成　□未完成</td></tr>
<tr><td>团队合作（组内评）：</td><td colspan="2">组长签字：</td></tr>
<tr><td>学习态度（教师评）：</td><td colspan="2">教师签字：</td></tr>
<tr><td>课后拓展</td><td colspan="3">运行结果中有一个名为 JSESSIONID 的 Cookie，查阅资料，弄清楚是为什么。
每一个客户端浏览器在访问服务器时，服务器首先查询并匹配 JSESSIONID，如果不匹配，则说明该客户端是一个新用户；然后，服务器端会生成一个唯一的 session 对象，返回给客户端；最后，客户端将其存储为 Cookie，其 name 为 JSESSIONID，value 为 sessionID，用作服务器端识别身份的凭证。当客户端第二次请求时，会先用客户端 Cookie 中的 JSESSIONID 去服务器端的 session 中匹配，如果匹配成功，则说明该用户不是第一次登录。
小常识：一般每个浏览器可以支持 20 个 Cookie，Cookie 的总数可以达到 300 个，并且每个 Cookie 的大小不超过 4 KB。</td></tr>
<tr><td>学习笔记</td><td colspan="3"></td></tr>
</table>

知识加油站

一、Cookie 对象

Cookie 对象是一种跟踪用户会话的方式，它是由服务器端生成并发送给客户端浏览器，浏览器将会保存为某个目录下的文本文件。

Cookie 对象与 session 对象的区别如下。

- Cookie 对象是在客户端的硬盘保存用户信息。而 session 对象是在服务器端保存用户信息，session 对象可以在服务器上存储一段时间，因此访问越多越消耗服务器的资源性能。

- Cookie 对象安全性较差，而 session 对象存放在服务器的内存中，用户不能修改，安全性较好。所以，Cookie 对象常用于保存不重要的用户信息，session 对象常用于保存重要的用户信息。
- Cookie 对象中保存的是字符串，session 对象中保存的是对象。
- Cookie 对象可以长期保存在客户端，具体的有效期可以通过 setMaxAge()来设定。而 session 对象随会话结束而失效。

Cookie 对象的常用方法如表 3.10.1 所示。

表 3.10.1　Cookie 对象常用方法

方法	说明
void setDomain(String pattern)	设置 Cookie 的域名
String getDomain( )	获取 Cookie 的域名
void setMaxAge(int expiry)	设置 Cookie 有效期，以秒为单位。参数 expiry 可以为负数，表示此 Cookie 只是存储在浏览器内存里，只要关闭浏览器，此 Cookie 就会消失；参数 expiry 还可为正数，表示该 Cookie 会在相应的时间之后自动失效
int getMaxAge( )	获取 Cookie 有效期，以秒为单位，默认为-1，表明 Cookie 会活到浏览器关闭为止
String getName( )	返回 Cookie 的名称，名称创建后将不能被修改
void setValue(String newValue)	设置 Cookie 的值
String getValue()	获取 Cookie 的值
void setPath(String uri)	设置 Cookie 的路径，默认为当前页面目录下的所有 URL，还有此目录下的所有子目录
String getPath()	获取 Cookie 的路径
void setSecure(boolean flag)	指明 Cookie 是否要加密传输
void setComment(String purpose)	设置注释描述 Cookie 的目的
String getComment( )	返回描述 Cookie 目的的注释，若没有则返回 null

二、在 JSP 中使用 Cookie 的步骤

第一步：创建 Cookie 对象，创建 Cookie 对象的语法如下：

```
Cookie cookieName = new Cookie(String key,String value)
```

- 变量 cookieName：引用创建的 Cookie 对象。
- 参数 key：Cookie 的名称。
- 参数 value：Cookie 所包含的值。

示例如下：

```
Cookie c1 = new Cookie("user","admin");
```

第二步：设定 Cookie 的有效期，设定 Cookie 的有效期的方法是 setMaxAge(int expiry)。

- 参数 expiry：单位为秒，使用正整数。如果该值为负值，表示该 Cookie 的生存周期是当前浏览器会话；如果该值为零，表示立即删除该 Cookie；如果不设置有效期，就不能在硬盘上保存 Cookie 的信息，一旦关闭浏览器，Cookie 的信息就消失；如果该值为正数，表示该 Cookie 会在相应的时间之后自动失效。
- 该方法必须在 response.addCookie( )方法之前使用。

示例如下：

```
c1.setMaxAge(1 * 24 * 60 * 60);//设置 Cookie 的有效期为 1 天。
```

第三步:写入 Cookie,Cookie 创建后,需要将其添加到响应中发送回浏览器保存,在响应中写入 Cookie 对象的语法如下:

```
response.addCookie(cookieName);
```

- 参数 cookieName:引用创建的 Cookie 对象。

使用 Cookie 保存用户名的语法如下:

```
Cookie cookie = new Cookie("user",username);
response.addCookie(cookie);
```

第四步:读取 Cookie 对象。

JSP 通过 response 对象的 addCookie()方法写入 Cookie 后,读取时将会调用 JSP 中 request 对象的 getCookies()方法,该方法将会返回一个 Cookie 对象数组,因此必须通过遍历的方式进行访问。Cookie 对象通过 key/value 方式保存,因而在遍历数组时,需要通过调用 getName()对每个数组成员的名称进行检查,直至找到需要的 Cookie,然后调用 Cookie 对象的 getValue()方法获得与名称对应的值。读取 Cookie 的语法如下:

```
Cookie cookies[] = request.getCookies();
```

在新闻系统首页读取 Cookie 中的用户名的语法如下:

```
<%
    Cookie[] cookies = request.getCookies();
    String user = "";
    for(int i = 0;i < cookies.length;i ++ ){
        if(cookies[i].getName().equals("user")){
            user = cookies[i].getValue();
        }
    }
%>
```

模块过关测评

本模块主要介绍 JSP 的内置对象的应用,可以扫描二维码闯关答题。

随手记

模块四 JavaBean

模块导读

按照 Sun 公司的定义，可以将 JavaBean 理解为一个可以重复使用的软件组件。从本质上来说，JavaBean 是一种 Java 类，它将内部动作封装起来，对外提供可以访问的方法。用户不需要了解其如何运行，只需要了解其如何调用及处理它对外提供的方法。在网站开发中，JavaBean 组件将包含运算逻辑的程序代码封装起来，JSP 页面负责数据的输出与展示，当 JSP 页面需要 JavaBean 组件的功能时，只需要在网页中引用该组件即可，所以使用 JavaBean 简化了 JSP 程序结构，很好地实现了业务逻辑和前台程序的分离，也使系统具有更好的健壮性和灵活性。

本模块中主要学习创建简单的 JavaBean，以及在 JSP 页面中引用 JavaBean。

职业能力

- 会创建 JavaBean。
- 会在 JSP 页面中引用 JavaBean。
- 会使用 JSP＋JavaBean 的模式编写程序。

本模块知识树

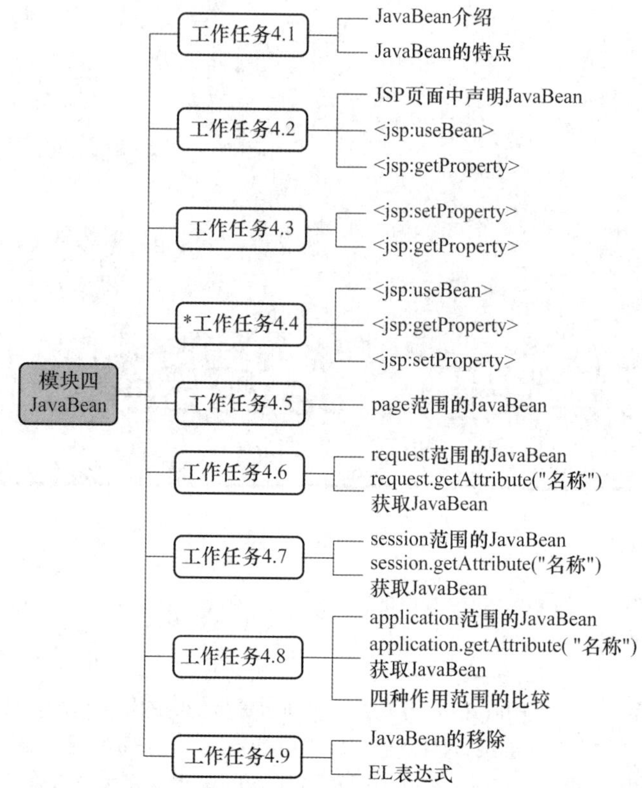

学习成长自我跟踪记录

在本模块中,表 4.0.1 用于学生自己跟踪学习,记录成长过程,方便自查自纠。如果完成该项,请在对应表格内画√,并根据自己的掌握程度,在对应栏目中画√。

表 4.0.1 学生学习成长自我跟踪记录表

任务单	课前预习	课中任务	课后拓展	掌握程度
工作任务 4.1				□掌握 □待提高
工作任务 4.2				□掌握 □待提高
工作任务 4.3				□掌握 □待提高
工作任务 4.4				□掌握 □待提高
工作任务 4.5				□掌握 □待提高
工作任务 4.6				□掌握 □待提高
工作任务 4.7				□掌握 □待提高
工作任务 4.8				□掌握 □待提高
工作任务 4.9				□掌握 □待提高

工作任务 4.1　创建一个 JavaBean

教师评价：__________

<table>
<tr><th colspan="5">学生工作任务单</th></tr>
<tr><td colspan="2">关键知识点</td><td>JavaBean 的特点</td><td>完成日期</td><td>年　月　日</td></tr>
<tr><td>学习目标</td><td colspan="4">1. 了解 JavaBean。(知识目标)
2. 掌握 JavaBean 的特点。(知识目标)
3. 会创建 JavaBean。(能力目标)
4. 代码录入要求准确度高、速度快，培养我们快速录入代码的能力，同时培养勤学苦练的学习习惯。(素质目标)</td></tr>
<tr><td>任务描述</td><td colspan="4">设计一个 JavaBean：Box. java，具体要求如下：
• 属性：length、width、height 均为 double 类型。
• 方法：
(1) getXxxx 和 setXxxx (注：可自动生成)。
(2) 不带参数构造函数(初始化属性值)。
(3) 求体积函数 getCV()。</td></tr>
<tr><td>实现思路</td><td colspan="4">创建一个类，名称为 Box，类型为 public，输入三个 double 类型的属性变量：length、width、height，并为每一个属性编写一对 getter 方法和 setter 方法来访问，并编写构造函数和求体积的函数。</td></tr>
<tr><td>任务实现</td><td colspan="4">1. 在 src/main/java 下创建包：javabean。
2. 在 javabean 包上右击，选择“new→class”，弹出创建 class 对话框，如图 4.1.1 所示。 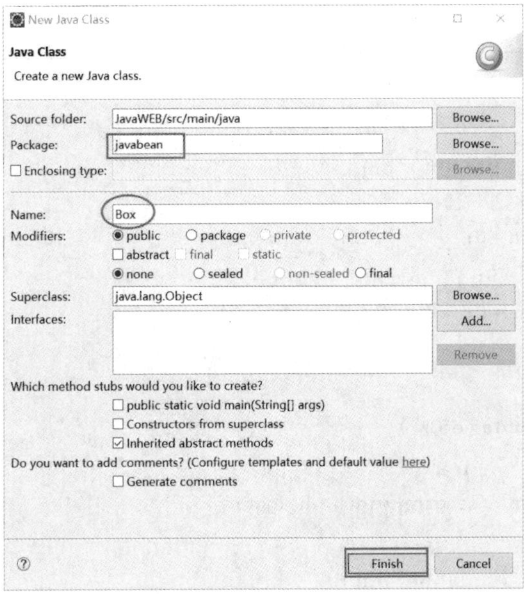

图 4.1.1</td></tr>
</table>

学生工作任务单			
关键知识点	JavaBean 的特点	完成日期	年 月 日

任务实现

该类的名称为 Box，类型为 public，点击“Finish”按钮，在 Box 类中编写代码如下：

```
package javabean;

public class Box {
    private double length;
    private double width;
    private double height;

    public double getLength() {
        return length;
    }
    public void setLength(double length) {
        this.length = length;
    }
    public double getWidth() {
        return width;
    }
    public void setWidth(double width) {
        this.width = width;
    }
    public double getHeight() {
        return height;
    }
    public void setHeight(double height) {
        this.height = height;
    }
//不带参数构造函数
    public Box() {
        length = 0;
        width = 0;
        height = 0;
    }
//求体积函数
    public double getCV()
    {
        return  length * width * height;
    }
}
```

<table>
<tr><th colspan="4">学生工作任务单</th></tr>
<tr><td>关键知识点</td><td>JavaBean 的特点</td><td>完成日期</td><td>年　月　日</td></tr>
<tr><td>任务实现</td><td colspan="3">重点提示：
在 JavaBean 中变量声明为 private,只有类自身可以直接访问这个变量,外部只能通过 getter 方法和 setter 方法来访问,因为 getter 方法和 setter 方法为 public,所以 getter 方法和 setter 方法一般用于封装。</td></tr>
<tr><td>总结</td><td colspan="3">在该任务中,Box. java 类是一个简单的 JavaBean。Box. java 类中三个属性 length、width、height 都是 private 类型的,每个属性都通过一对 public 类型的 getter 方法和 setter 方法来访问,且在该类中有一个无参数的构造函数。</td></tr>
<tr><td>职业素养养成</td><td colspan="3">在实际工作中,JavaBean 在 JSP 应用程序中,常用来封装事务逻辑或数据库操作,它可以很好地实现业务逻辑和前台程序的分离,使系统具有更好的健壮性和灵活性。大家要一边学习如何创建 JavaBean,一边体会使用 JavaBean 的情况,以及使用 JavaBean 的原因。另外,大家也要注重提高代码录入速度,培养快速录入代码的能力。</td></tr>
<tr><td rowspan="3">评价</td><td>完成情况(自评)：</td><td colspan="2">□顺利完成　　□在他人帮助下完成　　□未完成</td></tr>
<tr><td>团队合作(组内评)：</td><td colspan="2">组长签字：</td></tr>
<tr><td>学习态度(教师评)：</td><td colspan="2">教师签字：</td></tr>
<tr><td>课后拓展</td><td colspan="3">Eclipse 提供了自动生成 getter 方法和 setter 方法、构造函数的方法,可参考知识加油站,尝试独立完成。</td></tr>
<tr><td>学习笔记</td><td colspan="3"></td></tr>
</table>

知识加油站

一、JavaBean 简介

JavaBean 是描述 Java 的软件组件模型，是 Java 程序的一种组件结构。

从本质上来说，JavaBean 也是一种 Java 类。它封装属性和方法，提供给外部操作接口，而外部调用无须知道其实现过程，应用 JavaBean 的主要目的是实现代码重用，便于维护和管理。

在 JSP 中，JavaBean 常用来封装事务逻辑或数据库操作等，它可以很好地实现后台业务逻辑和前台表示逻辑的分离，使得 JSP 程序更加可读，易维护，使系统具有更好的健壮性和灵活性。

JSP＋JavaBean(JSP Model 1)是一种常用的 Web 开发模式。

二、JavaBean 的特点

编写 JavaBean 就是编写一个 Java 类，标准的 JavaBean 类需要满足以下条件。

- 所有的 JavaBean 必须放在一个包(Package)中。
- JavaBean 必须生成 public class 类，文件名称应该与类名称一致。
- 所有属性必须封装，一个 JavaBean 类不应有公共实例变量，所有类变量都为 private 类型。
- 属性值应该通过一组存取方法(getXxx 和 setXxx)来访问：对于每个属性，应该有一个带匹配公用 getter 方法和 setter 方法的专用实例变量。
- JavaBean 类必须有一个 public 类型的、不带参数的构造函数。

三、getter 方法和 setter 方法命名规则

如果属性(成员变量)的名字是 xxxx，相应的有用来设置和获得属性的两个方法，分别为 public void setXxxx(dataType data)和 public dataType getXxxx()。也就是说，方法名以 get 或 set 为前缀，后缀为将成员变量名的首字母大写的字符序列。

注意：对于 boolean 类型的属性，允许使用 is 代替上面的 get 和 set。

四、自动生成 getter 方法和 setter 方法

自动生成 getter 和 setter 的方法是，在代码编辑区右击选择“Source→Generate Getters and Setters”打开如图 4.1.2 所示的界面，可以根据需要选择相应的 getXxxx 和 setXxxx 方法，如果单击“Select All”按钮，则选择所有属性的 getXxxx 和 setXxxx 方法，所有方法均为 public 类型。单击“Generate”按钮，即可自动创建所有属性的 getXxxx 和 setXxxx 方法。

自动生成无参数的构造函数的方法是，在代码编辑区右击选择“Source→Generate Constructors from Superclass”。

自动生成带参数的构造函数的方法是，在代码编辑区右击选择“Source→Generate Constructors using Fields”，打开如图 4.1.3 所示的界面，选择构造函数要用到的参数，选择构造函数的类型修饰符，单击“Generate”按钮，即可生成带参数的构造函数。

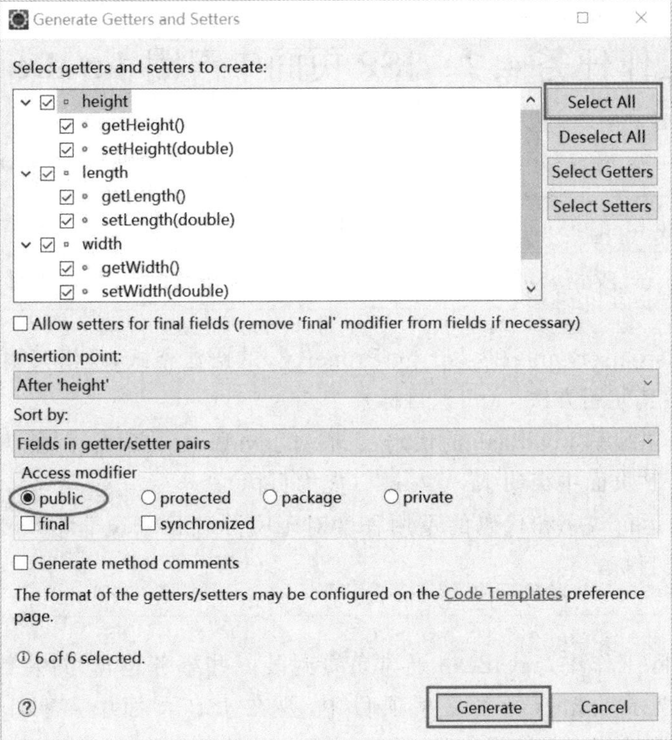

图 4.1.2

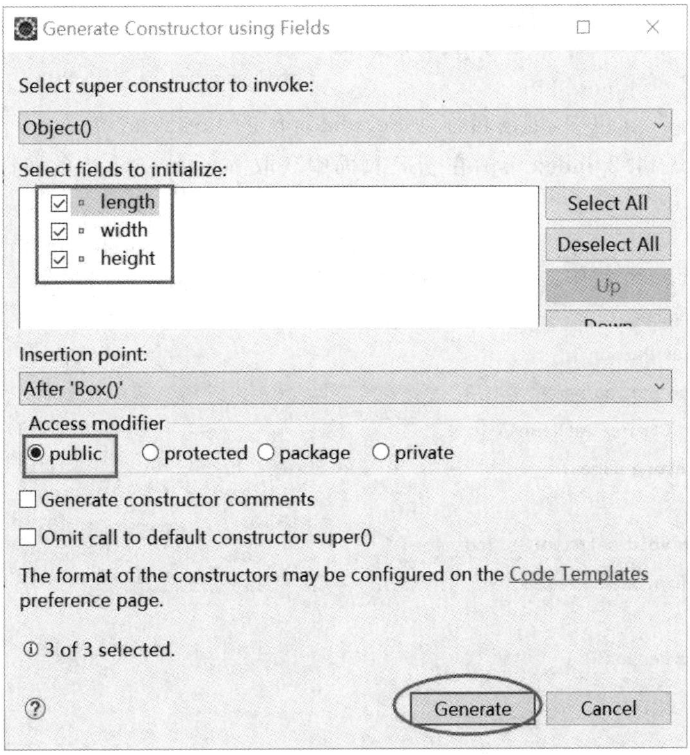

Generate Constructor using Fields
Select super constructor to invoke:
Object()
Select fields to initialize:
length
width
height
Select All
Deselect All
Up
Down
Insertion point:
After 'Box()'
Access modifier
public
protected
package
private
Generate constructor comments
Omit call to default constructor super()
The format of the constructors may be configured on the Code Templates preference page.
3 of 3 selected.
Generate
Cancel

图 4.1.3

工作任务 4.2　JSP 页面中声明 JavaBean

教师评价：＿＿＿＿＿＿

<table>
<tr><td colspan="4">学生工作任务单</td></tr>
<tr><td>关键知识点</td><td><jsp:useBean>动作标记和<jsp:getProperty>动作标记</td><td>完成日期</td><td>年　月　日</td></tr>
<tr><td>学习目标</td><td colspan="3">1. 掌握<jsp:useBean>和<jsp:getProperty>的语法格式，理清其属性值之间的逻辑关系，熟悉其使用方法。(知识目标)
2. 能够独立编写 JavaBean 的代码，巩固对 JavaBean 的理解。(能力目标)
3. 会在 JSP 页面中声明 JavaBean。(能力目标)
4. 代码的运行效率和代码的重用程度对于实际项目来说非常重要，需提高重视程度。(素质目标)</td></tr>
<tr><td>任务描述</td><td colspan="3">在实际工作中，JavaBean 通常负责封装一些事务逻辑、封装数据库的操作等，JSP 负责显示数据。现在在某项目中，要在 JSP 页面中声明 JavaBean，并读取 JavaBean 属性值。具体操作是：首先创建一个名为 Person.java 的 JavaBean，然后通过<jsp:useBean>在 JSP 页面中创建该 JavaBean 实例，最后通过<jsp:getProperty>读取 JavaBean 的属性值。</td></tr>
<tr><td>实现思路</td><td colspan="3">1. 在 javabean 包中，创建名称为 Person.java 的 JavaBean 类。
2. 创建 part4.2_index.jsp，在 JSP 页面中获取 person.java 中的属性值。</td></tr>
<tr><td>任务实现</td><td colspan="3">1. 在 javabean 包中，创建 Person.java，代码如下：
<pre>package javabean;
public class Person {
    private String name = "李明";
    public String getName() {
        return name;
        }
    public void setName(String name) {
        this.name = name;
    }
    public Person() {
}
}</pre></td></tr>
</table>

学生工作任务单

关键知识点	<jsp:useBean>动作标记和<jsp:getProperty>动作标记	完成日期	年 月 日

任务实现

2. 创建 part4.2_index.jsp，body 中的关键代码如下：

```
<body>
<jsp:useBean id="person" class="javabean.Person" scope="page">
    <p>姓名:<jsp:getProperty name="person" property="name"/></p>
</jsp:useBean>
</body>
</html>
```

3. 启动 Tomcat 服务器，在地址栏中输入http://localhost:8080/JavaWEB/part4.2_index.jsp，效果如图 4.2.1 所示，这样就在 JSP 页面中，获取了 Person.java 类中的 name 属性的值，为“李明”。

http://localhost:8080/JavaWEB/part4.2_index.jsp

姓名：李明

图 4.2.1

总结

JSP 为了集成和支持 JavaBean，提供了三个动作标记来访问 JavaBean，分别是<jsp:useBean>、<jsp:getProperty>、<jsp:setProperty>。

本例就是通过<jsp:useBean>在 JSP 页面中声明 JavaBean，然后通过<jsp:getProperty>读取 JavaBean 的属性值。

职业素养养成

JavaBean+JSP 的模式可以实现业务逻辑和数据显示的分离，还可以提高代码的运行效率和代码的重用。在实际工作中，代码的运行效率和重用程度是非常重要的，作为一名程序员，要重视起来。

评价

完成情况(自评)：	□顺利完成 □在他人帮助下完成 □未完成
团队合作(组内评)：	组长签字：
学习态度(教师评)：	教师签字：

课后拓展

将 Person.java 中的 name 的值由“李明”改为“张立”，再次在浏览器中运行 part4.2_index.jsp 页面，观察页面效果，分析程序运行结果。

学生工作任务单			
关键知识点	<jsp:useBean>动作标记和<jsp:getProperty>动作标记	完成日期	年 月 日
学习笔记			

知识加油站

一、<jsp:useBean>动作标记

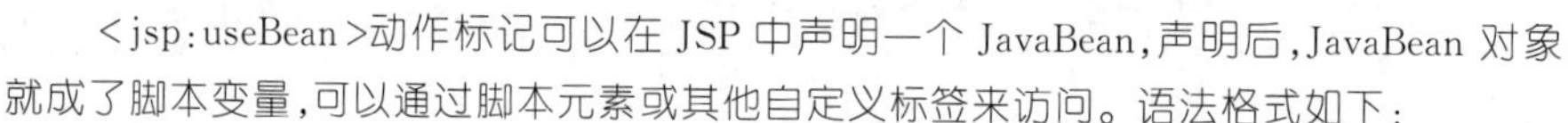

<jsp:useBean>动作标记可以在 JSP 中声明一个 JavaBean,声明后,JavaBean 对象就成了脚本变量,可以通过脚本元素或其他自定义标签来访问。语法格式如下:

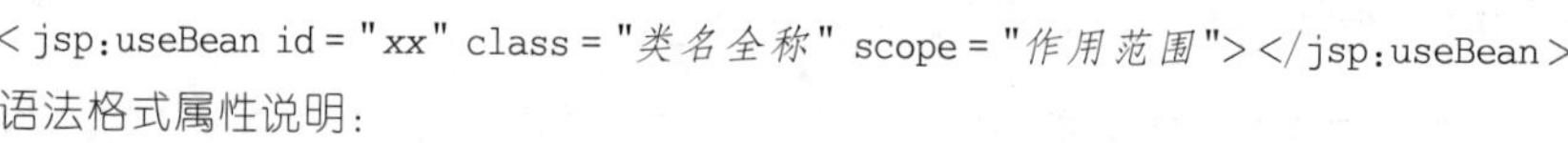

<jsp:useBean id="*xx*" class="*类名全称*" scope="*作用范围*"></jsp:useBean>

语法格式属性说明:

- id 的值是 JavaBean 实例的名称,id 值可为任意,但一个 JSP 页面内要唯一。
- class 的值是 JavaBean 的类名全称,包含包名。
- scope 的值可以是 page、request、session 或 application,这四个属性值的区别将在后面进行介绍。

二、<jsp:getProperty>动作标记

<jsp:getProperty>用于读取并显示 JavaBean 实例的属性值。它实际上调用的是 JavaBean 的 getXxx()方法,在使用这个动作元素之前,必须使用<jsp:useBean>实例化 JavaBean 对象,同时他们使用的实例名称要保持一致。语法格式如下:

<jsp:getProperty name="*JavaBean 的id*" property="*JavaBean 属性名*"/>

语法格式属性说明:

- name 的值是 JavaBean 实例的名称,即<jsp:useBean>中 id 的值。
- property 的值是 JavaBean 实例中的私有属性名。

三、<jsp:setProperty>动作标记

<jsp:setProperty>用于设置 JavaBean 的属性值,语法格式如下:

<jsp:setProperty name="*JavaBean 的id*" property="*属性名*" value="*属性值*" param="*参数名*"/>

语法格式属性说明:

- name 的值是 JavaBean 的实例的名称,即<jsp:useBean>中 id 的值。
- property 的值是 JavaBean 实例中的私有属性名。
- value 属性可选,它用于指定 property 所指定的属性的值。
- param 属性可选,它指定用哪个请求参数作为 JavaBean 属性的值。

例如:

<jsp:setProperty name="*JavaBean 的id*" property="*属性名*" value="*参数值*" />表示将 value 的值赋值给 property 所指定的属性。

<jsp:setProperty name="*JavaBean 的id*" property="*属性名*" param="*参数名*"/>表示将一个传入参数的值赋给 JavaBean 对象的指定的属性。

在<jsp:setProperty name="*JavaBean 的id*" property="*" />用法中,JSP 容器会一个个地检查传入的参数,如果某个传入的参数的名字和 JavaBean 中的某个属性的名字相同,则将该参数的值赋给 JavaBean 中的属性。

在 JSP 页面中,结合<jsp:useBean>标记使用<jsp:setProperty>标记时有以下两种形式。

- 在<jsp:useBean>实例化 JavaBean 对象时,嵌套使用<jsp:setProperty>为 JavaBean 对象的属性赋值。
- 首先使用<jsp:useBean>实例化 JavaBean 对象,然后使用<jsp:setProperty>为 JavaBean 对象的属性赋值。

例如:

```
<jsp:useBean id="person" class="javabean.Person" scope="page">
    <jsp:setProperty name="person" property="age" value="18" />
</jsp:useBean>
```

或者

```
<jsp:useBean id="person" class="javabean.Person" scope="page">
</jsp:useBean>
<jsp:setProperty name="person" property="age" value="18"/>
```

这两种写法的区别是,前者的写法只有在新建 JavaBean 实例对象时才会执行 setProperty 为 age 属性赋值,使用现有实例对象时,不会执行赋值操作。后者的写法无论是新建一个 JavaBean 实例对象,还是使用现有的实例对象,都会执行 setProperty 进行赋值操作。

工作任务 4.3 JSP 页面中访问 JavaBean 属性

教师评价：____________

<table>
<tr><td colspan="4">学生工作任务单</td></tr>
<tr><td>关键知识点</td><td><jsp:useBean>、<jsp:setProperty>和<jsp:getProperty></td><td>完成日期</td><td>年 月 日</td></tr>
<tr><td>学习目标</td><td colspan="3">1. 掌握<jsp:useBean>、<jsp:setProperty>和<jsp:getProperty>语法格式。(知识目标)
2. 在 JSP 页面中,能够根据需要熟练地获取或设置 JavaBean 的属性值。(能力目标)
3. 能够分析程序运行结果,提高分析代码的能力,具备解决常见问题的能力。(素质目标)</td></tr>
<tr><td>任务描述</td><td colspan="3">在实际工作中,通过 JavaBean 可以无限扩充 Java 程序的功能,通过 JavaBean 的组合可以快速生成新的应用程序。在本任务中,修改工作任务 4.2 中的 Person.java 为该类增加 age、sex、add 等属性及其对应的 getter 方法和 setter 方法,然后在 JSP 页面中,通过<jsp:useBean>声明该 JavaBean 的实例,并使用<jsp:setProperty>设置 JavaBean 的属性值,使用<jsp:getProperty>获取设置的属性值。</td></tr>
<tr><td>实现思路</td><td colspan="3">1. 修改工作任务 4.2 中的 Person.java,增加 age、sex、add 等属性,及其 getter 方法和 setter 方法。
2. 创建 part4.3_index.jsp,通过<jsp:useBean>声明该 JavaBean 的实例,并使用<jsp:setProperty>设置 JavaBean 的属性值,使用<jsp:getProperty>获取设置的属性值。
3. 运行 part4.3_index.jsp,观察并分析程序运行结果。</td></tr>
<tr><td>任务实现</td><td colspan="3">1. 修改工作任务 4.2 中的 Person.java,增加 age、sex、add 等属性,具体代码如下:<pre>
package javabean;
public class Person {
    private String name;
    private int age;
    private String sex;
    private String add;
    public String getName() {
        return name;
    }
    public void setName(String name) {
        this.name = name;
    }
    public int getAge() {
</pre></td></tr>
</table>

学生工作任务单			
关键知识点	<jsp:useBean>、<jsp:setProperty>和<jsp:getProperty>	完成日期	年 月 日

任务实现

```
        return age;
    }
    public void setAge(int age) {
        this.age = age;
    }
    public String getSex() {
    return sex;
    }
    public void setSex(String sex) {
        this.sex = sex;
    }
    public String getAdd() {
        return add;
    }
    public void setAdd(String add) {
        this.add = add;
    }
    public Person() {
        super();
    }
}
```

2. 创建 part4.3_index.jsp，代码如下：

```
<%@ page language="java" contentType="text/html; charset=UTF-8"
pageEncoding="UTF-8"%>
<!DOCTYPE html>
<html>
<head>
<meta charset="UTF-8">
<title>JSP 中使用 JavaBean</title>
</head>
<body>
  <jsp:useBean id="person" class="javabean.Person" scope="page"></jsp:useBean>
  <p><jsp:setProperty name="person" property="name" value="小明"/></p>
  <p><jsp:setProperty name="person" property="sex" value="男"/></p>
  <p><jsp:setProperty name="person" property="age" value="16"/></p>
  <p><jsp:setProperty name="person" property="add" value="中国"/></p>
  <p>名字:<jsp:getProperty name="person" property="name"/></p>
  <p>性别:<jsp:getProperty name="person" property="sex"/></p>
  <p>年龄:<jsp:getProperty name="person" property="age"/></p>
  <p>地址:<jsp:getProperty name="person" property="add"/></p>
</body>
</html>
```

<table>
<tr><td colspan="4">学生工作任务单</td></tr>
<tr><td>关键知识点</td><td><jsp:useBean>、<jsp:setProperty>和<jsp:getProperty></td><td>完成日期</td><td>年 月 日</td></tr>
<tr><td>任务实现</td><td colspan="3">3. 启动 Tomcat 服务器，在地址栏中输入http://localhost:8080/JavaWEB/part4.3_index.jsp，运行效果如图 4.3.1 所示。
http://localhost:8080/JavaWEB/part4.3_index.jsp
名字：小明
性别：男
年龄：16
地址：中国
图 4.3.1</td></tr>
<tr><td>总结</td><td colspan="3">通过<jsp:useBean>标签在 JSP 中声明一个 JavaBean，名称为 person，并通过<jsp:setProperty>设置 person 的属性值，将 name、age、sex、add 分别赋值，最后通过<jsp:getProperty>读取并显示 person 实例的 name、age、sex、add 的属性值。</td></tr>
<tr><td>职业素养养成</td><td colspan="3">在实际工作中，通过 JavaBean 可以无限扩充 Java 程序的功能，通过 JavaBean 的组合可以快速生成新的应用程序。程序员除了具备基本的编程知识外，还需要具备良好的代码优化的能力。在调试程序过程中，观察程序运行结果，分析程序执行过程，培养分析问题的能力和解决常见问题的能力。</td></tr>
<tr><td rowspan="3">评价</td><td>完成情况（自评）：</td><td colspan="2">□顺利完成 □在他人帮助下完成 □未完成</td></tr>
<tr><td>团队合作（组内评）：</td><td colspan="2">组长签字：</td></tr>
<tr><td>学习态度（教师评）：</td><td colspan="2">教师签字：</td></tr>
<tr><td>课后拓展</td><td colspan="3">在 part4.3_index.jsp 页面中，如果修改<jsp:useBean>的 id 的值为“my_person”即<jsp:useBean id="my_person" class="javabean.Person" scope="page"></jsp:useBean>，那么<jsp:setProperty>和<jsp:getProperty>中的代码该如何修改，程序才能运行呢？</td></tr>
<tr><td>学习笔记</td><td colspan="3"></td></tr>
</table>

知识加油站

JSP 为了集成和支持 JavaBean，提供了三个动作标记来访问 JavaBean，分别是<jsp:useBean>、<jsp:getProperty>和<jsp:setProperty>，三个动作标记使用方法可以参考工作任务 4.2 知识加油站。

*工作任务 4.4　JavaBean 截取字符串

教师评价：________

<table>
<tr><th colspan="4">学生工作任务单</th></tr>
<tr><td>关键知识点</td><td><jsp:useBean>、<jsp:setProperty>和<jsp:getProperty></td><td>完成日期</td><td>年　月　日</td></tr>
<tr><td>学习目标</td><td colspan="3">1. 掌握<jsp:useBean>、<jsp:setProperty>和<jsp:getProperty>语法格式。(知识目标)
2. 在 JSP 页面中,能够根据需要熟练地获取或设置 JavaBean 的属性值。(能力目标)
3. 充分理解 JavaBean 中 getter 方法和 setter 方法的作用,并根据实际要求灵活编写代码。(能力目标)
4. 能够分析程序运行结果,提高分析代码的能力和解决问题的能力。(素质目标)</td></tr>
<tr><td>任务描述</td><td colspan="3">编写 StringUtil.java 类,类中设置一个属性 str 并为该 str 提供 getter 方法和 setter 方法,其中在 getter 方法中限定,如果 str 的长度大于 100,则只取前 100 个字符,并在最后面拼接“......”。
设计一个作品上传 JSP 页面(如图 4.4.1 所示),填写作者、作品名称和作品简介,提交到 part4.4_result.jsp 页面,获取用户提交的信息,然后通过 JavaBean(JSP 页面中调用编写的 JavaBean,即 StringUtil.java 类),对作品简介的字符串长度进行限制,最后显示在页面上。
作品说明
作　者:
作品名称:
作品简介:　作品简介不超过100字符
取消　提交
图 4.4.1</td></tr>
<tr><td>实现思路</td><td colspan="3">1. 在 javabean 包中,创建 StringUtil.java 并按照要求编写代码。
2. 创建 part4.4_index.jsp,设计界面如图 4.4.1 所示。
3. 创建 part4.4_result.jsp,获取用户提交的信息,然后通过 JavaBean 对“作品简介”的字符串长度进行控制,最后显示在页面上。
4. 运行 part4.4_index.jsp,输入测试数据,进行程序调试。</td></tr>
</table>

学生工作任务单			
关键知识点	<jsp:useBean>、<jsp:setProperty>和<jsp:getProperty>	完成日期	年　月　日

任务实现

1. 在 javabean 包中创建 StringUtil.java，类中设置一个属性 str，并为该 str 提供 getter 方法和 setter 方法，其中在 getter 方法中限定，如果 str 的长度大于 100，则只取前 100 个字符，并在最后面拼接"......"。代码如下：

```java
package javabean;

public class StringUtil {
  private String str;
  public String getStr() {
    if(str.length()> 100){
        return str.substring(0,100) + "......";
    }
    return str;
  }

  public void setStr(String str) {
    this.str = str;
  }
}
```

2. 创建 part4.4_index.jsp，设计作品提交界面，body 中的代码如下：

```html
<body>
  <form action = "part4.4_result.jsp" method = "post">
  <table>
    <caption>作品说明</caption>
    <tr>
        <td>作    者:</td>
        <td><input type = "text" name = "author"></td>
    </tr>
    <tr>
        <td>作品名称:</td>
        <td><input type = "text" name = "name"></td>
    </tr>
    <tr style = "vertical-align:top">
        <td>作品简介:</td>
        <td>
         <textarea name = "introduce"  rows = "7" cols = "40">作品简介不超过 100 字符
</textarea>
         </td>
    </tr>
    <tr>
         <td colspan = "2" align = "center">
```

学生工作任务单			
关键知识点	<jsp:useBean>、<jsp:setProperty>和<jsp:getProperty>	完成日期	年　月　日

任务实现

```
            <input type="reset" name="reset" value="取消">
            <input type="submit" name="submit" value="提交">
        </td>
      </tr>
    </table>
    </form>
</body>
```

3. 创建 part4.4_result.jsp，获取用户提交的信息，然后通过 JavaBean 对“作品简介”的字符串长度进行控制，最后显示在页面上。body 代码如下：

```
<body style="width:300px;">
<%
    String author = request.getParameter("author");
    String name = request.getParameter("name");
    String introduce = request.getParameter("introduce");
 %>

    <jsp:useBean id="strBean" class="javabean.StringUtil"></jsp:useBean>
    <jsp:setProperty property="str" name="strBean" value="<%= introduce %>"/>
    <table>
        <tr>
            <td width="60" valign="top"><%= author %>的作品简介:</td>
        </tr>
        <tr>
            <td align="left">
                <p><jsp:getProperty property="str" name="strBean"/></p>
            </td>
        </tr>
    </table>
</body>
```

4. 启动 Tomcat 服务器，在地址栏中输入http://localhost:8080/JavaWEB/part4.4_index.jsp，在页面中输入作者、作品名称和作品简介，其中作品简介部分超过了 100 字，效果如图 4.4.2 所示，单击“提交”，跳转到了 part4.4_result.jsp 页面，作品简介部分多于 100 的字符部分被截取了，效果如图 4.4.3 所示。

<table>
<tr><th colspan="5">学生工作任务单</th></tr>
<tr><td>关键知识点</td><td colspan="2"><jsp:useBean>、<jsp:setProperty>和<jsp:getProperty></td><td>完成日期</td><td>年 月 日</td></tr>
<tr><td>任务实现</td><td colspan="4"> 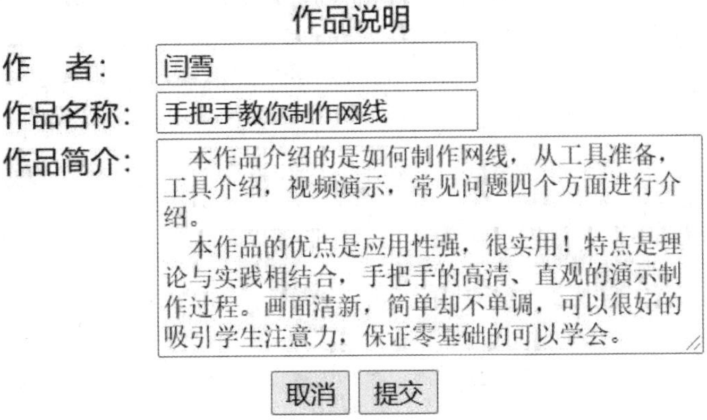作品说明
作 者：闫雪
作品名称：手把手教你制作网线
作品简介：本作品介绍的是如何制作网线，从工具准备，工具介绍，视频演示，常见问题四个方面进行介绍。
本作品的优点是应用性强，很实用！特点是理论与实践相结合，手把手的高清、直观的演示制作过程。画面清新，简单却不单调，可以很好的吸引学生注意力，保证零基础的可以学会。
取消 提交
图 4.4.2 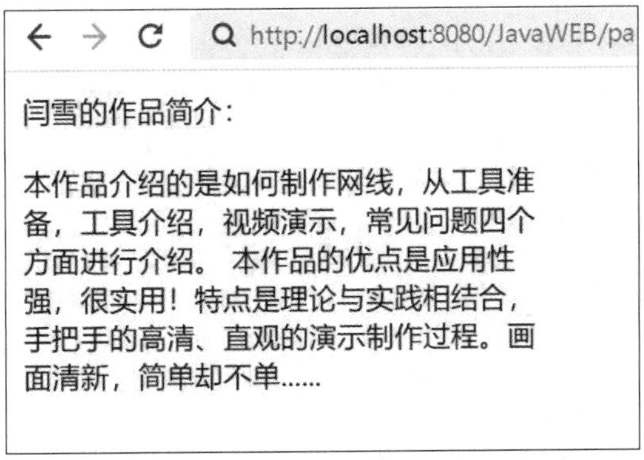

http://localhost:8080/JavaWEB/pa
闫雪的作品简介：
本作品介绍的是如何制作网线，从工具准备，工具介绍，视频演示，常见问题四个方面进行介绍。 本作品的优点是应用性强，很实用！特点是理论与实践相结合，手把手的高清、直观的演示制作过程。画面清新，简单却不单......
图 4.4.3</td></tr>
<tr><td>总结</td><td colspan="4">本任务使用 JavaBean 实现了控制字符串的长度，这在实际工作中是非常常见的应用。</td></tr>
<tr><td>职业素养养成</td><td colspan="4">要充分理解 JavaBean 中 getter 方法和 setter 方法的作用，在实际工作中，可以根据需求确定是否需要提供 setter 方法，或者在 getter 方法和 setter 方法中添加限定条件、格式控制等代码。例如，有些属性值是可以让用户调用，不允许修改的，这时就可以只提供 getter 方法。</td></tr>
<tr><td rowspan="3">评价</td><td>完成情况（自评）：</td><td colspan="3">□顺利完成 □在他人帮助下完成 □未完成</td></tr>
<tr><td>团队合作（组内评）：</td><td colspan="3">组长签字：</td></tr>
<tr><td>学习态度（教师评）：</td><td colspan="3">教师签字：</td></tr>
</table>

学生工作任务单

关键知识点	<jsp:useBean>、<jsp:setProperty>和<jsp:getProperty>	完成日期	年　月　日

课后拓展

在图 4.4.2 中，作品简介部分有两个自然段且首行有缩进，说明用户输入了空格、回车，但是在图 4.4.3 中，只有一个自然段且无缩进，这说明用户输入的空格、回车没有被浏览器显示出来。请修改程序，在 StringUtil.java 中编写一个方法，将用户输入的空格和回车进行处理，变成浏览器能够识别的“ ”和“
”，改好之后调试程序，运行结果如图 4.4.4 所示。StringUtil 中 getStr()方法和 replace(String str)方法的关键代码如下：

```
public String getStr() {
    //调用 replace 方法
    str = replace(str);
    //如果字符串的长度大于 100,则从 0 开始截取到 100,之后的以省略号代替
    if(str.length()> 100){
        return str.substring(0,100) + "......";
    }
    return str;
}

public String replace(String str){
    String new_String1 = "";
    String new_String2 = "";
    //将空格替换为" "
    new_String1 = str.replaceAll(" ", " ");
    //将换行符替换为"<br>"
    new_String2 = new_String1.replaceAll("\r\n", "<br>");
    return new_String2;
}
```

http://localhost:8080/JavaWEB/part4.4_result.jsp

闫雪的作品简介：

 本作品介绍的是如何制作网线，从工具准备，工具介绍，视频演示，常见问题四个方面进行介绍。
 本作品的优点是应用性强，很实用！特点是理论与实践相结合，手......

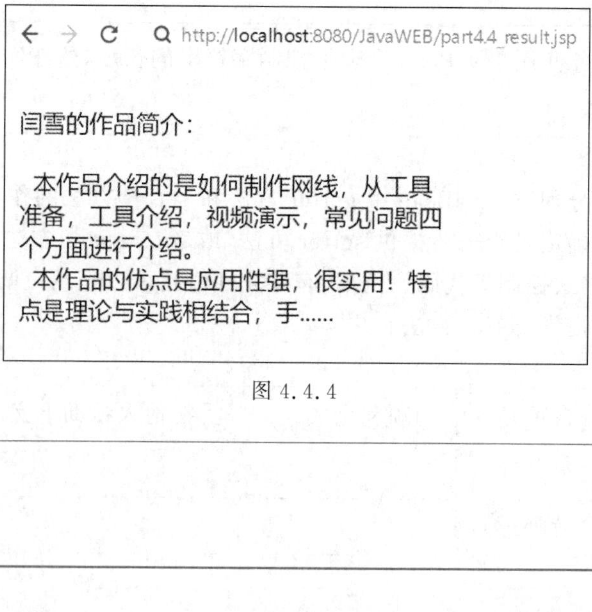

图 4.4.4

学习笔记

知识加油站

JSP 为了集成和支持 JavaBean，提供了三个动作标记来访问 JavaBean，分别是< jsp: useBean >、< jsp: getProperty >和< jsp: setProperty >，三个动作标记使用方法可以参考工作任务 4.2 知识加油站。

工作任务 4.5　声明作用范围为 page 的 JavaBean

教师评价：__________

<table>
<tr><th colspan="4">学生工作任务单</th></tr>
<tr><td>关键知识点</td><td>page 的作用范围</td><td>完成日期</td><td>年　月　日</td></tr>
<tr><td>学习目标</td><td colspan="3">1. 掌握<jsp:useBean>动作标记的 scope 属性值的设置方法，牢记 scope 属性的四个值。（知识目标）
2. 掌握并理解 page 的作用范围。（知识目标）
3. 独立分析代码，能够观察并说明 JSP 页面中 JavaBean 对象的 page 作用范围的生命周期，培养分析问题的能力。（能力目标）</td></tr>
<tr><td>任务描述</td><td colspan="3">在 JSP 页面中，声明一个 JavaBean，并设定其 scope 的值为 page，调试分析该 JavaBean 的有效范围。</td></tr>
<tr><td>实现思路</td><td colspan="3">1. 编写一个 BeanScope 类，类里面有一个 String 类型的 scope 属性。
2. 在 JSP 中实例化 BeanScope 类，设置 scope 属性值为 page。
3. 运行 JSP 页面，观察运行效果，然后刷新页面，观察页面的变化，分析发生变化的原因。</td></tr>
<tr><td>任务实现</td><td colspan="3">1. 在 javabean 包中，新建一个 BeanScope. java 类，该类还有一个属性 scope，代码如下：
<pre>package javabean;
public class BeanScope {
    private String scope;

    public String getScope() {
    return scope;
        }

    public void setScope(String scope) {
        this.scope = scope;
    }
    public BeanScope() {
        super();
    }
}</pre></td></tr>
</table>

学生工作任务单

关键知识点	page 的作用范围	完成日期	年 月 日

任务实现

2. 创建 part4.5_page.jsp，声明一个 JavaBean，并将其 scope 值设置为 page，body 中的关键代码如下：

```
<body>
<jsp:useBean id="pageBean" class="javabean.BeanScope" scope="page"></jsp:useBean>
<jsp:getProperty property="scope" name="pageBean"/>
<jsp:setProperty property="scope" name="pageBean" value="作用范围为page"/>
</body>
```

3. 启动 Tomcat 服务器，在地址栏中输入http://localhost:8080/JavaWEB/part4.5_page.jsp，运行效果如图 4.5.1 所示，刷新该页面后，其值依然为 null。这证明 page 的有效范围是当前页面，虽然为变量重新赋值，但是刷新页面后，依然为 null。

http://localhost:8080/JavaWEB/part4.5_page.jsp

null

图 4.5.1

总结

这个案例重点考察大家对 page 的作用范围的理解。

在这个案例中，scope="*page*"，作用范围为本页面。虽然后面的代码中通过 <jsp:setProperty property = "*scope*" name = "*pageBean*" value = "*作用范围为 page*"/>为 scope 赋值，页面执行结束后，JavaBean 对象的生命周期已经结束了，刷新页面后，又创建了一个新的 JavaBean 对象，所以运行页面后，依然显示 null。

职业素养养成

JavaBean 对象的作用范围，体现的是 JavaBean 的生命周期。在实际工作中，可以根据需求说明中的不同要求，为 JavaBean 对象设置合适的作用范围。

评价

完成情况(自评)：	□顺利完成 □在他人帮助下完成 □未完成
团队合作(组内评)：	组长签字：
学习态度(教师评)：	教师签字：

课后拓展

在 BeanScope.java 类中，为 scope 赋一个初值，然后运行 part4.5_page.jsp 页面，观察效果。另外，大家回顾并总结一下，对于一个普通的变量，其作用域的类型有哪些呢？

学习笔记

一、JavaBean 的作用范围

JavaBean 在 JSP 中有四种作用范围，通过< jsp:useBean >标签的 scope 属性来进行设置。这四种作用范围分别是 page(默认值)、request、session 和 application，使用语法为：< jsp:useBean id = "" class = "" scope = ""> </jsp:useBean >。

1. scope＝"page"

该 JavaBean 的作用范围是 page，page 是 scope 属性的默认值，当用户没有设置 scope 属性值时，其值默认为 page。page 范围的 JavaBean 的生命周期是最短的。

当 JavaBean 作用范围设置为 page 时，客户端每次请求访问 JSP 页面时都会创建一个新的 JavaBean 对象，其有效范围是用户请求访问的当前 JSP 页面，当客户执行当前的页面完毕后，JavaBean 对象的生命周期就结束了，属于 page 范围的 JavaBean 被清除。page 作用域在这四种类型中作用范围是最小的。

2. scope＝"request"

JavaBean 的作用范围是 request，JavaBean 对象被创建后，其有效范围为本次请求，它将存在于整个 request 的生命周期内。在 request 请求范围内，JavaBean 对象作为属性保存在 HttpRequest 对象中，属性名为 JavaBean 的 id，属性值为 JavaBean 对象。可以通过 HttpRequest. getAttribute()方法取得 JavaBean 对象。

3. scope＝"session"

JavaBean 作用范围为 session，被创建后，其有效范围为本次会话。它存在于整个 session 对象的生命周期内。同一个 session 对象中的 JSP 文件一起共享整个 JavaBean 对象。

JavaBean 对象作为属性保存在 HttpSession 对象中，属性名为 JavaBean 的 id，属性值为 JavaBean 对象。可以通过 HttpSession. getAttribute()方法取得 JavaBean 对象。

4. scope＝"application"

JavaBean 作用范围为 application，被创建后，其有效范围为整个 Web 应用的生命周期，Web 应用中的所有 JSP 文件都能共享同一个 JavaBean 对象，如果服务器不重新启动，scope 为 application 的 JavaBean 对象会一直存放在内存中，随时处理客户的请求，直到服务器关闭，它在内存中的资源才会被释放。

JavaBean 对象作为属性保存在 application 对象中，属性的名字为 JavaBean 的 id，属性值为 JavaBean 对象。也可以通过 application. getAttribute()方法取得 JavaBean 对象。

二、四种作用范围的对比

JavaBean 的 page、request、session 和 application 这四种作用范围，其作用范围由小到大是 page、request、session 和 application。

- page 的作用范围最短，当一个网页由 JSP 程序产生并传送到客户端后，page 范围的 JavaBean 就被清除了。
- request 作用范围的 JavaBean 对象被创建后，其有效范围为本次请求，它将存在于整个 request 的生命周期内，它与 JSP 内置对象 request 同步。
- session 范围的 JavaBean 对象的生命周期是一个用户的会话期间，相同浏览器的不同标签的网页都是同一个 JavaBean 对象。
- application 范围的 JavaBean 生命周期最长，其生命周期和 JSP 引擎(服务器)相当，同一个 JSP 引擎下的 JSP 程序都可以共享这个 JavaBean。当重启服务器后，原 JavaBean 对象消亡。

工作任务 4.6　声明作用范围为 request 的 JavaBean

教师评价：________

<table>
<tr><th colspan="4">学生工作任务单</th></tr>
<tr><td>关键知识点</td><td>request 的作用范围</td><td>完成日期</td><td>年　月　日</td></tr>
<tr><td>学习目标</td><td colspan="3">1. 掌握<jsp:useBean>动作标记的 scope 属性值的设置方法，牢记 scope 属性的四个值。（知识目标）
2. 掌握并理解 request 的作用范围。（知识目标）
3. 独立分析代码，观察并说明 JSP 页面中 JavaBean 对象的 request 作用范围的生命周期。（能力目标）</td></tr>
<tr><td>任务描述</td><td colspan="3">BeanScope 类包含一个 scope 属性，在 JSP 页面中，声明该 JavaBean，并设定其 scope 的值为 request。在 JSP 页面中观察 request 范围的 JavaBean 存活范围。</td></tr>
<tr><td>实现思路</td><td colspan="3">1. 沿用工作任务 4.5 中的 BeanScope 类，类里面有一个 String 类型的 scope 属性。
2. 在 JSP 中实例化 BeanScope 类，设置其 scope 属性值为 request。
3. 将页面转发到另一个 JSP 页面，并在该页面中使用 request.getAttribute()方法获取 JavaBean，然后观察是否能够获取其值。</td></tr>
<tr><td>任务实现</td><td colspan="3">1. 沿用工作任务 4.5 中的 BeanScope.java 类。
2. 编写 part4.6_Request.jsp，通过<jsp:useBean>在页面中声明 JavaBean 对象，设置其 scope 属性值为 request，并通过<jsp:setProperty>设置 JavaBean 对象的 scope 属性的 value 值为“作用范围为 request”，然后编写代码，跳转到 part4.6_forwardTo.jsp 页面，关键代码如下：
<body>
  <jsp:useBean id="requestBean" class="javabean.BeanScope" scope="request"></jsp:useBean>
  <jsp:setProperty property="scope" name="requestBean" value="作用范围为 request"/>
  <% request.getRequestDispatcher("part4.6_forwardTo.jsp").forward(request, response);
  %>
</body>
3. 创建 part4.6_forwardTo.jsp，在该页面中，通过 request.getAttribute 获取上一个页面中的 JavaBean 对象，由于在该页面中使用了 BeanScope 类，所以需要通过 import 导包，具体代码如下：
<%@ page language="java" contentType="text/html; charset=UTF-8"
   pageEncoding="UTF-8" import="javabean.BeanScope"%></td></tr>
</table>

<table>
<tr><th colspan="4">学生工作任务单</th></tr>
<tr><td>关键知识点</td><td>request 的作用范围</td><td>完成日期</td><td>年　月　日</td></tr>
<tr><td>任务实现</td><td colspan="3">

```
<!DOCTYPE html>
<html>
<head>
<meta charset="UTF-8">
<title>forwardTo 页面</title>
</head>
<body>
  <%
    if(request.getAttribute("requestBean")!=null){
    BeanScope beanScope=(BeanScope)request.getAttribute("requestBean");
     out.print(beanScope.getScope());
  }else{
    out.print("未创建 BeanScope");
  }
  %>
</body>
</html>
```

4. 启动 Tomcat 服务器，在地址栏中输入http://localhost:8080/JavaWEB/part4.6_Request.jsp，页面运行效果如图 4.6.1 所示，页面跳转到了 part4.6_forwardTo.jsp(但是地址栏显示的地址没有改变)，并且获取了 JavaBean 对象的 scope 的属性值。

http://localhost:8080/JavaWEB/part4.6_Request.jsp

作用范围为request

图 4.6.1

</td></tr>
<tr><td>总结</td><td colspan="3">本例重点考察对 request 的作用范围的理解。
这说明当 JavaBean 作用范围设置为 request 时，每次请求访问 JSP 页面都会创建一个新的 JavaBean 对象，其有效范围为本次请求。在 request 请求范围内，JavaBean 对象作为属性保存在 HttpRequest 对象中，可以通过 HttpRequest.getAttribute()方法取得 JavaBean 对象。</td></tr>
<tr><td>职业素养养成</td><td colspan="3">在实际工作中，可以根据需求说明中的不同要求为 JavaBean 对象设置合适的作用范围，当通过 request 共享数据时，注意页面的跳转方式。</td></tr>
</table>

<table>
<tr><th colspan="5">学生工作任务单</th></tr>
<tr><td>关键知识点</td><td colspan="2">request 的作用范围</td><td>完成日期</td><td>年　月　日</td></tr>
<tr><td rowspan="3">评价</td><td>完成情况(自评)：</td><td colspan="3">□顺利完成　□在他人帮助下完成　□未完成</td></tr>
<tr><td>团队合作(组内评)：</td><td colspan="3">组长签字：</td></tr>
<tr><td>学习态度(教师评)：</td><td colspan="3">教师签字：</td></tr>
<tr><td>课后拓展</td><td colspan="4">大家可以将 part4.6_Request.jsp 页面中的<%request.getRequestDispatcher("part4.6_forwardTo.jsp").forward(request, response);%>改为超链接的形式实现页面跳转:<a href="part4.6_forwardTo.jsp">跳转到下一个页面</a>,然后运行 part4.6_Request.jsp 页面,点击超链接跳转后,观察并分析页面执行结果。</td></tr>
<tr><td>学习笔记</td><td colspan="4"></td></tr>
</table>

知识加油站

JavaBean 在 JSP 中有四种作用范围,通过<jsp:useBean>标签的 scope 属性来进行设置。这四种作用范围分别是:page(默认值)、request、session 和 application。相关知识参考工作任务 4.5 的知识加油站。

工作任务 4.7　声明作用范围为 session 的 JavaBean

教师评价：________

<table>
<tr><th colspan="4">学生工作任务单</th></tr>
<tr><td>关键知识点</td><td>session 的作用范围</td><td>完成日期</td><td>年　月　日</td></tr>
<tr><td>学习目标</td><td colspan="3">1. 掌握并理解 session 的作用范围。（知识目标）
2. 能独立分析代码，观察并说明 JSP 页面中 JavaBean 对象的 session 作用范围的生命周期，并与 page、request 作用范围进行对比。（能力目标）</td></tr>
<tr><td>任务描述</td><td colspan="3">BeanScope 类包含一个 scope 属性，在 JSP 页面中声明该 JavaBean，并设定其 scope 的值为 session。在 JSP 页面中观察 session 范围的 JavaBean 存活范围。</td></tr>
<tr><td>实现思路</td><td colspan="3">1. 沿用工作任务 4.5 中 BeanScope 类，类里面有一个 String 类型的 scope 属性。
2. 在 part4.7_Session.jsp 中，通过<jsp:useBean>声明 JavaBean 对象，设置其 scope 属性值为 session。
3. 编写 part4.7_OtherJSP.jsp，在该页面中通过 session.getAttribute()方法获取 JavaBean。
4. 首先访问 part4.7_session.jsp，然后访问 OtherJSP.jsp，最后观察在 part4.7_OtherJSP.jsp 内是否能获取到 BeanScope 对象。</td></tr>
<tr><td>任务实现</td><td colspan="3">1. 沿用工作任务 4.5 中的 BeanScope.java 类。
2. 创建 part4.7_Session.jsp 文件，代码如下：
<body>
    <jsp:useBean id="sessionBean" class="javabean.BeanScope" scope="session">
    </jsp:useBean>
    <jsp:setProperty property="scope" name="sessionBean" value="作用范围为 session"/>
    创建 sessionBean
</body>
3. 创建 part4.7_OtherJSP.jsp，在该页面中，通过 session.getAttribute 获取 JavaBean 对象 sessionBean。由于在该页面中使用了 BeanScope 类，所以需要通过 import 导包，具体代码如下：
<%@ page language="java" contentType="text/html; charset=UTF-8"
    pageEncoding="UTF-8" import="javabean.BeanScope" %>
<!DOCTYPE html>
<html>
<head>
<meta charset="UTF-8"></td></tr>
</table>

学生工作任务单

关键知识点	session 的作用范围	完成日期	年　月　日

任务实现

```
<title>session 作用域验证</title>
</head>
<body>
<%
    if(session.getAttribute("sessionBean")! = null){
    BeanScope beanScope = (BeanScope)session.getAttribute("sessionBean");
    out.println(beanScope.getScope());
    }else{out.print("未创建 sessionBean");
    }
%>
</body>
</html>
```

4. 启动 Tomcat 服务器，在地址栏中输入http://localhost:8080/JavaWEB/part4.7_Session.jsp，运行效果如图 4.7.1 所示（不要关闭浏览器）。

http://localhost:8080/JavaWEB/part4.7_Session.jsp

创建sessionBean

图 4.7.1

5. 在不关闭浏览器的情况下，打开一个空白的浏览器标签，输入 http://localhost:8080/JavaWEB/part4.7_OtherJSP.jsp，运行效果如图 4.7.2 所示。

http://localhost:8080/JavaWEB/part4.7_OtherJSP.jsp

作用范围为session

图 4.7.2

6. 将浏览器全部关闭，再次打开浏览器，输入 http://localhost:8080/JavaWEB/part4.7_OtherJSP.jsp，运行效果如图 4.7.3 所示，显示“未创建 sessionBean”。

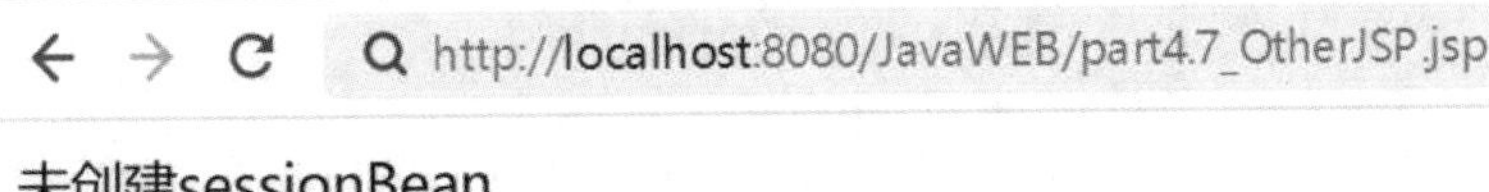

图 4.7.3

<table>
<tr><th colspan="5">学生工作任务单</th></tr>
<tr><td>关键知识点</td><td colspan="2">session 的作用范围</td><td>完成日期</td><td>年　月　日</td></tr>
<tr><td>总结</td><td colspan="4">本例重点理解 JavaBean 对象的 session 的作用范围。当 JavaBean 作用范围设置为 session 时，其有效范围为本次会话，它存在于整个 session 的生命周期内。同一个 session 中的 JSP 文件一起共享整个 JavaBean 对象。
本任务通过 session. getAttribute 获取 part4. 7_Session. jsp 页面中所创建的 JavaBean 对象 sessionBean。当运行 part4. 7_Session. jsp 页面时，就创建了 JavaBean 对象 sessionBean，在浏览器不关闭的情况下，运行 part4. 7_OtherJSP. jsp 页面，在该页面中获取到了 sessionBean。如果将所有浏览器页面关闭，session 对象消亡，生命周期结束，所以再次运行 part4. 7_OtherJSP. jsp 页面，没有获取到 sessionBean 对象。</td></tr>
<tr><td>职业素养养成</td><td colspan="4">在实际工作中，可以根据需求说明中的不同要求，为 JavaBean 对象设置合适的作用范围，当通过 session 共享数据时，如果 session 消亡，共享的数据就无法访问。</td></tr>
<tr><td rowspan="3">评价</td><td>完成情况(自评)：</td><td colspan="3">□顺利完成　　□在他人帮助下完成　　□未完成</td></tr>
<tr><td>团队合作(组内评)：</td><td colspan="3">组长签字：</td></tr>
<tr><td>学习态度(教师评)：</td><td colspan="3">教师签字：</td></tr>
<tr><td>课后拓展</td><td colspan="4">1. 再次创建一个 JSP 页面，名称为 part4. 7_OtherJSP_2. jsp。在该页面中，通过 session. getAttribute 获取 JavaBean 对象 sessionBean。其代码与 part4. 7_OtherJSP. jsp 是一样的。关键代码如下：
<body>
<%
　if(session.getAttribute("sessionBean")!=null){
　　BeanScope beanScope=(BeanScope)session.getAttribute("sessionBean");
　　out.println(beanScope.getScope());
　}else{out.print("未创建 sessionBean");
　}
%>
</body>
2. 启动 Tomcat 服务器，运行 part4. 7_Session. jsp 页面，观察运行效果。不要关闭浏览器。
3. 运行 part4. 7_OtherJSP. jsp，观察运行效果。不要关闭浏览器。
4. 运行 part4. 7_OtherJSP_2. jsp，观察运行效果，并分析代码。
5. 关闭所有浏览器页面，再次运行 part4. 7_OtherJSP. jsp 和 part4. 7_OtherJSP_2. jsp，观察运行效果，并分析代码。</td></tr>
</table>

<table>
<tr><th colspan="5">学生工作任务单</th></tr>
<tr><td colspan="2">关键知识点</td><td>session 的作用范围</td><td>完成日期</td><td>年　月　日</td></tr>
<tr><td>学习笔记</td><td colspan="4"></td></tr>
</table>

知识加油站

JavaBean 在 JSP 中有四种作用范围，通过<jsp:useBean>标签的 scope 属性来进行设置。这四种作用范围分别是：page（默认值）、request、session 和 application。相关内容请参考工作任务 4.5 知识加油站。

工作任务 4.8 声明作用范围为 application 的 JavaBean

教师评价：__________

学生工作任务单			
关键知识点	application 的作用范围	完成日期	年 月 日

学习目标

1. 掌握并理解 application 的作用范围。(知识目标)
2. 能独立分析代码,观察并说明 JSP 页面中 JavaBean 对象的 application 作用范围的生命周期,并与 page、request、session 进行对比。(能力目标)

任务描述

BeanScope 类包含一个 scope 属性,在 JSP 页面中,声明该 JavaBean,并设定其 scope 的值为 application。在 JSP 页面中观察 application 范围的 JavaBean 存活范围。

实现思路

1. 沿用工作任务 4.5 中的 BeanScope 类,类里面有一个 String 类型的 scope 属性。
2. 在 part4.8_application.jsp 中实例化 BeanScope 类,设置其属性值。
3. 编写 part4.8_OJSP.jsp,在该页面中通过 application.getAttribute()方法获取 JavaBean。
4. 运行 part4.8_application.jsp 页面,观察运行效果。重启浏览器再次访问 part4.8_OJSP.jsp,观察在 part4.8_OJSP.jsp 内是否能获取到 BeanScope 类。重启 Tomcat 服务器,再次访问 part4.8_OJSP.jsp,观察运行效果,分析运行结果。

任务实现

1. 沿用工作任务 4.5 中的 BeanScope.java 类。
2. 创建 part4.8_application.jsp 文件,body 中的关键代码如下,注意<jsp:useBean>动作标记的 scope 属性值为 application。

```
<body>
    <jsp:useBean id="applicationBean" class="javabean.BeanScope" scope="application">
    </jsp:useBean>
    <jsp:setProperty property="scope" name="applicationBean" value="作用范围为
application"/>
    创建 applicationBean
</body>
</html>
```

3. 创建 part4.8_OJSP.jsp,通过 application.getAttribute 获取 JavaBean 对象 applicationBean。由于在该页面中使用了 BeanScope 类,所以需要通过 import 导包,具体代码如下:

```
<%@ page language="java" contentType="text/html; charset=UTF-8"
    pageEncoding="UTF-8" import="javabean.BeanScope"%>
<!DOCTYPE html>
```

学生工作任务单			
关键知识点	application 的作用范围	完成日期	年　月　日

任务实现

```
<html>
<head>
<meta charset = "UTF-8">
<title>application 作用域验证</title>
</head>
<body>
  <% if(application.getAttribute("applicationBean")! = null){
      BeanScope beanScope = (BeanScope)application.getAttribute("applicationBean");
      out.print(beanScope.getScope());
     }else{
      out.print("未创建 applicationBean");
     }
   %>
</body>
</html>
```

4. 启动 Tomcat 服务器，在地址栏中输入http://localhost:8080/JavaWEB/part4.8_application.jsp，页面运行效果如图 4.8.1 所示(不关闭浏览器)。

http://localhost:8080/JavaWEB/part4.8_application.jsp

创建applicationBean

图 4.8.1

5. 在不关闭浏览器的情况下，打开一个新的浏览器标签页，在地址栏中输入 http://localhost:8080/JavaWEB/part4.8_OJSP.jsp，页面运行效果如图 4.8.2 所示。

http://localhost:8080/JavaWEB/part4.8_OJSP.jsp

作用范围为application

图 4.8.2

6. 关闭所有浏览器，重新打开浏览器，在地址栏中输入 http://localhost:8080/JavaWEB/part4.8_OJSP.jsp，页面运行效果如图 4.8.3 所示。

图 4.8.3

<table>
<tr><th colspan="4">学生工作任务单</th></tr>
<tr><td>关键知识点</td><td>application 的作用范围</td><td>完成日期</td><td>年　月　日</td></tr>
<tr><td>任务实现</td><td colspan="3">7. 重新启动 Tomcat 服务器，再次运行 http://localhost:8080/JavaWEB/part4.8_OJSP.jsp，页面运行效果如图 4.8.4 所示。

http://localhost:8080/JavaWEB/part4.8_OJSP.jsp
未创建applicationBean

图 4.8.4

这说明在关闭浏览器重新运行 part4.8_OJSP.jsp 页面时，applicationBean 对象没有消亡，依然是之前的 applicationBean 对象。可是重新启动 Tomcat 服务器后，再次运行 part4.8_OJSP.jsp 页面时，没能获取到 applicationBean 对象。</td></tr>
<tr><td>总结</td><td colspan="3">当把 JavaBean 作用范围设置为 application 时，其有效范围为整个 Web 应用的生命周期，Web 应用中的所有 JSP 文件都能共享同一个 JavaBean 对象。当重新启动 Tomcat 服务器后，applicationBean 对象消亡。</td></tr>
<tr><td>职业素养养成</td><td colspan="3">在实际工作中，可以根据需求说明中的不同要求为 JavaBean 对象设置合适的作用范围，当通过 application 共享数据时，JavaBean 生命周期最长，其生命周期和 JSP 引擎（服务器）相当，同一个 JSP 引擎下的 JSP 程序都可以共享这个 JavaBean。当重启服务器后，原 JavaBean 对象才被清除。例如，要统计当前的在线人数时，可以使用 application。</td></tr>
<tr><td rowspan="3">评价</td><td>完成情况（自评）：</td><td colspan="2">□顺利完成　　□在他人帮助下完成　　□未完成</td></tr>
<tr><td>团队合作（组内评）：</td><td colspan="2">组长签字：</td></tr>
<tr><td>学习态度（教师评）：</td><td colspan="2">教师签字：</td></tr>
<tr><td>课后拓展</td><td colspan="3">对比 JavaBean 的 page、request、session 和 application 四种作用范围。</td></tr>
<tr><td>学习笔记</td><td colspan="3"></td></tr>
</table>

一、JavaBean 作用范围

JavaBean 在 JSP 中有四种作用范围，通过< jsp:useBean >标签的 scope 属性来进行设置。这四种作用范围分别是：page（默认值）、request、session、application。相关内容请参考工作任务 4.5 的知识加油站。

二、四种作用范围的对比

JavaBean 的 page、request、session 和 application 这四种作用范围，其作用范围由小到大是 page、request、session 和 application。

- page 的作用范围最短，当一个网页由 JSP 程序产生并传送到客户端后，page 范围的 JavaBean 就被清除了。
- request 作用范围的 JavaBean 对象被创建后，其有效范围为本次请求，它将存在于整个 request 的生命周期内，它与 JSP 内置对象 request 同步。
- session 范围的 JavaBean 对象的生命周期是一个用户的会话期间，相同浏览器的不同标签的网页都是同一个 JavaBean 对象。
- application 范围的 JavaBean 生命周期最长，其生命周期和 JSP 引擎（服务器）相当，同一个 JSP 引擎下的 JSP 程序都可以共享这个 JavaBean。当重启服务器后，原 JavaBean 对象消亡。

工作任务 4.9　移除 JavaBean

教师评价：________

<table>
<tr><th colspan="4">学生工作任务单</th></tr>
<tr><td>关键知识点</td><td>JavaBean 移除功能</td><td>完成日期</td><td>年　月　日</td></tr>
<tr><td>学习目标</td><td colspan="3">1. 初步了解 EL 表达式的用法。(知识目标)
2. 对于不同作用域的 JavaBean 对象,会调用其作用域对象执行 removeAttribute() 方法来删除相应名称的 JavaBean。(能力目标)
3. 能够对比页面运行结果,分析程序,说明 JavaBean 移除前后能否获取 JavaBean 对象,提高分析问题和解决问题的能力。同时,了解什么情况下需要移除 JavaBean,为今后工作积累经验。(能力目标)</td></tr>
<tr><td>任务描述</td><td colspan="3">在 part4.9_removeBean.jsp 中分别创建四种作用域的对象,然后调用删除功能,观察程序运行效果。</td></tr>
<tr><td>实现思路</td><td colspan="3">1. 沿用工作任务 4.5 中的 BeanScope.java 类。
2. 创建 part4.9_removeBean.jsp,在页面中创建 4 个 JavaBean,其 scope 作用范围分别设置为 page(默认值)、request、session 和 application。判断 JavaBean 是否创建成功。移除 JavaBean 后,判断能否正常访问 JavaBean。</td></tr>
<tr><td>任务实现</td><td colspan="3">1 .沿用工作任务 4.5 中的 BeanScope.java 类。
2. 创建 part4.9_removeBean.jsp,body 中关键代码如下:
<body>
<!--创建 4 个 JavaBean,其 scope 作用范围分别设置为 page(默认值)、request、session 和 application。-->

<jsp:useBean id = "pageBean" class = "javabean.BeanScope" scope = "page">
</jsp:useBean>
<jsp:useBean id = "requestBean" class = "javabean.BeanScope" scope = "request">
</jsp:useBean>
<jsp:useBean id = "sessionBean" class = "javabean.BeanScope" scope = "session">
</jsp:useBean>
<jsp:useBean id = "applicationBean" class = "javabean.BeanScope" scope = "application">
</jsp:useBean>

<!--判断 JavaBean 是否创建成功--></td></tr>
</table>

学生工作任务单			
关键知识点	JavaBean 移除功能	完成日期	年　月　日

任务实现

```
<h1>JavaBean 是否创建成功</h1>
page 范围：${!empty pageBean}<br>
request 范围：${!empty requestBean}<br>
session 范围：${!empty sessionBean}<br>
application 范围：${!empty applicationBean}<br>

<!--移除四个 JavaBean-->
<%
pageContext.removeAttribute("pageBean");
request.removeAttribute("requestBean");
session.removeAttribute("sessionBean");
application.removeAttribute("applicationBean");
%>

<!-- 判断移除后是否能访问 JavaBean-->
<h1>移除后是否能访问 JavaBean:</h1>
page 范围：${!empty pageBean}<br>
request 范围：${!empty requestBean}<br>
session 范围：${!empty sessionBean}<br>
application 范围：${!empty applicationBean}<br>
</body>
```

3. 启动 Tomcat 服务器，在地址栏中输入 http://localhost:8080/testJavaBean/part4.9_removeBean.jsp，页面运行效果如图 4.9.1。

http://localhost:8080/JavaWEB/part4.9_removeBean.jsp

JavaBean是否创建成功:

page范围：true
request范围：true
session范围：true
application范围：true

移除后是否能访问JavaBean:

page范围：false
request范围：false
session范围：false
application范围：false

图 4.9.1

<table>
<tr><th colspan="4">学生工作任务单</th></tr>
<tr><td>关键知识点</td><td>JavaBean 移除功能</td><td>完成日期</td><td>年　月　日</td></tr>
<tr><td>总结</td><td colspan="3">当 JavaBean 使用完毕后，如果需要 JSP 容器释放其内存，需要对 JavaBean 做移除操作。对于不同作用域的 JavaBean 对象，我们可以调用其作用域对象执行 removeAttribute()方法来删除相应名称的 JavaBean。</td></tr>
<tr><td>职业素养养成</td><td colspan="3">在实际工作中，当 JavaBean 使用完毕后，如果需要 JSP 容器释放其内存，需要对 JavaBean 进行移除，但是作用域为 page、request 的 JavaBean，一般不需要手动移除，因为这两个作用域的有效范围很小；对于作用域为 application 的 JavaBean，通常情况下都不能被移除，因为处于该作用域的 JavaBean 都是需要被永久保存的；对于作用域为 session 的 JavaBean，有些是需要在 session 范围内永久保存（如用户的登录信息），而有些并不需要在 session 范围内永久保存，针对这样的 JavaBean，在使用结束后，要及时移除，释放其占用的资源，否则如果在 session 作用域中保存大量的垃圾 JavaBean，将会严重影响服务器的性能，甚至造成服务器瘫痪。我们应了解相关内容，为今后工作积累经验。</td></tr>
<tr><td rowspan="3">评价</td><td>完成情况（自评）：</td><td colspan="2">□顺利完成　□在他人帮助下完成　□未完成</td></tr>
<tr><td>团队合作（组内评）：</td><td colspan="2">组长签字：</td></tr>
<tr><td>学习态度（教师评）：</td><td colspan="2">教师签字：</td></tr>
<tr><td>课后拓展</td><td colspan="3">1. 修改程序代码，针对判断移除 JavaBean 后能否访问 JavaBean 的代码进行修改，将 ! empty改为 not empty，修改后代码如下：
<!-- 判断移除后是否能访问 JavaBean-->
<h3>移除后是否能访问 JavaBean:</h3>
page 范围：${<b>not empty</b> pageBean}

request 范围：${not empty requestBean}

session 范围：${<b>not empty</b> sessionBean}

application 范围：${not empty applicationBean}

2. 启动 Tomcat 服务器，在地址栏中输入 http://localhost:8080/testJavaBean/part4.9_removeBean.jsp，观察页面运行效果，并与修改前进行对比。</td></tr>
<tr><td>学习笔记</td><td colspan="3"></td></tr>
</table>

知识加油站

一、JavaBean 的移除

当 JavaBean 使用完毕后,如果需要 JSP 容器释放其内存,需要对 JavaBean 进行移除。对于不同作用域的 JavaBean 对象,我们可以调用其作用域对象执行 removeAttribute()方法来删除相应名称的 JavaBean,四种作用域的删除方法如下:

- pageContent.removeAttribute(String name);
- request.removeAttribute(String name);
- session.removeAttribute(String name);
- application.removeAttribute(String name);

对于作用域为 page、request 的 JavaBean,一般不需要手动移除,因为这两个作用域的有效范围很小,如果非要使用代码移除,可以使用如下代码:

```
pageContext.removeAttribute(String name);
request.removeAttribute(String name);
```

其中,作用域为 page 的 JavaBean 表示 JavaBean 放在 pageContext 对象中,所以使用 pageContext 对象移除。

对于作用域为 application 的 JavaBean,通常情况下都不能被移除,因为处于该作用域的 JavaBean 都是需要被永久保存的(如网站的浏览次数等)。如果需要移除,代码为:application.removeAttribute(String name);

对于作用域为 session 的 JavaBean,有些是需要在 session 范围内永久保存(如用户的登录信息),而有些并不需要永久保存。针对这样的 JavaBean,在使用结束后,要及时通过 removeAttribute (String name)方法将其移除,释放其占用的资源,否则如果在 session 作用域中保存大量的垃圾 JavaBean,将会严重影响服务器的性能,甚至造成服务器瘫痪。可以使用如下代码将作用域为 session 的 JavaBean 对象移除:

```
session.removeAttribute(String name);
```

二、EL 表达式

EL 表达式是 JSP 2.0 增加的技术规范,其全称是表达式语言(Expression Language)。它提供了在 JSP 中简化表达式的方法,目的是尽量减少 JSP 页面中的 Java 代码,使得 JSP 页面的处理程序更加简洁,便于开发和维护。

1. EL 语法

EL 表达式的格式是:${expression},其中 expression 代表一个合法的 EL 表达式或者变量名。该表达式的功能是在 JSP 页面中输出该表达式或变量对应的值。

2. 运算符

EL 提供“.”和“[ ]”两种运算符来存取数据。当要存取的属性名称中包含一些特殊字符(非字母或数字的符号)时,就一定要使用“[ ]”。如果需要动态取值时,也要用“[ ]”来实现,因为“.”无法做到动态取值。

例如:

${user["My_age"]},其中 My_age 中包含了特殊字符,所以要用“[ ]”。

${sessionScope.user[name]},其中 name 是一个变量,所以要用“[ ]”。

3. 变量

EL 存取变量数据的方法很简单,例如 ${sessionScope.user}。其含义是输出 session 范围内名字为

user 的变量值。也可以不用指定范围,例如 ${user},因为没有指定范围,所以它会依次从 page、request、session 和 application 范围去查找 user,如果在某个范围内找到了,就直接回传,不再继续查找。

EL 表达式中的属性范围在 EL 中的名称如表 4.9.1 所示,可在 EL 表达式中使用的文字及值如表 4.9.2 所示。

表 4.9.1　EL 表达式中的属性范围在 EL 中的名称

属性范围	在 EL 中的名称
Page	pageScope
Request	requestScope
Session	sessionScope
Application	applicationScope

表 4.9.2　EL 表达式中的文字及值

文字	文字的值
Boolean	true 和 false
Integer	与 Java 类似。可以包含任何整数,例如 24、-45、567
Floating Point	与 Java 类似。可以包含任何正的或负的浮点数,例如-1.8E-45、4.567
String	任何由单引号或双引号限定的字符串。对于单引号、双引号和反斜杠,使用反斜杠字符作为转义序列。必须注意的是,如果在字符串两端使用双引号,则单引号不需要转义
Null	null

4. EL 操作符

EL 表达式语言提供以下操作符,其中大部分是 Java 中常用的操作符,如表 4.9.3 所示。

表 4.9.3　操作符

类型	操作符
算术型	+、-、*、/、div、%、mod、-
逻辑型	and、&&、or、||、!、not
关系型	==、eq、!=、ne、<、lt、>、gt、<=、le、>=、ge。
空	empty
条件型	A ? B :C。

其中,empty 运算符主要用来判断值是否为空,例如 ${ empty 对象 } 返回结果为 boolean 值,只要满足下面三个条件之一,都返回 true。

- 对象为 null。
- 字符串为""。
- 集合长度为 0。

所以,本实例中判断 JavaBean 对象是否为空的语句是:

page 范围:${!empty pageBean}

request 范围:${!empty requestBean}

session 范围:${!empty sessionBean}

application 范围:${!empty applicationBean}

5. 注意

<%@ page isELIgnored="*true*" %> 表示是否禁用 EL 语言，true 表示禁止，false 表示不禁止。JSP 2.0中默认启用 EL 语言。

如果需要全局禁用 EL 表达式，在 web.xml 中进行如下配置：

```
<jsp-config>
    <jsp-property-group>
    <url-pattern>*.jsp</url-pattern>
    <el-ignored>true</el-ignored>
    </jsp-property-group>
</jsp-config>
```

模块过关测评

本模块主要学习创建简单的 JavaBean，以及在 JSP 页面中引用 JavaBean，可以扫描二维码闯关答题。

随手记

模块五 JDBC数据库操作

模块导读

与数据库交互是 Java Web 应用程序的一项必备功能。与数据库建立连接、访问数据库的编程是程序员最基本、最常用的技能之一。JSP 使用 JDBC 技术实现与数据库的连接，JDBC 提供了访问数据库的各种接口。本模块主要学习 JDBC 的作用，JDBC 访问数据库的一般步骤，使用 JDBC 连接 mysql 数据库，并对 mysql 数据库中的数据进行增加、删除、修改、查询操作，对访问数据库的方法的封装以及 JDBC 事务。

职业能力

- 会与 mysql 数据库建立连接。
- 会访问数据库，实现对数据库数据增加、删除、修改、查询操作。
- 会封装数据库。

本模块知识树

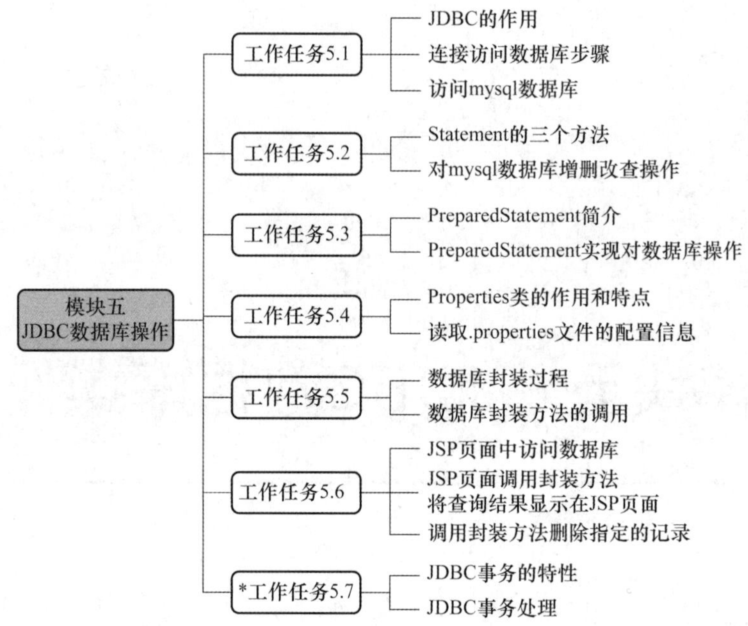

学习成长自我跟踪记录

在本模块中,表 5.0.1 用于学生自己跟踪学习,记录成长过程,方便自查自纠。如果完成该项,请在对应表格内画√,并根据自己的掌握程度,在对应栏目中画√。

表 5.0.1 学生学习成长自我跟踪记录表

任务单	课前预习	课中任务	课后拓展	掌握程度
工作任务 5.1				□掌握 □待提高
工作任务 5.2				□掌握 □待提高
工作任务 5.3				□掌握 □待提高
工作任务 5.4				□掌握 □待提高
工作任务 5.5				□掌握 □待提高
工作任务 5.6				□掌握 □待提高
工作任务 5.7				□掌握 □待提高

工作任务 5.1　JDBC 连接 mysql 数据库

教师评价：＿＿＿＿＿＿

<table>
<tr><th colspan="4">学生工作任务单</th></tr>
<tr><td>关键知识点</td><td>JDBC 连接 mysql 数据库</td><td>完成日期</td><td>年　月　日</td></tr>
<tr><td>学习目标</td><td colspan="3">1. 了解 JDBC 的作用及 JDBC 连接数据库的优点。（知识目标）
2. 掌握 Java 程序连接访问数据库步骤。（知识目标）
3. 会在 Java 程序中连接 mysql 数据库。（能力目标）
4. 从连接 mysql 到连接 sqlserver 和 oracle，锻炼举一反三、知识迁移、独立解决常见问题的能力。（素质目标）</td></tr>
<tr><td>任务描述</td><td colspan="3">在某项目中，需要连接 mysql 数据库，请新建一个 JdbcTest. java 类，在类中编写代码，调试程序，使之成功连接到 mysql 数据库，以便后续程序的调试。</td></tr>
<tr><td>实现思路</td><td colspan="3">1. 准备工作：在计算机中安装 mysql 数据库软件，数据库连接的用户名为 root，密码为 123456，且创建一个名称为 javaweb 的数据库。
2. 下载并在项目中导入 mysql 数据库依赖的 jar 包。
3. 新建 JdbcTest. java 类，在类中编写代码，连接 mysql 数据库。
4. 调试程序。</td></tr>
<tr><td>任务实现</td><td colspan="3">1. 准备工作：在计算机中安装 mysql 数据库软件，数据库连接的用户名为 root，密码为 123456，且创建一个名称为 javaweb 的数据库。
2. 导入 mysql 数据库依赖 jar 包。
(1) 下载 mysql 的 JDBC 依赖 jar 包，下载地址为 https://www. mysql. com/products/connector/，或者通过 https://dev. mysql. com/get/Downloads/Connector-J/mysql-connector-java-8. 0. 29. zip 这个链接直接下载。
(2) 解压下载文件。找到其中的 mysql-connector-java-xxxx. jar（xxxx 为版本号）文件，并将它复制粘贴到项目中的 webapp/WEB-INF/lib 文件夹内（如图 5. 1. 1 所示），然后选中 lib 文件夹中的 mysql-connector-java-xxxx. jar 并右击，选择“Build Path→Add to Build Path”。</td></tr>
</table>

学生工作任务单			
关键知识点	JDBC 连接 mysql 数据库	完成日期	年　月　日

任务实现

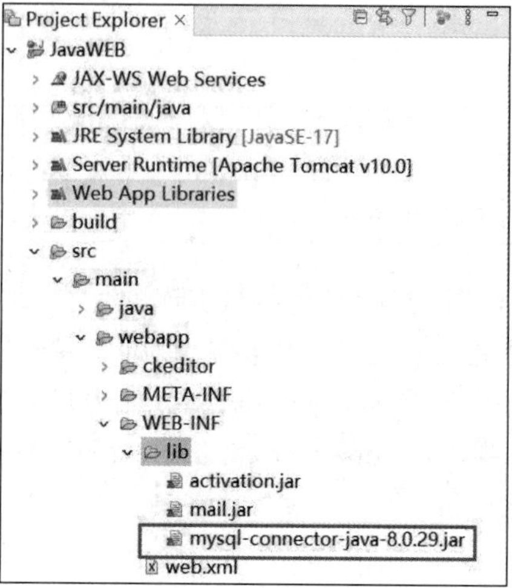

图 5.1.1

3. 在项目的 src/main/java 下新建包，名称为 JDBC。在该包中新建 JdbcTest.java 类，代码如下：

```
package JDBC;
import java.sql.Connection;
import java.sql.DriverManager;
import java.sql.SQLException;
public class JdbcTest {
    public static void main(String[] args) throws ClassNotFoundException,SQLException {
      //加载 mysql 数据库提供的驱动程序
      Class.forName("com.mysql.cj.jdbc.Driver");
      String url = "jdbc:mysql://localhost:3306/javaweb?"
                 + "useUnicode = true&characterEncoding = utf8&serverTimezone = GMT % 2B8";
      String user = "root";
      String password = "123456";
      Connection conn = DriverManager.getConnection(url, user, password);
      System.out.println(conn);
    }
}
```

在这里，Connection、DriverManager 都是在 java.sql 包中，需要通过 import 导入。另外，需要注意的是，Class.forName 会提示有异常需要处理，把鼠标放在 Class.forName 的代码上面，在弹出的提示窗中，可以通过 Add throws declaration 和 surround with try/catch 来处理异常，如图 5.1.2 所示。本例通过 Add throws declaration 来处理异常。同理，DriverManager.getConnection 也会提示有异常需要处理，采用同样的方法处理即可。

学生工作任务单

关键知识点	JDBC 连接 mysql 数据库	完成日期	年　月　日

任务实现

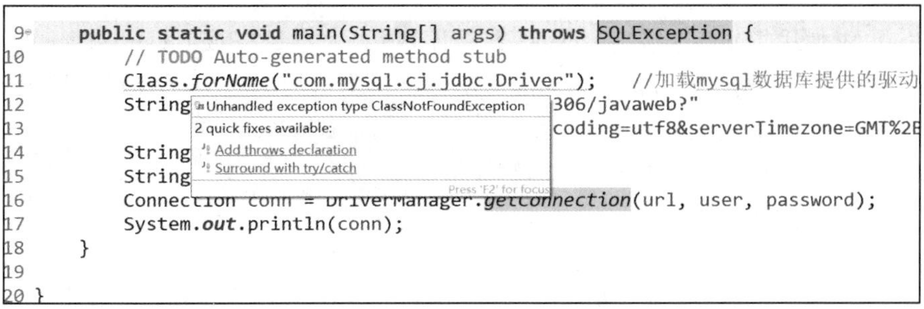

```
    public static void main(String[] args) throws SQLException {
        // TODO Auto-generated method stub
        Class.forName("com.mysql.cj.jdbc.Driver");    //加载mysql数据库提供的驱动
        String   Unhandled exception type ClassNotFoundException  306/javaweb?"
                 2 quick fixes available:                          coding=utf8&serverTimezone=GMT%2B
        String     Add throws declaration
        String     Surround with try/catch
                                               Press 'F2' for focus
        Connection conn = DriverManager.getConnection(url, user, password);
        System.out.println(conn);
    }

}
```

图 5.1.2

4. 运行 JdbcTest.java 类，输出如图 5.1.3 所示，证明 mysql 数据库连接成功。

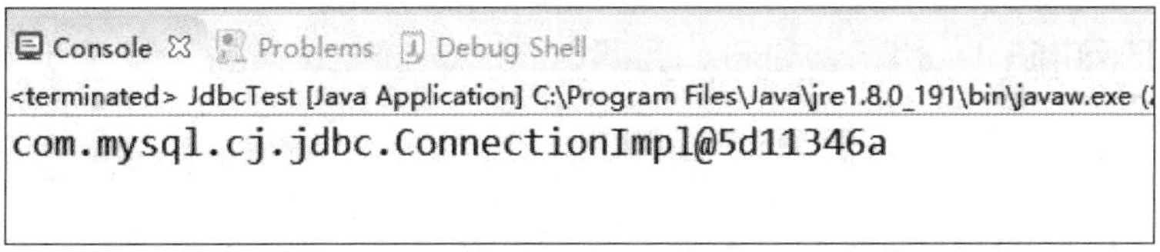

```
Console ⊠   Problems   Debug Shell
<terminated> JdbcTest [Java Application] C:\Program Files\Java\jre1.8.0_191\bin\javaw.exe (
com.mysql.cj.jdbc.ConnectionImpl@5d11346a
```

图 5.1.3

总结

本任务目的是成功与数据库建立连接，重点在于 Java 程序连接数据库的步骤，并且在编写代码后，还要处理异常。对于初学者来说，易错点在于导包错误，牢记 JDBC API 接口都是在 java. sql 包中，例如 java. sql. DriverManager、java. sql. Connection、java. sql. Statement、java. sql. ResultSet 等。

职业素养养成

目前，几乎所有软件项目都离不开数据库的支持。在实际工作中，与数据库建立连接、访问数据库的编程是最基本最常用的技能。不同的公司、不同的项目可能采用的数据库不尽相同，同一个项目也可能随时替换底层数据库，所以大家在掌握连接 mysql 的方法之后，还要独立调试与 sqlserver 建立连接和与 oracle 建立连接，锻炼举一反三、知识迁移、独立解决问题的能力，为实际工作积累经验。

评价

完成情况（自评）：	□顺利完成　　□在他人帮助下完成　　□未完成	
团队合作（组内评）：		组长签字：
学习态度（教师评）：		教师签字：

<table>
<tr><th colspan="4">学生工作任务单</th></tr>
<tr><td>关键知识点</td><td>JDBC 连接 mysql 数据库</td><td>完成日期</td><td>年　月　日</td></tr>
<tr><td>课后拓展</td><td colspan="3">使用 JDBC 连接 sqlserver 数据库，请大家尝试完成。（sqlserver 的 JDBC 依赖 jar 包，下载地址为 https://www.microsoft.com/en-us/download/details.aspx?id=11774）</td></tr>
<tr><td>学习笔记</td><td colspan="3"></td></tr>
</table>

一、JDBC(Java DataBase Connectivity)简介

JDBC 是 Java 程序与数据库系统通信的标准 API，它定义在 JDK 的 API 中。通过 JDBC 技术，Java 程序可以非常方便地与各种数据库进行交互。

1. JDBC 是由一系列连接(Connection)、SQL 语句(Statement)和结果集(ResultSet)构成的，其主要作用如下。

- 建立与数据库的连接。
- 向数据库发起增删改查请求。
- 处理数据库返回结果。

2. JDBC API 可做三件事：与数据库建立连接、执行 SQL 语句、处理结果。它主要包括以下接口。

- java.sql.DriverManager：依据数据库的不同，管理 JDBC 驱动。
- java.sql.Connection：负责连接数据库并担任传送数据的任务。
- java.sql.Statement：由 Connection 产生，负责执行 SQL 语句。
- java.sql.PreparedStatement：负责预编译 SQL 语句。
- java.sql.CallableStatement：负责内嵌过程的 SQL 调用语句。
- java.sql.ResultSet：负责保存 Statement 执行后所产生的查询结果。

3. JDBC 连接数据库的优点。

各数据库厂商使用相同的接口，Java 代码不需要针对不同数据库分别开发，Java 程序编译器仅依赖 java.sql 包，不依赖具体数据库的 jar 包，可随时替换底层数据库，访问数据库的 Java 代码基本不变。

JDBC 支持多种关系型数据库，这样可以增加软件的可移植性。

JDBC 使软件开发人员从复杂的驱动程序编写工作解脱出来，可以完全专注于业务逻辑的开发。

JDBC 编写接口是面向对象的，软件开发人员可以将常用的方法进行二次封装，从而提高代码的重用性。

二、Java 程序连接访问数据库步骤

第一步：注册 JDBC 驱动程序

通过 java.lang.Class 类的静态方法 forName(String className)实现成功加载后，会将驱动程序 Driver

类的实例注册到 DriverManager 类中，不同数据库产品的驱动程序各不相同，由数据库公司提供下载，java. sql. Driver 接口是所有 JDBC 驱动程序需要实现的接口。这个接口是提供给数据库厂商使用的，不同数据库厂商提供不同的实现，示例如下：

- mysql 数据库：com. mysql. cj. jdbc. Driver。
- sqlserver 数据库：com. microsoft. sqlserver. jdbc. SQLServerDriver。
- oracle 数据库：oracle. jdbc. driver. OracleDriver。

第二步：拼接 JDBC 需要连接的 URL，连接不同的数据库的 URL 也不同

- mysql 的 URL 格式如下：

jdbc:mysql://[host:port],[host:port]... /[database][? 参数名 1][=参数值 1][& 参数名 2][=参数值 2]...

使用示例如下(假设数据库名字为 javaweb，数据库服务器是本机)：

jdbc:mysql://localhost:3306/javaweb? useUnicode = true&characterEncoding = utf8&serverTimezone =GMT%2B8

参数含义：

useUnicode=true：表示使用 Unicode 字符集。如果 characterEncoding 设置为 utf-8，本参数必须设置为 true。

characterEncoding=utf-8：字符编码方式为 utf-8。

serverTimezone=GMT%2B8：设置时区。此项在 mysql-connector-java 版本号大于等于 6 时设置。

- oracle 的 URL 格式如下：

jdbc:oracle:thin:@servername:port:dbname

参数含义：

servername 为 oracle 数据库服务器名，port 为数据库通信端口号，dbname 为 oracle 数据库实例名。

使用示例如下：

jdbc:oracle:thin:@127.0.0.1:1521:orcl

- sqlserver 的 URL 格式如下：

jdbc:sqlserver://[serverName[\instanceName][:portNumber]][;property=value[;property=value]]

使用示例如下：

jdbc:sqlserver://localhost:1433;databaseName=javaweb

第三步：创建数据库的连接

使用 DriverManager 的 getConnection 方法来获得 Connection 对象。对数据库进行连接和操作的代码必须捕获 SQLException 异常并进行处理，否则会编译报错。

Connection 对象的常用方法如表 5.1.1 所示。

表 5.1.1　Connection 对象的常用方法

方法名	方法说明
void close()	断开连接，释放 Connection 对象的数据库和 JDBC 资源
Statement createStatement()	创建一个 Statement 对象，将 SQL 语句发送到数据库
void commit()	用于提交 SQL 语句，确认从上一次提交/回滚以来进行的所有更改
boolean isClosed()	用于判断 Connection 对象是否已经被关闭
CallableStatement prepareCall(String sql)	创建一个 CallableStatement 对象，调用数据库存储过程
PreparedStatement prepareStatement(String sql)	创建一个 PreparedStatement 对象，将参数化的 SQL 语句发送到数据库
void rollback()	用于取消 SQL 语句，取消在当前事务中进行的所有更改

第四步:创建一个 Statement

要执行 SQL 语句,必须获得 java.sql.Statement 实例,Statement 实例分为以下三种类型。

- 执行静态 SQL 语句:通常通过 Statement 实例实现。
- 执行动态 SQL 语句:通常通过 PreparedStatement 实例实现。
- 执行数据库存储过程:通常通过 CallableStatement 实例实现。

实现方式:

```
Statement stmt = con.createStatement();
PreparedStatement pstmt = con.prepareStatement(sql);
CallableStatement cstmt = con.prepareCall("{CALL demoSp(?, ?)}");
```

第五步:执行 SQL 语句

Statement 接口提供了三种执行 SQL 语句的方法。

- ResultSet executeQuery(String sqlString):执行查询数据库的 SQL 语句,返回一个结果集(ResultSet)对象。
- int executeUpdate(String sqlString):用于执行 INSERT、UPDATE 或 DELETE 语句以及 SQL DDL 语句,如 CREATE TABLE 和 DROP TABLE 等。
- boolean execute(String sqlString):用于执行返回多个结果集、多个更新计数或二者组合的语句。如果第一个结果为 ResultSet 对象,则返回 true;如果其为更新计数或者不存在任何结果,则返回 false。

使用示例:

```
ResultSet rs = stmt.executeQuery("SELECT * FROM STUDENT");
int rows = stmt.executeUpdate("INSERT INTO...");
boolean flag = stmt.execute(String sql);
```

第六步:处理执行完 SQL 之后的结果

SQL 执行之后,会有以下两种情况。

- 执行更新返回的是本次操作影响到的记录数。
- 执行查询返回的结果是一个 ResultSet 对象。

使用结果集(ResultSet)对象的访问方法获取数据的使用示例:

```
while(rs.next()) {
    String name = rs.getString("name");
    String pass = rs.getString(1); // 此方法比较高效
}
```

第七步:关闭使用的 JDBC 对象

操作完成以后,要关闭所有使用的 JDBC 对象,以释放 JDBC 资源。关闭顺序与声明顺序相反,依次关闭记录集、声明、连接对象。示例如下:

```
// 关闭记录集
if (rs != null) {
    try {
        rs.close();
    }catch(SQLException e)    {
        e.printStackTrace();
    }
}
```

重点提示:

JDBC 常用的 API 接口,Connection、DriverManager、Statement 和 ResultSet 都在 java.sql 包下,导包时容易出错,需要大家注意。

工作任务 5.2　JDBC 实现对 mysql 数据库增删改查

教师评价：____________

<table>
<tr><th colspan="4">学生工作任务单</th></tr>
<tr><td>关键知识点</td><td>对 mysql 数据库里的数据实现增删改查</td><td>完成日期</td><td>年　月　日</td></tr>
<tr><td>学习目标</td><td colspan="3">1. 掌握与数据库建立连接的步骤。(知识目标)
2. 掌握 Statement 接口提供的三种执行 SQL 语句的方法。(知识目标)
3. 能实现对数据库表中的数据进行增加、删除、修改、查询等操作。(能力目标)
4. 在 Java 程序中能实现访问数据库。同理，在 JSP 页面中也能实现访问数据库，独立完成拓展任务，锻炼知识迁移、独立解决常见问题的能力。(素质目标)</td></tr>
<tr><td>任务描述</td><td colspan="3">在某项目中，需要访问数据库 javaweb 中的 student 表，并对该表中的数据进行增加、删除、修改、查询等操作，请编写代码。</td></tr>
<tr><td>实现思路</td><td colspan="3">1. 首先确定计算机上的 mysql 数据库可以正常访问。
2. 准备好实训练习用的数据库。
3. 新建 InsertTest. java，实现向数据库中添加一条记录。
4. 新建 Update. java，实现对数据库中符合条件的数据进行修改。
5. 新建 DeleteTest. java，实现删除数据库中符合条件的数据。
6. 新建 SelectTest. java，实现查询数据库中符合条件的数据。</td></tr>
<tr><td>任务实现</td><td colspan="3">1. 首先确定计算机上的 mysql 数据库可以正常访问(数据库连接用户名：root，密码：123456)。
2. 准备一个做实训练习用的数据库。在 mysql 中创建 javaweb 数据库，新建一个 student 表，表结构如表 5.2.1 所示。在表中添加一些数据以供后续使用，如表 5.2.2 所示。

表 5.2.1　student 表结构
<table><tr><th>字段名</th><th>字段类型</th><th>备注</th></tr><tr><td>id</td><td>int</td><td>自动增长</td></tr><tr><td>name</td><td>varchar(50)</td><td></td></tr><tr><td>sex</td><td>varchar(2)</td><td></td></tr><tr><td>age</td><td>int</td><td></td></tr></table></td></tr>
</table>

学生工作任务单			
关键知识点	对 mysql 数据库里的数据实现增删改查	完成日期	年　月　日

任务实现

表 5.2.2　student 表中数据

name	sex	age
张三	男	16
李四	男	18
柳五	女	17

3. 在 JDBC 包中新建 InsertTest.java，实现向数据库中添加一条记录，代码如下：

```
package JDBC;
import java.sql.Connection;
import java.sql.DriverManager;
import java.sql.Statement;

public class InsertTest {
  public static void main(String[] args) {
     String url = "jdbc:mysql://localhost:3306/javaweb? useUnicode = true&characterEncoding =
utf8&serverTimezone = GMT % 2B8";
     String user = "root";
     String password = "123456";
     try {
          Class.forName("com.mysql.cj.jdbc.Driver");
          Connection conn = DriverManager.getConnection(url, user, password);
          Statement st = conn.createStatement();
          String sql = "INSERT INTO STUDENT VALUES('小明','男','22')";
          int rows = st.executeUpdate(sql);
          System.out.println("本次操作更新记录" + rows + "条");
          if(st! = null) {
             st.close();}
          if(conn! = null) {
             conn.close();}
        } catch (Exception e) {
               e.printStackTrace();
        }
     }
}
```

执行 InsertTest.java 类，执行效果如图 5.2.1 所示。

Markers Properties Servers Data Source Explorer Snippets Console ×
<terminated> Update [Java Application] E:\eclipse\plugins\org.eclipse.justj.openjdk.hots
本次操作更新记录1条

图 5.2.1

学生工作任务单			
关键知识点	对 mysql 数据库里的数据实现增删改查	完成日期	年 月 日

任务实现

在控制台输出的是执行语句之后数据改变的条数，可以看到有 1 条数据成功地插入了数据库中。我们可以打开数据库进行验证，查看数据是否真的插入了数据库中。如果执行了多次程序，可能会有多条记录被插入数据库中。

4. 在 JDBC 包中新建 Update.java，实现对数据库中符合条件的数据进行修改，代码如下：

```
package JDBC;
import java.sql.Connection;
import java.sql.DriverManager;
import java.sql.Statement;

public class Update {
  public static void main(String[] args) {
    String url = "jdbc:mysql://localhost:3306/javaweb? useUnicode = true&characterEncoding = utf8&serverTimezone = GMT % 2B8";
    String user = "root";
    String password = "123456";
    try {
        Class.forName("com.mysql.cj.jdbc.Driver");
        Connection conn = DriverManager.getConnection(url, user, password);
        Statement st = conn.createStatement();
        String sql = "UPDATE STUDENT SET age = 22 WHERE sex = '女'";
        int rows = st.executeUpdate(sql);
        System.out.println("本次操作更新记录" + rows + "条");
        if(st! = null) {
            st.close();}
        if(conn! = null) {
            conn.close();}
        } catch (Exception e) {
            e.printStackTrace();
        }
    }
}
```

执行 Update.java 类，执行效果如图 5.2.2 所示。控制台输出的是执行语句后数据改变的条数，可以看到有 1 条记录被更新，实际更新的记录条数请以自己的数据库中的数据为准。我们可以打开数据库进行验证，查看数据是否真的被更新。

```
Markers  Properties  Servers  Data Source Explorer  Snippets  Console ×
<terminated> Update [Java Application] E:\eclipse\plugins\org.eclipse.justj.openjdk.hots
本次操作更新记录1条
```

图 5.2.2

学生工作任务单			
关键知识点	对 mysql 数据库里的数据实现增删改查	完成日期	年　月　日

任务实现

5. 在 JDBC 包中新建 DeleteTest. java，实现删除数据库中符合条件的数据，代码如下：

```
package JDBC;
import java.sql.Connection;
import java.sql.DriverManager;
import java.sql.Statement;
public class DeleteTest {
  public static void main(String[] args) {
    String url = "jdbc:mysql://localhost:3306/javaweb? useUnicode = true&characterEncoding = utf8&serverTimezone = GMT % 2B8";
    String user = "root";
    String password = "123456";
    try {
        Class.forName("com.mysql.cj.jdbc.Driver");
        Connection conn = DriverManager.getConnection(url, user, password);
        Statement st = conn.createStatement();
        String sql = "DELETE FROM STUDENT WHERE age = 18";
        int rows = st.executeUpdate(sql);
        System.out.println("本次操作更新记录" + rows + "条");
        if(st! = null) {
            st.close();}
        if(conn! = null) {
            conn.close();}
        } catch (Exception e) {
            e.printStackTrace();
    }
  }
}
```

执行 DeleteTest .java 类，执行效果如图 5.2.3 所示。

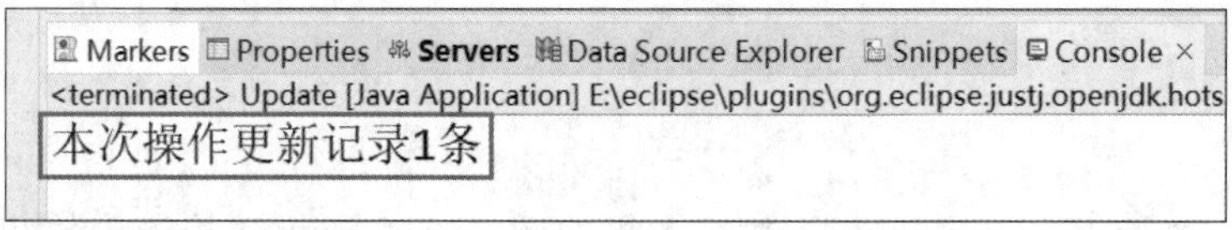

```
Markers  Properties  Servers  Data Source Explorer  Snippets  Console ×
<terminated> Update [Java Application] E:\eclipse\plugins\org.eclipse.justj.openjdk.hots
本次操作更新记录1条
```

图 5.2.3

控制台输出的是执行语句后数据改变的条数，可以看到有 1 条记录被删除。实际删除的记录条数请以自己的数据库中的数据为准。我们可以打开数据库进行验证，查看数据是否真的被删除。

<table>
<tr><th colspan="4">学生工作任务单</th></tr>
<tr><td>关键知识点</td><td>对 mysql 数据库里的数据实现增删改查</td><td>完成日期</td><td>年　月　日</td></tr>
<tr><td>任务实现</td><td colspan="3">

6. 在 JDBC 包中新建 SelectTest.java，实现查询数据库中符合条件的数据，代码如下：

```
package JDBC;
import java.sql.Connection;
import java.sql.DriverManager;
import java.sql.ResultSet;
import java.sql.Statement;
public class SelectTest {
  public static void main(String[] args) {
    String url = "jdbc:mysql://localhost:3306/javaweb? useUnicode = true&characterEncoding = utf8&serverTimezone = GMT%2B8";
    String user = "root";
    String password = "123456";
    try {
        Class.forName("com.mysql.cj.jdbc.Driver");
        Connection conn = DriverManager.getConnection(url, user, password);
        Statement st = conn.createStatement();
        String sql = "SELECT * FROM STUDENT WHERE age = 22";
        ResultSet rs = st.executeQuery(sql);
        while(rs.next()) {
          System.out.println("姓名:" + rs.getString("name") + " 性别:" + rs.getString("sex") + " 年龄:" + rs.getString("age"));}
         if(rs! = null) {rs.close();}
         if(st! = null) {st.close();}
         if(conn! = null) {conn.close();}
    } catch (Exception e) {
         e.printStackTrace();
    }
  }
}
```

执行 SelectTest.java 类，执行效果如图 5.2.4 所示。

```
Markers  Properties  Servers  Data Source Explorer  Snippets  Console ×
<terminated> SelectTest [Java Application] E:\eclipse\plugins\org.eclipse.justj.openjdk.h
姓名：柳五 性别：女 年龄：22
姓名：小明 性别：男 年龄：22
```

图 5.2.4

控制台输出的是符合条件的记录，我们可以看到查询出了 2 条记录。请以自己的数据库中的数据为准，可以打开数据库进行查看对比。

</td></tr>
</table>

<table>
<tr><th colspan="5">学生工作任务单</th></tr>
<tr><td colspan="2">关键知识点</td><td>对 mysql 数据库里的数据实现增删改查</td><td>完成日期</td><td>年　月　日</td></tr>
<tr><td>任务实现</td><td colspan="4"></td></tr>
<tr><td>总结</td><td colspan="4">本任务是访问数据库 javaweb 中的 student 表,并对该表中的数据进行增加、删除、修改、查询等操作。操作结束后要及时关闭 JDBC 对象,释放资源。每一个操作都是一个独立的小任务,目的是反复训练访问数据库的步骤,让大家加深印象,熟练掌握。</td></tr>
<tr><td>职业素养养成</td><td colspan="4">在实际工作中,一般是由 Java 类负责与数据库建立连接,并封装好访问数据库的方法,而 JSP 在页面中直接调用即可。在访问操作完成之后,还要把所有使用的 JDBC 对象全都关闭,以释放 JDBC 资源。如果我们使用了一些资源,却没有释放,数据库资源可能会被长时间占用,如果数据库连接数量不够用了,就需要长时间的等待。所以,从细节入手,养成良好的编程习惯。一名优秀的程序员,不仅要追求代码的正确性,还要注重代码的高效性。</td></tr>
<tr><td rowspan="3">评价</td><td>完成情况(自评):</td><td colspan="3">□顺利完成　□在他人帮助下完成　□未完成</td></tr>
<tr><td>团队合作(组内评):</td><td colspan="3">组长签字:</td></tr>
<tr><td>学习态度(教师评):</td><td colspan="3">教师签字:</td></tr>
<tr><td>课后拓展</td><td colspan="4">在 JSP 页面中建立数据库连接,并访问数据库。大家自己尝试调试程序。</td></tr>
<tr><td>学习笔记</td><td colspan="4"></td></tr>
</table>

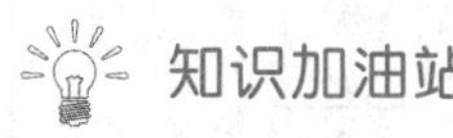

知识加油站

一、java.sql.Statement 接口

创建了与数据库的连接之后,就可以使用 Connection 对象的 createStatement()方法创建一个 Statement 对象,Statement 对象代表了要执行的 SQL 语句,根据要执行的 SQL 语句,将使用 Statement 接口中的不同方法运行。Statement 提供了三种执行 SQL 语句的方法:execute()、executeQuery()和 executeUpdate()。

- 如果执行 SELECT 语句,就使用 executeQuery()方法。
- 如果执行 INSERT、UPDATE 或者 DELETE 语句,就使用 executeUpdate()方法。
- 如果预先不知道要执行的 SQL 语句类型,那么可以使用 execute()方法。execute()方法可以用于执行 SELECT 语句、INSERT 语句、UPDATE 语句或者 DELETE 语句。

1. execute()方法

该方法可用于执行任何 SQL 语句,返回一个 boolean 值,表明执行该 SQL 语句是否返回了 ResultSet。如果执行后第一个结果是 ResultSet,则返回 true,否则返回 false。

仅在语句能返回多个 ResultSet 对象、多个更新计数或 ResultSet 对象与更新计数的组合时使用。execute()方法是 executeQuery()和 executeUpdate()的综合,使用哪一个方法由 SQL 语句所产生的内容决定。

2. executeQuery()方法

该方法主要是用来执行查询命令,返回一个 ResultSet 对象。ResultSet 结果可能为空,但不会是 null。

例如,查询 student 表的所有数据,代码如下:

```
String sql = "select * from student";
ResultSet rs = statement.executeQuery(sql);
```

3. executeUpdate()方法

该方法用于执行 INSERT 语句、UPDATE 语句或 DELETE 语句以及 SQL DDL(数据定义语言)语句,返回一个 int 整型值,此整型值是被更新的行数,可以为 0。

例如,向 student 中插入一行记录,代码如下:

```
String sql = "INSERT INTO STUDENT VALUES('Tom','男','22')";
int  n = statement.executeUpdate (sql);
```

二、java.sql.ResultSet 接口

ResultSet 对象用来封装某个查询所返回的记录集合。当 Statement 对象的 executeQuery()方法成功执行后,会将查询结果的记录集合封装在一个 ResultSet 的对象中返回,这时可以利用 ResultSet 接口提供的方法来操纵结果集中的记录。ResultSet 对象主要提供以下三大类方法。

1. 当前记录指示器移动方法:next()

```
rs.next();//rs 为 ResultSet 对象
```

将当前记录指针移动到下一条记录上。每次获得记录集,在访问具体记录前都必须执行这一方法,next 使当前记录指针定位到记录集的第一条记录。

2. 获取当前记录字段值的方法:getXXX()

该方法用于读取当前记录指定字段的值,XXX 代表该字段类型。

访问当前记录中的字段时,可以用字段名来表明用户所要访问的字段,也可以用该字段在发出查询的 SELECT 子句中的字段位置来表明你所要访问的字段。示例如下:

```
String sql = "SELECT name,sex FROM STUDENT WHERE age = 22";
ResultSet rs = st.executeQuery(sql);
while(rs.next()) {
    //通过字段名访问。
    String name1 = rs.getString("name");
    //通过字段位置访问。在 select 语句中,name 是查询的第 1 个字段
```

```
    String name2 = rs.getString(1);
}
```

3. 更新当前字段值的方法:updateXXX()

该方法用于更新当前记录的指定字段的值,XXX 代表该字段类型,但是这些方法的使用受语句对象的类型制约。示例如下:

```
String sql = "SELECT name,sex FROM STUDENT WHERE age = 22";
ResultSet rs = st.executeQuery(sql);
while(rs.next()) {
    //通过字段名更新,Yan 为更新后的字段的值。
    rs.updateString("name","Yan");
    //通过字段位置更新,Yan 为更新后的字段的值。
    rs.updateString(1,"Yan");
}
```

工作任务 5.3　使用 PreparedStatement 实现 mysql 数据库增删改查

教师评价：________

<table>
<tr><td colspan="4">学生工作任务单</td></tr>
<tr><td>关键知识点</td><td>PreparedStatement 实现数据库增删改查操作</td><td>完成日期</td><td>年　月　日</td></tr>
<tr><td>学习目标</td><td colspan="3">1. 了解 PreparedStatement 的特点。(知识目标)
2. 掌握 PreparedStatement 的 executeUpdate()和 executeQuery()方法。(知识目标)
3. 能使用 PreparedStatement 实现数据库增删改查操作。(能力目标)
4. 剖析 PreparedStatement 的预编译过程，了解什么情况下使用 PreparedStatement 效率高，为什么 PreparedStatement 可以防止 SQL 注入漏洞等。我们不仅要知其然，还要知其所以然，培养追根究底的思维习惯。(素质目标)</td></tr>
<tr><td>任务描述</td><td colspan="3">PreparedStatement 具有预编译功能，当需要多次执行的 SQL 语句经常被创建为 PreparedStatement 对象，以提高效率，而且还可以防止 SQL 注入漏洞。请编写程序，使用 PreparedStatement 实现对数据库增删改查操作，用以增强系统安全性，提高运行效率。</td></tr>
<tr><td>实现思路</td><td colspan="3">1. 在 JDBC 包下，创建 PreparedStatementSQL.java 类，编写与数据库建立连接的方法、关闭数据库连接的方法和对数据库进行增删改查的方法。
2. 在 main 方法中调用 insert()方法，实现向数据库增加数据。
3. 在 main 方法中调用 update()方法，实现修改数据库数据。
4. 在 main 方法中调用 select()方法，实现查询数据库数据。
5. 在 main 方法中调用 delete()方法，实现删除数据库数据。</td></tr>
<tr><td>任务实现</td><td colspan="3">继续沿用工作任务 5.2 中的 javaweb 数据库的 student 表和数据。
1. 在 JDBC 包下，创建 PreparedStatementSQL.java 类，首先定义一些增删改查操作中会用到的对象，然后编写与数据库建立连接的方法 getCon()和关闭数据库连接的方法 closeAll()，最后分别编写对数据库进行增改查删的方法(分别为 insert()、update()、select()和 delete()四个方法)，代码如下：
package JDBC;
import java.sql.*;
public class PreparedStatementSQL {
    public static final String URL = "jdbc:mysql://localhost:3306/javaweb?useUnicode=true&characterEncoding=utf8&serverTimezone=GMT%2B8";
    public static final String USER = "root";</td></tr>
</table>

学生工作任务单			
关键知识点	PreparedStatement 实现数据库增删改查操作	完成日期	年　月　日

任务实现

```
    public static final String PASSWORD = "123456";
    public String sql = "";
    public Connection conn = null;
    public ResultSet rs = null;
    public PreparedStatement ps = null;
    public int rows = 0;

    //编写建立数据库连接的方法 getCon()
    public Connection getCon() {
      try {
        Class.forName("com.mysql.cj.jdbc.Driver");
        conn = DriverManager.getConnection(URL, USER, PASSWORD);
        }catch (SQLException e) {
          e.printStackTrace();
        }catch (ClassNotFoundException e) {
          e.printStackTrace();
        }
      return conn;
    }
    //关闭资源的方法
    public void closeAll() {
      try {
        if (rs != null) {
              rs.close();}
      }catch (SQLException e) {e.printStackTrace();}
      try {
        if (conn != null) {
              conn.close();}
      }catch (SQLException e) {e.printStackTrace();}
      try {
        if (ps != null) {
              ps.close();}
      }catch (SQLException e) {e.printStackTrace();}
    }

  //编写新增数据方法 insert()
  public void insert() {
    try{
        Connection conn = this.getCon();
        sql = "INSERT INTO STUDENT VALUES(?,?,?)";
        ps = conn.prepareStatement(sql);
        ps.setString(1, "李四");
```

学生工作任务单			
关键知识点	PreparedStatement 实现数据库增删改查操作	完成日期	年　月　日

任务实现

```
            ps.setString(2, "男");
            ps.setInt(3, 22);
            rows = ps.executeUpdate();
            System.out.println(rows);
            this.closeAll();
        }catch(SQLException e) {e.printStackTrace();}
    }
    //编写修改数据方法 update()
    public void update() {
        try{
            Connection conn = this.getCon();
            sql = "UPDATE STUDENT SET sex = ? WHERE name = ?";
            ps = conn.prepareStatement(sql);
            ps.setString(1, "男");
            ps.setString(2, "李四");
            rows = ps.executeUpdate();
            System.out.println(rows);
            this.closeAll();
        }catch(SQLException e) {
            e.printStackTrace();
        }
    }

//编写查询数据方法 select()
public void select() {
        try {
            Connection conn = this.getCon();
            sql = "SELECT * FROM STUDENT WHERE age = ?";
            ps = conn.prepareStatement(sql);
            ps.setString(1, "22");
            rs = ps.executeQuery();
            while (rs.next()) {
            System.out.println(rs.getString("name") + "_" + rs.getString("age"));
            }
            this.closeAll();
        }catch (SQLException e) {e.printStackTrace();}
    }
//编写删除数据方法 delete()
    public void delete() {
        try{
            Connection conn = this.getCon();
            sql = "DELETE FROM STUDENT WHERE sex = ?";
```

学生工作任务单			
关键知识点	PreparedStatement 实现数据库增删改查操作	完成日期	年　月　日

任务实现

```
            ps = conn.prepareStatement(sql);
            ps.setString(1, "男");
            rows = ps.executeUpdate();
            System.out.println(rows);
            this.closeAll();
        }catch(SQLException e) {e.printStackTrace();}
    }
  //main()方法
    public static void main(String[] args) {

    }
}
```

2. 在 main 方法中调用 insert()方法，实现向数据库增加数据，代码如下：

```
public static void main(String[] args) {
    PreparedStatementSQL pss = new PreparedStatementSQL();
    pss.insert();
}
```

运行 PreparedStatementSQL. java，效果如图 5.3.1 所示。

Console × Markers Properties Servers
<terminated> PreparedStatementSQL [Java Applica
1

图 5.3.1

这说明有一条记录被添加到了数据库中，然后查看一下数据库里的数据，验证是否确实向数据库里成功的添加了一条数据。

3. 在 main 方法中调用 update()方法，实现修改数据库数据，代码如下：

```
public static void main(String[] args) {
    PreparedStatementSQL pss = new PreparedStatementSQL();
    pss.update();
}
```

运行 PreparedStatementSQL. java，效果如图 5.3.2 所示。

Console × Markers Properties Servers
<terminated> PreparedStatementSQL [Java Applica
1

图 5.3.2

学生工作任务单			
关键知识点	PreparedStatement 实现数据库增删改查操作	完成日期	年　月　日

任务实现

这说明数据库中有一条记录被修改了，然后查看一下数据库里的数据，验证数据库里的数据是否确实被修改了。

4. 在 main 方法中调用 select()方法，实现查询数据库数据，代码如下：

```
public static void main(String[] args) {
    PreparedStatementSQL pss = new PreparedStatementSQL();
    pss.select();
}
```

运行 PreparedStatementSQL. java，效果如图 5.3.3 所示。

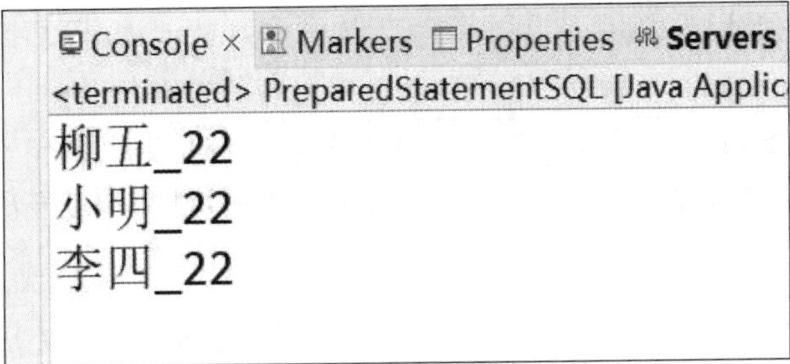

图 5.3.3

这说明查询出了 3 条符合条件的记录，然后查看一下数据库里的数据，验证数据库里的数据是否确实有 3 条记录符合要求。

5. 在 main 方法中调用 delete()方法，实现删除数据库数据，代码如下：

```
public static void main(String[] args) {
    PreparedStatementSQL pss = new PreparedStatementSQL();
    pss.delete();
}
```

运行 PreparedStatementSQL. java，效果如图 5.3.4 所示。

Console × Markers Properties Servers
<terminated> PreparedStatementSQL [Java Applic
3

图 5.3.4

这说明数据库中有 3 条记录被删除了，然后查看数据库里的数据，验证数据库里的数据是否确实被删除了。

<table>
<tr><th colspan="5">学生工作任务单</th></tr>
<tr><td>关键知识点</td><td colspan="2">PreparedStatement 实现数据库增删改查操作</td><td>完成日期</td><td>年　月　日</td></tr>
<tr><td>总结</td><td colspan="4">本任务是使用 PreparedStatement 来实现对数据库进行增加、删除、修改、查询操作，并将各操作抽象为一个方法，不同的方法实现不同的操作。这样，也为后续的数据库的封装提供了基础。</td></tr>
<tr><td>职业素养养成</td><td colspan="4">在实际工作中，在多次执行相同 SQL 操作的情况下，可以选用 PreparedStatement；在仅执行一次 SQL 操作的情况下，PreparedStatement 或 Statement 二者都可以使用。通常，由于 PreparedStatement 是将参数值和 SQL 语句分开，它会把参数中的特殊字符转义，这样能够避免因字符串拼接成非法的 SQL 语句而造成数据泄漏，所以很多程序员习惯使用 PreparedStatement 来实现对数据库的操作。作为初学者，不仅要知其然，还要知其所以然，培养自己追根究底的思维习惯。
了解 SQL 注入漏洞是为了在编写程序时防止出现这样的漏洞，避免系统存在安全隐患，但是程序员要恪守职业道德，不给程序留后门，遵守法律法规，不能利用漏洞恶意攻击他人系统、网站。</td></tr>
<tr><td rowspan="3">评价</td><td>完成情况(自评)：</td><td colspan="3">□顺利完成　　□在他人帮助下完成　　□未完成</td></tr>
<tr><td>团队合作(组内评)：</td><td colspan="3">组长签字：</td></tr>
<tr><td>学习态度(教师评)：</td><td colspan="3">教师签字：</td></tr>
<tr><td>课后拓展</td><td colspan="4">创建一个 JSP 页面，在该页面中尝试调用 PreparedStatementSQL. java 中的 insert()、update()、select()和 delete()方法。</td></tr>
<tr><td>学习笔记</td><td colspan="4"></td></tr>
</table>

一、PreparedStatement 介绍

PreparedStatement 接口是 Statement 接口的子接口，它直接继承并重载了 Statement 的方法，PreparedStatement 接口有以下特点。

- PreparedStatement 的对象中包含的 SQL 语句是预编译的。
- PreparedStatement 的对象所包含的 SQL 语句中允许有一个或多个输入参数。
- 创建类 PreparedStatement 的实例时，输入参数用“?”代替。
- 在执行带参数的 SQL 语句前，必须对“?”进行赋值。
- PreparedStatement 对象是通过 Connection 对象的 prepareStatement()方法来创建的。

二、PreparedStatement 预编译功能

PreparedStatement 实例具有预编译功能。在默认情况下，当向数据库发送一个 SQL 语句，数据库中的解释器负责将 SQL 语句生成底层的内部命令，然后执行命令完成数据操作。如果不断向数据库提交 SQL 语句，势必增加解释器的负担，进一步影响执行速度。PreparedStatement 实例能够针对连接的数据库，事先将 SQL 语句解释为数据库底层的内部命令，然后直接让数据库执行该命令，这样不仅减轻了数据库负担，还提高了访问速度。

实例化 PreparedStatement 对象需要使用 Connection 连接对象调用 prepareStatement(String sql)方法，prepareStatement()方法有一个参数，这个参数需要输入所要执行的 SQL 语句。该 SQL 语句可以保留一个或多个参数作为动态输入。如果需要有参数动态输入，则此 SQL 语句的参数位置需要用“?”代替。示例如下：

```
Connection conn = DriverManager.getConnection(URL, USER, PASSWORD);
PreparedStatement ps = conn.prepareStatement("UPDATE STUDENT SET sex = ? WHERE name = ?");
```

上述语句对 SQL 语句进行预编译处理，生成数据库底层的命令，并将命令封装在 PreparedStatement 对象 ps 中，则对象可以随时调用 executeQuery()方法和 executeUpdate()方法使得该底层内部命令被数据库执行，这明显提高了数据库访问的速度。

在上面的 SQL 语句中，包含了问号“?”作为通配符。在语句执行之前，根据参数的序号位置和参数类型，调用不同类型的 set 方法将参数值动态输入，也就是设置通配符“?”代表的具体值。示例如下：

```
ps.setString(1, "男");//第 1 个通配符“?”,其值设置为:男。
ps.setString(2, "李四");//第 2 个通配符“?”,其值设置为:李四。
```

setString()方法的第一个参数代表的是参数的序号位置，第二个参数是具体的参数值。

通配符按照其在预处理语句中从左至右出现的顺序，分别被称为第 1 个、第 2 个... 第 n 个通配符。使用通配符可以使应用程序更容易动态地改变 SQL 语句中关于字段值的条件。预处理语句常使用以下方法设置通配符的值。

- void setDate(int parameterIndex, Date x)
- void setDouble(int parameterIndex, double x)
- void setString(int parameterIndex, String x)
- void setInt(int parameterIndex, int x)
- void setObject(int parameterIndex, object x)
- void setByte(int parameterIndex, byte x)

PreparedStatement 是通过减少编译次数提高数据库性能的，它第一次执行时消耗是很高的，其性能体现在后面的重复执行。由于 PreparedStatement 对象预编译过，所以其执行速度要快于 Statement 对象，因此当需要多次执行的 SQL 语句经常被创建为 PreparedStatement 对象，以提高效率。

三、PreparedStatement 防止 SOL 注入

PreparedStatement 可以防止 SOL 注入，这是因为 SQL 语句在程序运行前已经进行了预编译，在程序运行时，在第一次操作数据库之前，SQL 语句已经被数据库分析、编译和优化，对应的执行计划也会缓存下来，并允许数据库以参数化的形式进行查询。当运行时动态地把参数传给 PreparedStatement 时，即 PreparedStatement 在 set 参数时，例如 ps.setString(1, "admin or '1 = 1'")，它会把参数中的特殊字符转义(如转义单引号)，数据库也会把它作为一个参数的属性值来处理，这样能够避免字符串拼接成非法的 SQL 语句，造成数据泄漏。而普通的 Statement 只是直接拼接字符串，如果传入一些特殊字符串，就会导致本来期望是参数，却变成了可以执行的 SQL 语句。所以，使用 PreparedStatement 可以避免想通过字符串拼接实现的 SQL 注入漏洞。

工作任务 5.4 读取 .properties 配置文件

教师评价：________

<table>
<tr><th colspan="4">学生工作任务单</th></tr>
<tr><td>关键知识点</td><td>读取.properties 文件的配置信息</td><td>完成日期</td><td>年 月 日</td></tr>
<tr><td>学习目标</td><td colspan="3">1. 了解 Properties 类的作用和特点。(知识目标)
2. 了解 Properties 类的常用方法。(知识目标)
3. 会将配置信息以键值对的形式写在.properties 文件中。(能力目标)
4. 会编写代码读取.properties 文件的配置信息。(能力目标)
5. 将配置信息写在.properties 文件中,需要的时候读取即可。如果配置信息发生了变化,无须修改程序代码,只需要修改.properties 文件即可。这使程序维护变得简单、方便,从而提高程序编写效率,提高代码优化意识。(素质目标)</td></tr>
<tr><td>任务描述</td><td colspan="3">在项目中,与数据库连接的信息可以单独写在一个配置文件中,然后在 Java 程序中读取配置文件的信息,获取与数据库的连接信息。这样,当数据库连接信息发生了变化(如用户名、密码发生了变化,或者更换了数据库),只需要修改配置文件即可,无须修改程序代码。请编写程序,将数据库连接信息写在.properties 文件中,然后在 Java 程序中读取配置信息。</td></tr>
<tr><td>实现思路</td><td colspan="3">1. 创建 jdbc.properties 文件,并将 JDBC 连接数据库所需要的配置写入该文件。
2. 创建 PropertiesTest.java 类,读取 jdbc.properties 文件的内容。</td></tr>
<tr><td>任务实现</td><td colspan="3">1. 在 JDBC 包中,创建 jdbc.properties 文件(右击选择“new→file”),并将 JDBC 连接数据库所需要的配置写入该文件,代码如下：
driverClass = com.mysql.cj.jdbc.Driver
url = jdbc:mysql://localhost:3306/javaweb? useUnicode = true&characterEncoding = utf8&serverTimezone = GMT%2B8
user = root
password = 123456
2. 在 JDBC 包中,创建 PropertiesTest.java 类,在这个类中读取 jdbc.properties 文件的内容,代码如下：
package JDBC;

import java.io.FileInputStream;</td></tr>
</table>

学生工作任务单			
关键知识点	读取.properties文件的配置信息	完成日期	年　月　日

任务实现

```
import java.io.IOException;
import java.util.Properties;
public class PropertiesTest {
  public static void main(String[] args) {
    Properties prop = new Properties();
    try{
      FileInputStream inputStream = new FileInputStream("src/main/java/jdbc/jdbc.properties");
      prop.load(inputStream);
    }catch (IOException e) {
       e.printStackTrace();
    }
    String driverClass = prop.getProperty("driverClass");
    String url = prop.getProperty("url");
    String username = prop.getProperty("user");
    String password = prop.getProperty("password");
    System.out.println(driverClass + "\n" + url + "\n" + username + "\n" + password);
    }
}
```

3. 运行PropertiesTest.java类，效果如图5.4.1所示。

```
Console × Markers Properties Servers Data Source Explorer Snippets
<terminated> PropertiesTest [Java Application] E:\eclipse\plugins\org.eclipse.justj.openjdk.hotspot.jre.full.win
com.mysql.cj.jdbc.Driver
jdbc:mysql://localhost:3306/javaweb?useUnicode=true&characte
root
123456
```

图5.4.1

总结

本任务是将数据库的连接信息写在了jdbc.properties文件中。在Java程序中，通过Properties对象的load()方法，从输入流中读取属性列表，然后通过Properties对象的getProperty(String key)方法获取指定键的值。

<table>
<tr><td colspan="4">学生工作任务单</td></tr>
<tr><td>关键知识点</td><td>读取.properties 文件的配置信息</td><td>完成日期</td><td>年　月　日</td></tr>
<tr><td>职业素养养成</td><td colspan="3">在实际工作中，通常将一些配置信息(如数据库的连接信息)写在.properties 文件中，然后在 Java 程序中，通过 Properties 对象的 load()方法，从输入流中读取属性列表，再通过 Properties 对象的 getProperty(String key)方法，获取指定键的值。这样做有很多好处，例如配置信息发生了变化或者连接数据库的密码变了，只需要修改.properties 文件即可，无须修改程序代码，程序维护变得简单、方便。</td></tr>
<tr><td rowspan="3">评价</td><td>完成情况(自评)：</td><td colspan="2">□顺利完成　□在他人帮助下完成　□未完成</td></tr>
<tr><td>团队合作(组内评)：</td><td colspan="2">组长签字：</td></tr>
<tr><td>学习态度(教师评)：</td><td colspan="2">教师签字：</td></tr>
<tr><td>课后拓展</td><td colspan="3">在上述 jdbc.properties 文件中，为什么等号后面的值不需要加双引号和分号？
例如：
user = root
password = 123456
如果改写成：
user = "root";
password = "123456";
可以吗？</td></tr>
<tr><td>学习笔记</td><td colspan="3"></td></tr>
</table>

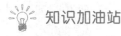

一、Properties 类

Java.util.Properties 类主要用于读取 Java 的配置文件。在 Java 中，其配置文件常为.properties 文件，是以键值对的形式进行参数配置的。例如，user=root（键为 user，值为 root）。

Properties 类被许多 Java 类使用。例如在获取环境变量时，它就作为 System.getProperties 方法的返回值。

Properties 类表示了一个持久的属性集。Properties 可保存在流中或从流中加载。属性列表中每个键及其对应值都是一个字符串。一个属性列表可包含另一个属性列表作为它的“默认值”，如果未能在原有的属性列表中搜索到属性键，则搜索第二个属性列表。

Properties 类常用方法如表 5.4.1 所示。

表 5.4.1　Properties 类常用方法

方法名	方法说明
String getProperty(String key)	用指定的键在此属性列表中搜索属性
String getProperty(String key, String defaultProperty)	用指定的键在属性列表中搜索属性
void list(PrintStream streamOut)	将属性列表输出到指定的输出流
void list(PrintWriter streamOut)	将属性列表输出到指定的输出流
ParameterMetaData getParameterMetaData()	检索 PreparedStatement 对象的参数的编号、类型和属性
void load(InputStream streamIn) throws IOException	从输入流中读取属性列表(键和元素对)
Enumeration propertyNames()	按简单的面向行的格式从输入字符流中读取属性列表(键和元素对)
Object setProperty(String key, String value)	调用 Hashtable 的方法 put
void store(OutputStream streamOut, String description)	以适合使用 load(InputStream)方法加载到 Properties 表中的格式,将此 Properties 表中的属性列表(键和元素对)写入输出流

工作任务 5.5 数据库封装

教师评价：________

<table>
<tr><th colspan="4">学生工作任务单</th></tr>
<tr><td>关键知识点</td><td>数据库连接，增删改查等功能代码的封装</td><td>完成日期</td><td>年 月 日</td></tr>
<tr><td>学习目标</td><td colspan="3">1. 掌握数据库连接、添加、删除、修改、查询、关闭资源等功能代码的封装。(知识目标)
2. 能够将一个小功能抽象为一个方法，掌握数据库封装的过程。(能力目标)
3. 通过数据库封装，树立封装思想，提高代码复用率，实现代码优化。(素质目标)</td></tr>
<tr><td>任务描述</td><td colspan="3">为了方便复用数据库的增删改查操作，需要根据 JDBC 工作的不同阶段把代码抽象成不同方法，请编写代码实现数据库连接、添加、删除、修改、查询、关闭资源等功能代码的封装。</td></tr>
<tr><td>实现思路</td><td colspan="3">1. 创建 jdbc.properties 文件，并将连接数据库所需要的配置写入该文件。
2. 创建工具类 JdbcUtils.java，定义整个工作周期中会用到的一些对象。
3. 在 JdbcUtils.java 中，编写读取配置文件的方法 getProperty()。
4. 编写建立数据库连接的方法 getCon()。
5. 编写关闭资源的方法 closeAll()。
6. 编写添加、删除、修改操作的封装方法。
7. 编写查询的封装方法。
8. 编写代码，调用上述已封装的方法进行增删改查的操作。</td></tr>
<tr><td>任务实现</td><td colspan="3">1. 在 JDBC 包中，创建 jdbc.properties 文件，并将 JDBC 连接数据库所需要的配置写入该文件，文件内容如下(可以沿用工作任务 5.4 中的 jdbc.properties 文件，注意属性值不需要加双引号、分号等)：
driverClass = com.mysql.cj.jdbc.Driver
url = jdbc:mysql://localhost:3306/javaweb?useUnicode = true&characterEncoding = utf8&serverTimezone = GMT%2B8
user = root
password = 123456
2. 在 JDBC 包中，创建 JdbcUtils.java 类，并定义整个工作周期中会用到的一些对象。代码如下：
public class JdbcUtils {
    //定义整个工作周期中会用到的一些对象：
    public static String URL;
    public static String USER;
    public static String PASSWORD;
    public static String DRIVER_CLASS;
    public static Connection conn = null;</td></tr>
</table>

学生工作任务单			
关键知识点	数据库连接,增删改查等功能代码的封装	完成日期	年　月　日

任务实现

```
    public static ResultSet rs = null;
    public static PreparedStatement ps = null ;
    public static int rows = 0;
}
```

3. 在 JdbcUtils.java 类中,编写读取配置文件的方法 getProperty()。代码如下:

```
//编写读取配置文件的方法 getProperty()
public static void getProperty() {
    Properties prop = new Properties();
    try {
        String path = new Object(){
        public String getPath(){
            return this.getClass().getResource("/").getPath();
        } }.getPath().substring(1);
    FileInputStream fis = new FileInputStream(path + "jdbc/jdbc.properties");
//FileInputStream fis = new FileInputStream("src/main/java/jdbc/jdbc.properties");
      prop.load(fis);
    }catch (IOException e) {
       e.printStackTrace();
     }
      DRIVER_CLASS = prop.getProperty("driverClass");
      URL = prop.getProperty("url");
      USER = prop.getProperty("user");
      PASSWORD = prop.getProperty("password");
}
```

4. 在 JdbcUtils.java 类中,编写建立数据库连接的方法 getCon()。代码如下:

```
//编写建立数据库连接的方法 getCon()
public static Connection getCon() {
    getProperty();
    try {
          Class.forName(DRIVER_CLASS);
          conn = DriverManager.getConnection(URL, USER, PASSWORD);
    }catch (Exception e) {
        e.printStackTrace();
    }
      return conn;
}
```

5. 在 JdbcUtils.java 类中,编写关闭资源的方法 closeAll()。代码如下:

```
//编写关闭资源的方法 closeAll()
public static void closeAll() {
  try {
```

学生工作任务单			
关键知识点	数据库连接,增删改查等功能代码的封装	完成日期	年 月 日

任务实现

```
        if (rs != null) {
            rs.close();
        }
        if (conn != null) {
            conn.close();
        }
        if (ps != null) {
            ps.close();
        }
    }catch (Exception e) {
            e.printStackTrace();
    }
}
```

6. 在 JdbcUtils.java 类中,编写添加、删除、修改操作的封装方法 doCUD()。代码如下:

```
//编写添加、删除、修改操作的封装
public static void doCUD(String sql, Object[] params) {
  try {
        conn = JdbcUtils.getCon();
        ps = conn.prepareStatement(sql);
        for (int i = 0; i < params.length; i++) {
            ps.setObject(i + 1, params[i]);
        }
        rows = ps.executeUpdate();
       System.out.println("本次操作共更新数据" + rows + "条");
  }catch (Exception e) {
        e.printStackTrace();
  }finally {
        closeAll();//关闭连接,该方法一般写在 finally 中
  }
}
```

7. 在 JdbcUtils.java 类中,编写查询的封装的方法 doSelect()。代码如下:

```
//查询操作封装的核心代码如下
public static List<Map<String, Object>>  doSelect(String sql,Object[] params){
  List<Map<String, Object>> list = new ArrayList<Map<String, Object>>();
  try {
    conn = JdbcUtils.getCon();
    ps = conn.prepareStatement(sql);
    for (int i = 0; i < params.length; i++) {
        ps.setObject(i + 1, params[i]);
```

学生工作任务单			
关键知识点	数据库连接,增删改查等功能代码的封装	完成日期	年 月 日

任务实现

```
    }
    rs = ps.executeQuery();
    ResultSetMetaData metaData = rs.getMetaData();
    int cols_len = metaData.getColumnCount();
    while (rs.next()) {
        Map<String,Object> map = new HashMap<String,Object>();
        for (int i = 0; i < cols_len; i++) {
            String cols_name = metaData.getColumnName(i + 1);
            Object cols_value = rs.getObject(cols_name);
            if (cols_value == null) {
                cols_value = "";}
                map.put(cols_name, cols_value);
            }
        list.add(map);
    }
  }catch(Exception e){
    e.printStackTrace();
  }finally {
      closeAll();//关闭连接,该方法一般写在 finally 中
  }
    return list;
}
```

8. 上述代码中,需要导的包有:

```
import java.io.FileInputStream;
import java.io.IOException;
import java.sql.*;
import java.util.ArrayList;
import java.util.HashMap;
import java.util.List;
import java.util.Map;
import java.util.Properties;
```

9. 在 JdbcUtils.java 类中的 main()中编写代码,分别使用上述已封装的方法进行增删改查的操作。

(1) 准备工作:沿用之前的 javaweb 数据库,沿用名称为 student 的表,并向表中添加一些数据,student 表结构和现有数据如表 5.5.1 所示。

学生工作任务单			
关键知识点	数据库连接,增删改查等功能代码的封装	完成日期	年　月　日

任务实现

表5.5.1　student表中数据

name	sex	age
柳五	女	17
小明	男	18
张三	男	19
李四	男	20
王五	女	18
赵六	男	18

(2) 编写代码对封装方法进行测试,首先调用doCUD()方法实现新增数据,测试代码如下:

```
public static void main(String[] args) {
    //调用doCUD()方法实现新增数据
    String insertSql = "INSERT INTO STUDENT VALUES(?,?,?)";
    Object[] insert0 = {"田七","女",20};
    JdbcUtils.doCUD(insertSql,insert0);
}
```

执行代码,查看javaweb数据库中的student表中的数据,对比执行代码前后表中数据的变化,如果表中增加了一条"田七,女,20"的数据,那么证明该方法执行正确。

(3) 调用doCUD()方法实现删除数据,测试代码如下:

```
public static void main(String[] args) {
    //测试删除数据
    String deleteSql = "DELETE FROM STUDENT WHERE name = ?";
    Object[] delete0 = {"小明"};
    JdbcUtils.doCUD(deleteSql,delete0 );
}
```

执行代码,查看javaweb数据库中的student表中的数据,对比执行代码前后表中数据的变化,如果表中名字叫"小明"的数据被删除了,那么证明该方法执行正确。

(4) 调用doCUD()方法实现修改数据,测试代码如下:

```
public static void main(String[] args) {
    // 测试修改数据
    String updateSql = "UPDATE STUDENT SET age = ? WHERE name = ?";
    Object[] update0 = {18,"柳五"};
    JdbcUtils.doCUD(updateSql,update0);
}
```

执行代码,查看javaweb数据库中的student表中的数据,对比执行代码前后表中数据的变化,如果表中名字叫"柳五"的学生年龄被修改为了18岁,那么证明该方法执行正确。

学生工作任务单

<table>
<tr><td>关键知识点</td><td>数据库连接，增删改查等功能代码的封装</td><td>完成日期</td><td>年　月　日</td></tr>
<tr><td>任务实现</td><td colspan="3">(5) 调用 doSelect()方法实现数据查询，测试代码如下：
<pre>
public static void main(String[] args) {
    String selectSql = "SELECT * FROM STUDENT WHERE age = ?";
    Object[] select0 = {18};
    List<Map<String, Object>> list = JdbcUtils.doSelect(selectSql, select0);
    for(Map<String, Object> m : list) {
        System.out.println(m);
        System.out.println(m.get("name"));
    }
}
</pre>执行代码，查看 javaweb 数据库中的 student 表中的数据，如果查询结果是 student 表中的年龄为 18 岁的所有的人，那么证明该方法执行正确。</td></tr>
<tr><td>总结</td><td colspan="3">本任务主要将数据库连接、添加数据、删除数据、修改数据、查询数据、关闭资源等功能代码抽象为独立的方法，在需要的时候，调用相应的方法即可。这样可以实现访问数据库、对数据库进行增删改查操作的代码复用。</td></tr>
<tr><td>职业素养养成</td><td colspan="3">在实际工作中，将数据库连接、添加数据、删除数据、修改数据、查询数据、关闭资源等功能代码抽象为独立的方法，放在一个工具类中，在项目需要访问数据库时，调用该工具类的方法即可。这样可以实现访问数据库、对数据库进行增删改查操作的代码复用，实现代码优化。
另外，当数据库连接的配置信息发生变化时(如用户名、密码、更换数据库等)，只需要修改部分配置文件即可。
要成长为一名优秀的程序员，就要从点滴知识积累做起，逐步积累经验。</td></tr>
<tr><td rowspan="3">评价</td><td>完成情况(自评)：</td><td colspan="2">□顺利完成　□在他人帮助下完成　□未完成</td></tr>
<tr><td>团队合作(组内评)：</td><td colspan="2">组长签字：</td></tr>
<tr><td>学习态度(教师评)：</td><td colspan="2">教师签字：</td></tr>
<tr><td>课后拓展</td><td colspan="3">如果需要查询数据库中满足年龄大于 18 岁且性别为男的学生，该如何编写调用 doSelect()方法的代码呢？</td></tr>
<tr><td>学习笔记</td><td colspan="3"></td></tr>
</table>

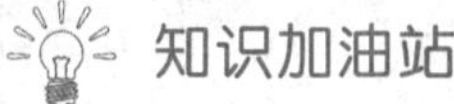

可参考工作任务 5.1～5.5 的知识加油站。

工作任务 5.6　调用封装工具类 JdbcUtils 访问数据库

教师评价：________

<table>
<tr><th colspan="4">学生工作任务单</th></tr>
<tr><td>关键知识点</td><td>调用封装工具类 JdbcUtils 访问数据库</td><td>完成日期</td><td>年　月　日</td></tr>
<tr><td>学习目标</td><td colspan="3">1. 会在 JSP 页面中通过封装工具类 JdbcUtils 访问数据库，实现对数据库数据的增删改查。（能力目标）
2. 通过调用工具类 JdbcUtils 中的方法访问数据库，进一步熟练访问数据库的过程和方法调用的过程，提高模块化设计程序的意识。（素质目标）</td></tr>
<tr><td>任务描述</td><td colspan="3">请在 JSP 页面中通过调用封装工具类 JdbcUtils.java 访问数据库，显示 good_student 表中的学生信息。</td></tr>
<tr><td>实现思路</td><td colspan="3">1. 在 javaweb 数据库中创建名称为 good_student 的表，用于存放优秀学生信息。
2. 新建 JSP 页面，在页面中通过封装工具类 JdbcUtils 访问数据库，显示 good_student 表中的学生信息。
3. 在浏览器中运行，观察结果，分析代码，理解数据库封装过程和方法调用过程。</td></tr>
<tr><td>任务实现</td><td colspan="3">1. 准备工作。沿用之前的 javaweb 数据库，在数据库中创建名称为 good_student 的表，表结构如表 5.6.1 所示，并向表中添加一些数据，假设 good_student 表中现有数据如表 5.6.2 所示。

表 5.6.1　good_student 表结构
<table><tr><th>字段名</th><th>字段类型</th><th>备注</th></tr><tr><td>id</td><td>int</td><td>主键，自动增长</td></tr><tr><td>name</td><td>varchar(50)</td><td></td></tr><tr><td>sex</td><td>varchar(2)</td><td></td></tr><tr><td>age</td><td>int</td><td></td></tr></table>
表 5.6.2　good_student 表中数据
<table><tr><th>name</th><th>sex</th><th>age</th></tr><tr><td>张丽丽</td><td>女</td><td>16</td></tr><tr><td>赵平</td><td>男</td><td>18</td></tr><tr><td>李军</td><td>男</td><td>17</td></tr><tr><td>张雪</td><td>女</td><td>16</td></tr><tr><td>李晶晶</td><td>女</td><td>19</td></tr><tr><td>王明</td><td>男</td><td>17</td></tr></table></td></tr>
</table>

<table>
<tr><th colspan="4">学生工作任务单</th></tr>
<tr><td>关键知识点</td><td>调用封装工具类 JdbcUtils 访问数据库</td><td>完成日期</td><td>年　月　日</td></tr>
<tr><td>任务实现</td><td colspan="3">2. 新建 part5.6_index.jsp 页面。在页面中访问数据库,显示 good_student 表中的学生信息。在 page 指令中通过 import 导入包 JDBC.JdbcUtils 和 java.util.*,在 <%%>中编写 sql 语句,调用 JdbcUtils 工具类中的 doSelect()方法,将查询结果通过 for 循环显示到页面上。代码如下:

```
<%@ page language="java" contentType="text/html; charset=UTF-8"
    pageEncoding="UTF-8" import="JDBC.JdbcUtils,java.util.*"%>
<!DOCTYPE html>
<html>
<head>
<meta charset="UTF-8">
<title>访问数据库</title>
</head>
<body>
<%
String selectSql = "SELECT * FROM GOOD_STUDENT ";
Object[] select0 = {};//参数列表为空。
List<Map<String, Object>> list = JdbcUtils.doSelect(selectSql, select0);
%>
<table width="500" border="1" cellpadding="2" cellspacing="0" align="center">
    <caption align="center"><h2>优秀学员</h2></caption>
    <tr bgcolor="#000ccc00">
        <td align="center">姓名</td>
        <td align="center">性别</td>
    </tr>
<%
for(Map<String, Object> m : list) {
%>
    <tr>
        <td align="center"><%=m.get("name")%></td>
        <td align="center"><%=m.get("sex") %></td>
    </tr>
<%
}
%>
</table>
</body>
</html>
```

3. 启动 Tomcat 服务器,在地址栏中输入http://localhost:8080/JavaWEB/part5.6_index.jsp,运行结果如图 5.6.1 所示。</td></tr>
</table>

学生工作任务单			
关键知识点	调用封装工具类 JdbcUtils 访问数据库	完成日期	年　月　日

任务实现

优秀学员

姓名	性别
张丽丽	女
赵平	男
李军	男
张雪	女
李晶晶	女
王明	男

图 5.6.1

总结

本任务是在 JSP 页面中，使用封装好的 JdbcUtils 工具类来访问数据库，我们只需要在 page 指令中通过 import 导入 JDBC. JdbcUtils，然后在页面中调用 JdbcUtils 工具类中的 doSelect()方法，即可获得查询结果，最后通过 for 循环将结果中的姓名和性别显示到页面上。

职业素养养成

数据库封装有很多好处，它可以减少冗余代码，不必每次都重复地写一大堆代码来加载驱动、获取连接字符串、连接数据库等；通过调用工具类 JdbcUtils 中的方法访问数据库非常简单、方便。

大家要多做练习，熟练掌握访问数据库的过程和方法调用的过程，提高模块化设计程序的意识。

评价

完成情况（自评）：	□顺利完成　　□在他人帮助下完成　　□未完成
团队合作（组内评）：	组长签字：
学习态度（教师评）：	教师签字：

课后拓展

如何实现删除或修改某个学生信息的功能呢？

1. 修改 part5. 6_index. jsp 中的代码，增加“删除”列。参考代码如下：

```
<%@ page language="java" contentType="text/html; charset=UTF-8"
    pageEncoding="UTF-8" import="JDBC.JdbcUtils,java.util.*"%>
<!DOCTYPE html>
<html>
<head>
<meta charset="UTF-8">
<title>Insert title here</title>
</head>
<body>
```

<table>
<tr><th colspan="5">学生工作任务单</th></tr>
<tr><td>关键知识点</td><td>调用封装工具类 JdbcUtils 访问数据库</td><td>完成日期</td><td colspan="2">年　月　日</td></tr>
<tr><td>课后拓展</td><td colspan="4">

```
<%
String selectSql = "SELECT * FROM  GOOD_STUDENT ";
Object[] select0 = {};//参数列表为空。
List<Map<String, Object>> list = JdbcUtils.doSelect(selectSql, select0);
%>
<table width = "500" border = "1" cellpadding = "2" cellspacing = "0" align = "center">
    <caption align = "center"><h2>优秀学员</h2></caption>
    <tr bgcolor = "#7FFFD4">
        <td align = "center">姓名</td>
        <td align = "center">性别</td>
        <td align = "center">删除</td>
    </tr>
<%
for(Map<String, Object> m : list) {
%>
    <tr>
        <td align = "center"><%= m.get("name") %></td>
        <td align = "center"><%= m.get("sex") %></td>
        <td align = "center">
        <a href ='part5.6_delete.jsp? num =<%= m.get("id") %>'>删除</a></td>
    </tr>
<%
}
%>
</table>
</body>
</html>
```

重点提示：

这里关键代码是增加了“删除”列，即<td align = "center"><a href ='part5.6_delete.jsp? num =<%= m.get("id") %>'>删除</a></td>，该列是一个超链接，连接到了 part5.6_delete.jsp 页面，并通过参数 num 向该页面传递了该条记录的 id 的值。

2. 新建 part5.6_delete.jsp 页面，在该页面中获取请求参数 num 的值，并根据该值访问数据库，删除相应的记录。请尝试编写代码。
</td></tr>
<tr><td>学习笔记</td><td colspan="4"></td></tr>
</table>

* 工作任务 5.7　JDBC 事务处理

教师评价：____________

<table>
<tr><th colspan="4">学生工作任务单</th></tr>
<tr><td>关键知识点</td><td>JDBC 中的事务</td><td>完成日期</td><td>年　月　日</td></tr>
<tr><td>学习目标</td><td colspan="3">1. 理解 JDBC 事务的特性。(知识目标)
2. 掌握事务处理的过程。(知识目标)
3. 能利用事务的特性处理简单的业务要求。(能力目标)
4. 在处理业务操作时,要充分考虑操作的原子性、一致性等,培养思维缜密、考虑周全、精益求精的良好习惯。(素质目标)</td></tr>
<tr><td>任务描述</td><td colspan="3">在项目中,要实现一个转账操作:从 id=1 的账户给 id=2 的账户转账 100 元。这样需要先从 id=1 的账号减去 100,然后在 id=2 的账号上加上 100。SQL 语句如下:
<code>UPDATE accounts SET balance = balance - 100 WHERE id = 1;</code>
<code>UPDATE accounts SET balance = balance + 100 WHERE id = 2;</code>
这两条 SQL 语句必须全部执行,如果由于某些原因,第一条语句成功,第二条语句失败,就必须全部撤销,而不能仅执行一部分。
请用 JDBC 事务模拟转账成功以及转账中断两种情况。</td></tr>
<tr><td>实现思路</td><td colspan="3">1. 准备好用到的数据库及测试数据。
2. 编写用于改变个人账户存款金额的方法。
3. 编写用 JDBC 事务进行转账的方法。
4. 在 main()中调用转账方法,实现转账。</td></tr>
<tr><td>任务实现</td><td colspan="3">1. 准备好用到的数据库及测试数据。
在 javaweb 数据库中创建一个名称为 balance 表,表结构如表 5.7.1 所示(注意这里的 balance 字段要求其值>=0),并向表中添加一些数据,如表 5.7.2 所示。

表 5.7.1　balance 表结构
<table><tr><th>字段名</th><th>字段类型</th><th>约束</th></tr><tr><td>name</td><td>varchar(30)</td><td></td></tr><tr><td>balance</td><td>double</td><td>>=0</td></tr></table>
表 5.7.2　balance 表中数据
<table><tr><th>name</th><th>balance</th></tr><tr><td>张三</td><td>200</td></tr><tr><td>李四</td><td>200</td></tr></table></td></tr>
</table>

学生工作任务单			
关键知识点	JDBC 中的事务	完成日期	年　月　日

任务实现

2. 编写用于改变个人账户存款金额的方法。

在 JDBC 包中，新建 Class，名称为 MyTransaction.java，编写改变 balance 表中 balance 字段的方法，方法名为 updateBalance()，代码如下：

```
/* 修改 balance 表，注意，这里处理异常采用的是 throws Exception，这样在后面的 doTransaction()方法中调用 updateBalance()方法时，才能捕获到 updateBalance()方法里面所出现的异常。*/

package JDBC;

import java.sql.Connection;
import java.sql.SQLException;

public class MyTransaction {
    public static Connection conn = null;
    //修改 balance 表
    public static void updateBalance(String name, double balance) throws Exception   {
        String sql = "UPDATE balance SET balance = balance + ? WHERE name = ?";
        Object[]update0 = {balance,name};
  //调用 JdbcUtils.java 数据库封装工具类中的 doCUD()方法。
        JdbcUtils.doCUD(sql,update0);
    }
}
```

3. 在 MyTransaction.java 中继续编写用 JDBC 事务进行转账的方法，方法名称为 doTransaction()，该方法的实现代码如下：

```
public static void doTransaction(String from, String to, double money) {
  try {
        conn = JdbcUtils.getCon();//连接数据库
        conn.setAutoCommit(false);
        updateBalance(from,-money);//数据库操作
        updateBalance(to,money);
        conn.commit();//提交事务
        System.out.println(from + "向" + to + "转账" + money + "已成功");
  }catch(Exception e) {
    try {
          conn.rollback();//如果出现异常,则回滚事务
          System.out.println(from + "向" + to + "转账" + money + "失败");
      }catch (SQLException e2) {
          e2.printStackTrace();
      }
  }
}
```

学生工作任务单

关键知识点	JDBC 中的事务	完成日期	年　月　日

任务实现

4. 在 JDBC 包中，创建一个带 main()方法的 TransactionTest.java 类，在 main()中调用 MyTransaction.java 中的转账方法 doTransaction()，实现张三向李四转账 100 元。代码如下：

```
package JDBC;
public class TransactionTest {
    public static void main(String[] args) {
        JdbcUtils.doTransaction("张三", "李四", 100);
    }
}
```

执行代码后，效果如图 5.7.1 所示。打开数据库，观察数据库 balance 表中的数据变化，如果张三的 balance 数值减少了 100，而李四的 balance 数值增加了 100，证明转账成功。

```
Console ⌧  Problems  Debug Shell
<terminated> StatementSQL [Java Application] C:\Program Files\J
张三向李四转账100.0已成功
```

图 5.7.1

5. 验证当转账遇到异常情况时，事务回滚。连续多次执行步骤 4，让张三给李四转账，由于数据库中张三账户下只有 200 元，所以当执行两次后，张三的账户余额为 0，继续执行程序就会出现异常(因为相应的数据表中 balance 字段的值设置了>=0 的约束条件)，事务回滚(当然，数据库中的账户金额 balance 的值以自己数据库实际数据为准)。转账失败时，运行结果如图 5.7.2 所示。打开数据库，观察代码执行前后 javaweb 数据库 balance 表中的数据变化，张三的 balance 数值没有减少，而李四的 balance 数值也没有增加，证明转账失败。也就是说，在转账过程中遇到了异常，事务执行了回滚，数据库里的数据没有被更新。

```
Console ⌧  Problems  Debug Shell
<terminated> StatementSQL [Java Application] C:\Program Files\Java\jre
张三向李四转账100.0失败
```

图 5.7.2

<table>
<tr><td colspan="4">学生工作任务单</td></tr>
<tr><td>关键知识点</td><td>JDBC 中的事务</td><td>完成日期</td><td>年　月　日</td></tr>
<tr><td>总结</td><td colspan="3">本任务主要是通过转账过程，训练事务的执行过程。A 向 B 转账 100 元，可以分两步走，第一步 A 的账号要减去 100 元，第二步 B 的账号要增加 100 元，这两步构成一个事务，要么同时成功，要么同时失败。假设第一步成功了，而第二步遇到了问题，就要回滚事务，让数据库回到执行事务之前的初始状态。</td></tr>
<tr><td>职业素养养成</td><td colspan="3">在实际工作中，某个业务操作包含多个步骤，如果这个业务操作被事务管理，则这多个步骤要么同时成功，要么同时失败。典型的案例就是转账业务，转账包括 A 的账号减钱，B 的账号加钱，如果不用事务去处理，就可能出现 A 的账号的钱被减了，而 B 的账号加钱却失败了，显然这是不应该出现的，使用事务管理就可以避免这种情况出现。
在处理业务操作时，要充分考虑操作的原子性、一致性等，努力做到思维缜密，考虑周到，尽快成长为一名合格的程序员。</td></tr>
<tr><td rowspan="3">评价</td><td>完成情况(自评)：</td><td colspan="2">□顺利完成　□在他人帮助下完成　□未完成</td></tr>
<tr><td>团队合作(组内评)：</td><td colspan="2">组长签字：</td></tr>
<tr><td>学习态度(教师评)：</td><td colspan="2">教师签字：</td></tr>
<tr><td>课后拓展</td><td colspan="3">拓展 1：验证当转账遇到异常情况时，事务回滚。如果在上面的操作中没有出现异常，那么可以参考下面的代码来验证事务回滚。

修改 doTransaction()中的代码，模拟转账失败的过程：在 doTransaction()方法中的 updateBalance(from,-money)和 updateBalance(to,money)两句代码中间抛出一个异常，来模拟一个账户已经转账后，接收方还没有收到钱时，遇到了异常的情况。修改后的代码如下：
<pre>
public static void doTransaction(String from, String to, double money) {
  try {
      //连接数据库
      conn = JdbcUtils.getCon();
      conn.setAutoCommit(false);
      //数据库操作
      updateBalance(from,-money);
      if(true) {
        //手动抛出一个异常
        throw new RuntimeException();
      }
       //数据库操作
      updateBalance(to,money);
      //提交事务
</pre></td></tr>
</table>

<table>
<tr><td colspan="4">学生工作任务单</td></tr>
<tr><td>关键知识点</td><td>JDBC 中的事务</td><td>完成日期</td><td>年　月　日</td></tr>
<tr><td>课后拓展</td><td colspan="3"><pre>   conn.commit();
        //后面代码省略......
    }</pre>拓展 2:请思考,还有哪些业务操作适合使用事务管理呢?</td></tr>
<tr><td>学习笔记</td><td colspan="3"></td></tr>
</table>

 知识加油站

一、事务的概念

事务是数据库管理系统执行过程中的一个逻辑单位,由一个有限的数据库操作序列构成。在某些情况下,某个任务执行成功的必要条件为多个子任务全部执行成功,这样就可以称这多个子任务为一个事务。

数据库事务具有“ACID”四个特性。

原子性(Atomicity):是指将所有 SQL 作为原子工作单元执行,要么全部执行,要么全部不执行。

一致性(Consistency):是指无论执行了什么操作,都应当保证数据的完整性和业务逻辑的一致性。事务完成后,所有数据的状态都是一致的。例如在转账过程中,在 A 的账号上减去了 100,在 B 的账号上必定加上 100。

隔离性(Isolation):是指在事务执行过程中,每一个执行单元操作的数据都是其他单元没有操作或者操作结束后的数据,保证执行单元操作的数据都有完整的数据空间,如果有多个事务并发执行,每个事务作出的修改必须与其他事务隔离。

持久性(Durability):即事务完成后,对数据库数据的修改被持久化存储。

二、JDBC 中事务的相关方法

要在 JDBC 中执行事务,本质上就是如何把多条 SQL 包裹在一个数据库事务中执行,Connection 接口提供了管理事务的方法,常用方法如表 5.7.3 所示。

表 5.7.3　Connection 接口用于管理事务的常用方法

方法名	功能描述
void setAutoCommit(boolean autoCommit)	设置此连接的自动提交模式,当 conn. setAutoCommit(true)时,打开自动提交;当 conn. setAutoCommit(false)时,关闭自动提交
void commit()	提交事务。使自上一次提交/回退以来的所有更改永久生效,并释放此 Connection 对象当前持有的所有数据库锁
void rollback()	当事务提交失败时,回滚事务。撤销在当前事务中所做的所有更改,并释放此 Connection 对象当前持有的所有数据库锁
void rollback(Savepoint savepoint)	撤销设置给定的 Savepoint 对象之后所做的所有更改

JDBC 中的事务处理有两种方式，通过 Connection 接口中的 setAutoCommit()方法可以设置打开或关闭自动提交。当 conn. setAutoCommit(true)时，打开自动提交，在默认情况下，自动提交是打开的。当 conn. setAutoCommit(false)时，关闭自动提交，这时需要使用 Connection 接口的 commit()方法才会提交事务。如果出现异常，则捕获异常，并进行数据的回滚(回滚操作一般写在 catch 块中)，回滚的代码是 conn. rollback()。

模块过关测评

本模块主要实现与 mysql 数据库建立连接，并对数据库进行增删改查操作，可以扫描二维码闯关答题。

随手记

模块六　Servlet技术应用

模块导读

Servlet 是 1997 年由 Sun 和其他公司提出的一项技术，使用该技术能将 HTTP 请求和响应封装在标准的 Java 类中来实现各种 Web 应用方案。由于 Servlet 就是 Java 程序，可以自由地编写大量的 Java 代码，JSP 能实现的功能，Servlet 都能实现，但是使用 Servlet 在编写 HTML 网页元素时比较麻烦，所以 Servlet 一般用于处理业务逻辑，JSP 用于展示数据等。本模块主要学习 Servlet 的创建、配置，以及利用 Servlet 获取 HTTP 请求的数据，并将结果响应给客户端。

职业能力

- 会创建、配置 Servlet。
- 会利用 Servlet 获取 HTTP 请求的数据，并将结果响应给客户端。
- 会采用 JSP＋Servlet 模式编写程序。

本模块知识树

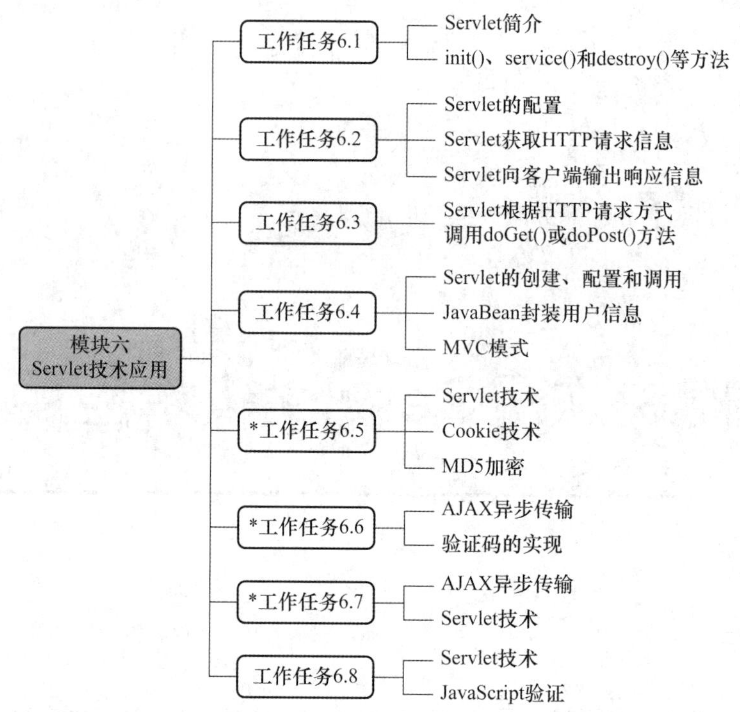

学习成长自我跟踪记录

在本模块中，表 6.0.1 用于学生自己跟踪学习，记录成长过程，方便自查自纠。如果完成该项，请在对应表格内画√，并根据自己的掌握程度，在对应栏目中画√。

表 6.0.1　学生学习成长自我跟踪记录表

任务单	课前预习	课中任务	课后拓展	掌握程度
工作任务 6.1				□掌握　□待提高
工作任务 6.2				□掌握　□待提高
工作任务 6.3				□掌握　□待提高
工作任务 6.4				□掌握　□待提高
工作任务 6.5				□掌握　□待提高
工作任务 6.6				□掌握　□待提高
工作任务 6.7				□掌握　□待提高
工作任务 6.8				□掌握　□待提高

工作任务 6.1　跟踪 Servlet 生命周期

教师评价：＿＿＿＿＿＿

<table>
<tr><th colspan="4">学生工作任务单</th></tr>
<tr><td>关键知识点</td><td>Servlet 生命周期</td><td>完成日期</td><td>年　月　日</td></tr>
<tr><td>学习目标</td><td colspan="3">1. 了解 Servlet 的特点、生命周期。（知识目标）
2. 会创建 Servlet，并通过 init()、service()和 destroy()等方法跟踪 Servlet 生命周期。（能力目标）
3. 了解 JSP 与 Servlet 之间的关系，为什么说 JSP 本质上就是 Servlet 呢？这就需要查阅资料，了解客户端请求服务器后，服务器处理响应的过程，培养独立学习的能力和持续学习的习惯。（素质目标）</td></tr>
<tr><td>任务描述</td><td colspan="3">一个 Servlet 的生命周期主要有四个阶段，加载和实例化阶段、Servlet 初始化阶段、请求处理阶段和服务终止阶段。请编写代码，跟踪 Servlet 的生命周期。</td></tr>
<tr><td>实现思路</td><td colspan="3">1. 创建 ServletTest. java，继承 HttpServlet 类。
2. 在 ServletTest 类中重写 init()、service()、destroy()方法。
3. 调试程序，观察浏览器和控制台中的输出信息，分析代码。</td></tr>
<tr><td>任务实现</td><td colspan="3">1. 在 src/main/java 下新建一个名称为 Servlet 的包，在该包中新建一个 Servlet，名称为 ServletTest. java，自动生成 init()、service()和 destroy()方法。
具体操作：在 servlet 包名上右击，选择“new→Servlet”，弹出 Create Servlet 窗口（如图 6. 1. 1 所示），填写 Class name 项（即 Servlet 的类名称，不加. java 扩展名）。单击“next”按钮，弹出如图 6. 1. 2 的窗口，在该窗口中可以设置 Servlet 的 URL mappings，一般采用默认即可，无须改动。单击“next”按钮，弹出如图 6. 1. 3 的窗口，勾选要重写的方法，图中勾选了 init()、service()和 destroy()方法，单击“Finish”按钮，ServletTest. java 创建完成。</td></tr>
</table>

学生工作任务单			
关键知识点	Servlet 生命周期	完成日期	年 月 日

任务实现

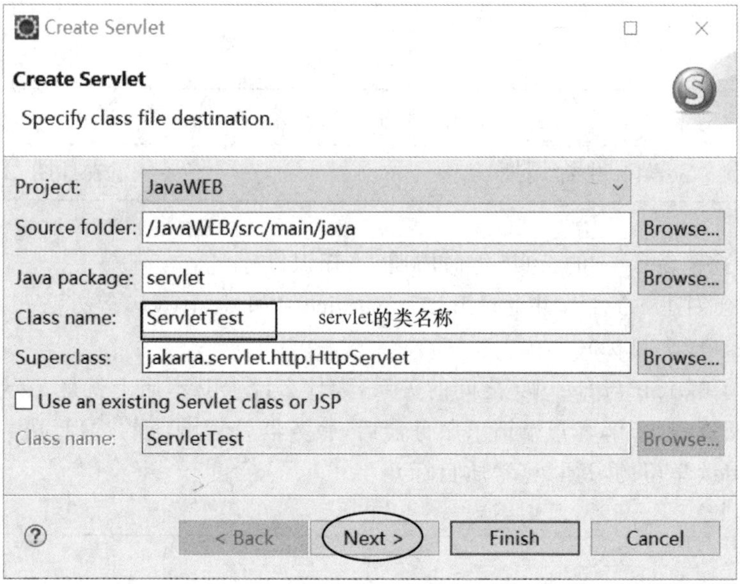

Create Servlet

Create Servlet

Specify class file destination.

Project: JavaWEB

Source folder: /JavaWEB/src/main/java Browse...

Java package: servlet Browse...

Class name: ServletTest servlet的类名称

Superclass: jakarta.servlet.http.HttpServlet Browse...

Use an existing Servlet class or JSP

Class name: ServletTest Browse...

< Back Next > Finish Cancel

图 6.1.1

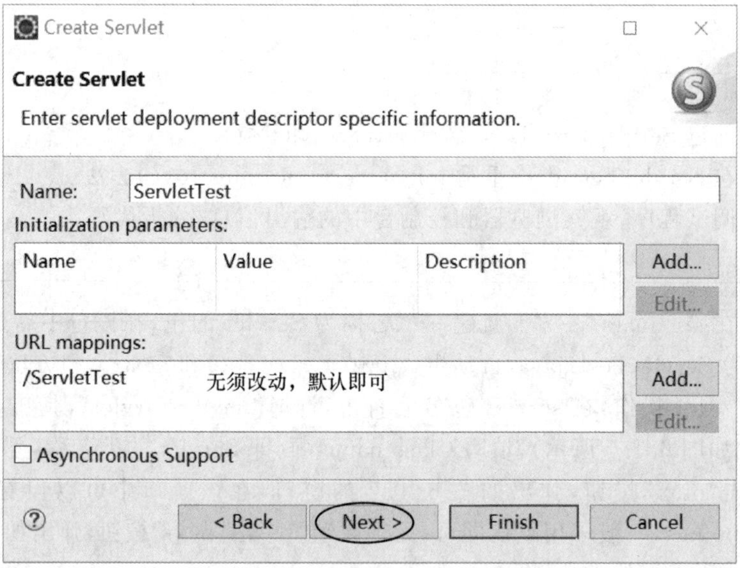

Create Servlet

Create Servlet

Enter servlet deployment descriptor specific information.

Name: ServletTest

Initialization parameters:

Name	Value	Description

Add... Edit...

URL mappings:

/ServletTest 无须改动，默认即可

Add... Edit...

Asynchronous Support

< Back Next > Finish Cancel

图 6.1.2

<table>
<tr><th colspan="4">学生工作任务单</th></tr>
<tr><td>关键知识点</td><td>Servlet 生命周期</td><td>完成日期</td><td>年　月　日</td></tr>
<tr><td>任务实现</td><td colspan="3">

图 6.1.3

2. 当我们采用上述步骤创建 Servlet 之后，自动在 web. xml 中对 Servlet 进行了配置。打开 web. xml，查看 Servlet 的配置节点，一般包括< servlet >节点和< servlet-mapping >节点。

3. 打开 ServletTest. java，在 init()、service()和 destroy()方法中分别输入测试代码，如下所示：

```
package servlet;

import jakarta.servlet.ServletConfig;
import jakarta.servlet.ServletException;
import jakarta.servlet.annotation.WebServlet;
import jakarta.servlet.http.HttpServlet;
import jakarta.servlet.http.HttpServletRequest;
import jakarta.servlet.http.HttpServletResponse;
import java.io.IOException;
import java.io.PrintWriter;

public class ServletTest extends HttpServlet {
    private static final long serialVersionUID = 1L;

    public void init(ServletConfig config) throws ServletException {
        System.out.println("servlet 初始化");
    }

    public void destroy() {
```

</td></tr>
</table>

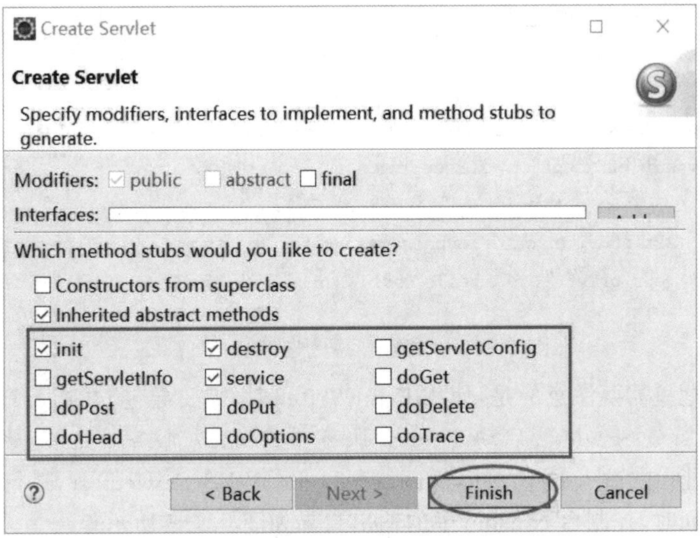

学生工作任务单			
关键知识点	Servlet 生命周期	完成日期	年　月　日

任务实现

```
        System.out.println("servlet 被摧毁");
    }

    protected void service(HttpServletRequest request, HttpServletResponse response)
throws ServletException, IOException {
        System.out.println("servlet 响应");
        PrintWriter out = response.getWriter();
        out.print("<h1>Hello World</h1>");
    }
}
```

这里需要注意的是，使用 PrintWriter 时，需要导包 java.io.PrintWriter。

4. 运行该 Servlet。启动 Tomcat 服务器（Tomcat 服务器如果已经启动，需要重启），在地址栏中输入 http://localhost:8080/JavaWEB/ServletTest，运行效果如图 6.1.4 所示。同时，控制台 console 中的输出效果如图 6.1.5 所示。

```
http://localhost:8080/JavaWEB/ServletTest
Hello World
```

图 6.1.4

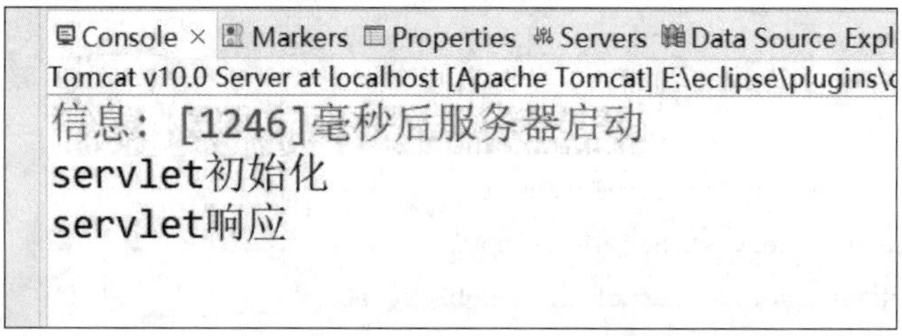

```
Console × Markers Properties Servers Data Source Expl
Tomcat v10.0 Server at localhost [Apache Tomcat] E:\eclipse\plugins\
信息: [1246]毫秒后服务器启动
servlet初始化
servlet响应
```

图 6.1.5

5. 刷新浏览器后，再次查看，控制台 console 中的输出效果如图 6.1.6 所示，这说明 Servlet 的 init()事件只执行一次。每刷新一次浏览器，Servlet 的 service()方法都会执行一次。

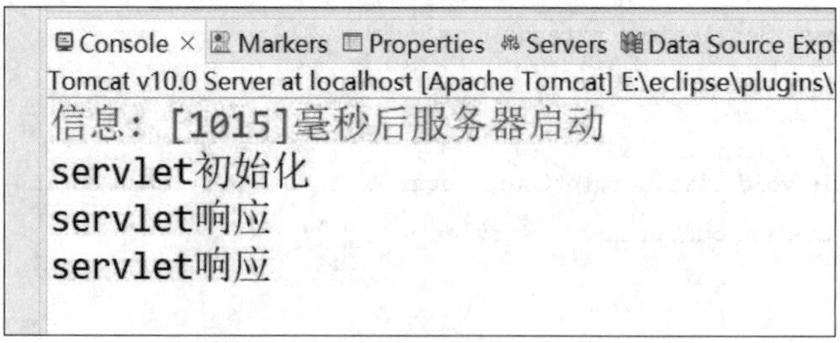

```
Console × Markers Properties Servers Data Source Exp
Tomcat v10.0 Server at localhost [Apache Tomcat] E:\eclipse\plugins\
信息: [1015]毫秒后服务器启动
servlet初始化
servlet响应
servlet响应
```

图 6.1.6

<table>
<tr><th colspan="4">学生工作任务单</th></tr>
<tr><td>关键知识点</td><td>Servlet 生命周期</td><td>完成日期</td><td>年　月　日</td></tr>
<tr><td>任务实现</td><td colspan="3">6. 关闭 Tomcat 服务器，观察控制台的变化，控制台 console 中的输出效果如图 6.1.7 所示，这说明关闭 Tomcat 服务器后，执行了 Servlet 的 destroy()方法。 

Console × Markers Properties Servers Data Source Expl
<terminated> Tomcat v10.0 Server at localhost [Apache Tomcat] E:\ec
7月 18, 2022 10:15:14 上午 org.apache.
信息: 正在停止服务[Catalina]
servlet被摧毁
7月 18, 2022 10:15:14 上午 org.apache.
信息: 正在停止ProtocolHandler ["http-ni

图 6.1.7</td></tr>
<tr><td>总结</td><td colspan="3">通过本任务熟悉 Servlet 的生命周期，在第一次启动运行 Servlet 时，首先执行 Servlet 的 init()方法，然后执行 Servlet 的 service()方法，init()方法只执行一次。当关闭 Tomcat 服务器后，会执行 Servlet 的 destroy()方法。</td></tr>
<tr><td>职业素养养成</td><td colspan="3">软件技术行业知识更新迭代很快，各种新特性、新的集成方法不断产生。本教材中使用的就是较新的 Tomcat 10，它遵循 Servlet 5.0 规范和 JSP 3.0 规范，与 Servlet 4.0 及以下版本有很多不同，所以需要持续学习，不断提高独立学习和继续学习的能力。</td></tr>
<tr><td rowspan="3">评价</td><td>完成情况(自评)：</td><td colspan="2">□顺利完成　□在他人帮助下完成　□未完成</td></tr>
<tr><td>团队合作(组内评)：</td><td colspan="2">组长签字：</td></tr>
<tr><td>学习态度(教师评)：</td><td colspan="2">教师签字：</td></tr>
<tr><td>课后拓展</td><td colspan="3">请思考，如果要获取客户端的请求信息或者将响应信息发送给客户端，应该将代码写在哪个方法中呢？</td></tr>
<tr><td>学习笔记</td><td colspan="3"></td></tr>
</table>

知识加油站

一、Servlet 简介

Servlet 是 1997 年由 Sun 和其他公司提出的一项技术，使用该技术能将 HTTP 请求和响应封装在标准的 Java 类中来实现各种 Web 应用方案。

Servlet 是运行在 Web 服务器或应用服务器上的程序，它被用来当作 Web 浏览器或其他 HTTP 客户端的请求和 HTTP 服务器上的数据库或应用程序之间的中间层。使用 Servlet，可以收集来自网页表单的用户输入，呈现来自数据库或者其他源的记录，还可以动态创建网页。

Servlet 是 Java 提供的用于开发 Web 服务器应用程序的一个组件，由 Servlet 容器管理，用于生成动态的内容。Servlet 是一个独立于平台的 Java 类，编写一个 Servlet，实际上就是按照 Servlet 规范编写一个 Java 类。

二、JSP 与 Servlet 之间的关系

Servlet 是运行在服务器端的 Java 应用程序。JSP 本质上就是 Servlet，当 JSP 页面被请求后，服务器会将 JSP 文件编译为一个 Servlet(即 Java 代码)，然后运行该 Servlet 响应请求，一般会把处理的结果以 HTML 的形式返回给客户端，如图 6.1.8 所示，图中的"Java 代码"就是 Servlet。

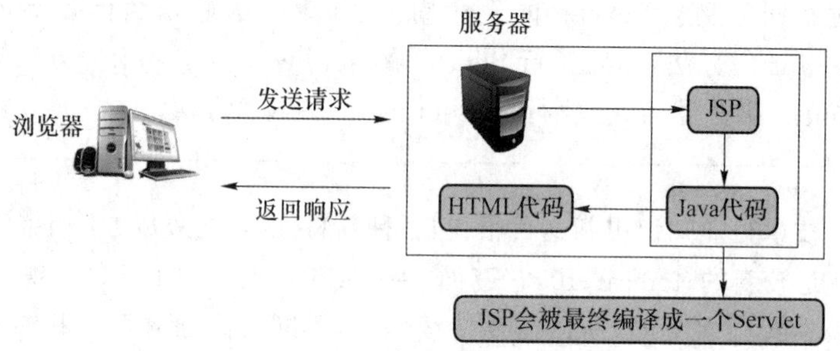

图 6.1.8

JSP 更侧重于前端页面显示，Servlet 更侧重于业务逻辑。JSP 能够实现的功能，Servlet 都能实现。

Servlet 是利用输出流动态生成 HTML 页面，包括每个 HTML 标签和每个在 HTML 页面中出现的内容，而 JSP 通过在标准的 HTML 页面中插入 Java 代码，其静态的部分无须 Java 程序控制。

三、Servlet 对象的生命周期

Servlet 是 jakarta. servlet. http 包中 HttpServlet 类的子类的一个实例，由服务器创建并完成初始化工作。一个 Servlet 的生命周期主要有四个阶段：加载和实例化阶段、Servlet 初始化阶段、请求处理阶段和服务终止阶段。

1. Servlet 加载和实例化、初始化 Servlet

Servlet 加载和实例化是由容器来负责完成的。加载和实例化 Servlet 指的是将 Servlet 类载入 Java 虚拟机中，并初始化。

当服务器启动时，首先容器会定位 Servlet 类，然后加载它，容器加载 Servlet 类以后，就会实例化该类的一个或者多个实例，Servlet 被实例化后，容器会在客户端请求之前对它进行初始化，初始化调用的是 init()方

法，该方法是 HttpServlet 类中的方法，可以在子类中重写这个方法。init()方法的声明格式如下：

```
public void init() throws ServletException {
  // 初始化代码...
}
```

在初始化阶段，Servlet 实例可能会抛出 ServletException 异常或 UnavailableException 异常。

2. 处理客户端请求

Servlet 初始化完毕之后，就可以用来处理客户端的请求了。当客户端发来请求时，容器会首先为请求创建一个 ServletRequest 请求对象和 ServletResponse 响应对象，然后会调用 service()方法，并把请求和响应对象作为参数传递。每次服务器接收到一个 Servlet 请求时，服务器会产生一个新的线程并调用 service()，service()方法检查 HTTP 请求类型(get、post 等)，若 HTTP 请求的方式为 get，容器会调用 doGet()方法；若 HTTP 请求的方式为 post，容器会调用 doPost()方法。

service()方法的声明格式如下：

```
public void service(HttpServletRequest request, HttpServletResponse response)throws ServletException,
IOException{
  // 执行代码...
}
```

Servlet 在处理客户端请求时有可能会抛出 ServletException 异常或者 UnavailableException 异常。

3. 销毁 Servlet

当 Servlet 需要销毁时，容器会在所有 Servlet 的 service()线程完成之后(或在容器规定时间后)，调用 Servlet 的 destroy()方法。

在 destroy()方法调用之后，容器会释放 Servlet 实例，该实例随后会被 Java 的垃圾收集器回收。如果再次需要这个 Servlet 处理请求，Servlet 容器会创建一个新的 Servlet 实例。

destroy()方法只会被调用一次，在 Servlet 生命周期结束时被调用。destroy()方法一般用来执行关闭数据库连接、停止后台线程以及其他类似的清理活动。destroy 方法定义格式如下：

```
public void destroy() {
  // 终止化代码...
}
```

工作任务 6.2 Servlet 处理表单提交的数据

教师评价：________

<table>
<tr><th colspan="4">学生工作任务单</th></tr>
<tr><td>关键知识点</td><td>Servlet 中获取 HTTP 请求的数据</td><td>完成日期</td><td>年 月 日</td></tr>
<tr><td>学习目标</td><td colspan="3">1. 熟悉创建 Servlet 的步骤，会通过 HttpServletRequest 类对象来获取 HTTP 请求信息，会使用 out 对象向客户端输出响应信息。（能力目标）
2. 会在 web.xml 中配置 Servlet。（能力目标）
3. Servlet 3.0 以上的版本都支持@WebServlet 注解的方式来配置 Servlet，使用非常方便。培养接受新知、持续学习的能力。（素质目标）</td></tr>
<tr><td>任务描述</td><td colspan="3">在项目开发中，一般由 JSP 负责数据展示或表单数据收集，Servlet 负责处理数据。请编写代码实现 JSP 页面中的表单收集用户名、密码、性别、年龄等信息，提交到 Servlet，Servlet 获取表单数据后，又向客户端输出响应信息，把用户名等信息输出到 JSP 页面显示。</td></tr>
<tr><td>实现思路</td><td colspan="3">1. 新建 JSP 页面，通过页面中的表单向 Servlet 提交数据。
2. 新建 Servlet 类，通过 request 对象获取提交的数据，然后通过 response 对象获取输出流对象，并通过输出流将数据输出到浏览器。
3. 调试运行程序，观察结果，对比分析代码。</td></tr>
<tr><td>任务实现</td><td colspan="3">1. 新建 JSP 页面，名称为 part6.2_register.jsp，设计表单，收集用户信息，提交到 Servlet 进行处理，body 中的关键代码如下：

```
<body>
<form method="get" action="FormServlet">
  <table>
    <tr>
        <td>用户名:</td>
        <td><input type="text" name="name"></td>
    </tr>
    <tr>
        <td>密码:</td>
        <td><input type="password" name="password"></td>
    </tr>
    <tr>
        <td>输入性别:</td>
        <td><input type="text" name="sex"></td>
    </tr>
    <tr>
```

</td></tr>
</table>

学生工作任务单			
关键知识点	Servlet 中获取 HTTP 请求的数据	完成日期	年　月　日

任务实现

```
            <td>输入年龄:</td>
            <td><input type="text" name="age"></td>
        </tr>
        <tr>
            <td></td><td><input type="submit" value="注册"></td>
        </tr>

        </table>
    </form>
</body>
```

注意：这里 form 表单的 action 属性的值为 Servlet 的 URL 访问路径，也就是在 web. xml 中所配置的< url-pattern >节点的值。

2. 在 servlet 包中，新建 Servlet 类，名称为 FormServlet. java，继承父类的构造方法，重写 init()、service()、destroy()等方法。在 service()方法中，获取上一个 JSP 页面所提交的信息，即在 servlet 包上右击，选择“new→Servlet”，在打开的窗口中输入类的名称 FormServlet，单击“next”按钮，在打开的窗口中采用默认配置，单击“next”按钮，勾选要重写的方法，单击“Finish”按钮(新建 Servlet 的具体操作步骤可以在“知识加油站”查看)。FormServlet. java 中的代码如下：

```
package servlet;

import jakarta.servlet.ServletConfig;
import jakarta.servlet.ServletException;
import jakarta.servlet.annotation.WebServlet;
import jakarta.servlet.http.HttpServlet;
import jakarta.servlet.http.HttpServletRequest;
import jakarta.servlet.http.HttpServletResponse;
import java.io.IOException;
import java.io.PrintWriter;

public class FormServlet extends HttpServlet {
    private static final long serialVersionUID = 1L;
    //加载 Servlet
    public FormServlet() {
        super();
    }

    public void init(ServletConfig config) throws ServletException {
    }
```

学生工作任务单			
关键知识点	Servlet 中获取 HTTP 请求的数据	完成日期	年　月　日

任务实现

```
    public void destroy() {
    }

     protected void service(HttpServletRequest request, HttpServletResponse response)
throws ServletException, IOException {
    //设置请求正文中所使用的字符编码
     request.setCharacterEncoding("utf-8");
    //设置响应数据内容的类型
     response.setContentType("text/html;charset=utf-8");
    //从客户端获取参数为 name 的值
     String name = request.getParameter("name");
    //从客户端获取参数为 password 的值
     String password = request.getParameter("password");
    //从客户端获取参数为 sex 的值
     String sex = request.getParameter("sex");
    //从客户端获取参数为 age 的值
     String age = request.getParameter("age");
    //获取字符类型的输出流对象
    PrintWriter out = response.getWriter();
     out.println("<html><body>");
     out.println("姓名是:" + name);
     out.println("<br/>");
     out.println("密码是:" + password);
     out.println("<br/>");
     out.println("性别是:" + sex);
     out.println("<br/>");
     out.println("年龄是:" + age);
     out.println("</body></html>");
    }
}
```

3. 启动 Tomcat 服务器,运行 part6.2_register.jsp,效果如图 6.2.1 所示。输入测试数据后,单击“注册”按钮,效果如图 6.2.2 所示。

http://localhost:8080/JavaWEB/part6.2_register.jsp

用户名:

密码:

输入性别:

输入年龄:

注册

图 6.2.1

<table>
<tr><th colspan="4">学生工作任务单</th></tr>
<tr><td>关键知识点</td><td>Servlet 中获取 HTTP 请求的数据</td><td>完成日期</td><td>年　月　日</td></tr>
<tr><td>任务实现</td><td colspan="3">http://localhost:8080/JavaWEB/FormServlet?name=admin&pa
姓名是: admin
密码是: 123456
性别是: 男
年龄是: 18

图 6.2.2</td></tr>
<tr><td>总结</td><td colspan="3">本任务中，在 JSP 页面向 Servlet 提交表单数据，Servlet 通过 HttpServletRequest 类对象来获取 HTTP 请求信息，又使用 out 对象向客户端输出响应信息。通过这个过程，可以验证 Servlet 配置是否正确，也可以练习 Servlet 是如何获取 HTTP 请求信息，又是如何向客户端输出响应信息的。</td></tr>
<tr><td>职业素养养成</td><td colspan="3">在实际工作中，JSP 页面请求一个 Servlet，Servlet 负责处理数据，JSP 负责展示数据。
Servlet 3.0 以上的版本都支持@WebServlet 注解的方式来配置 Servlet，使用非常方便，我们要熟练掌握其中的一种配置方式。作为一名程序员，要不断地更新迭代知识，快速学习、成长，变得越来越优秀。</td></tr>
<tr><td rowspan="3">评价</td><td>完成情况(自评)：</td><td colspan="2">□顺利完成　　□在他人帮助下完成　　□未完成</td></tr>
<tr><td>团队合作(组内评)：</td><td colspan="2">组长签字：</td></tr>
<tr><td>学习态度(教师评)：</td><td colspan="2">教师签字：</td></tr>
<tr><td>课后拓展</td><td colspan="3">拓展 1：将 Servlet 的配置方式由 web.xml 配置改为@WebServlet 注解方式。
拓展 2：Servlet 获取了客户端的表单信息之后，请尝试完成将用户的注册信息写入数据库中(数据库中要有与用户信息相应的表，如果没有 user 表，请参考表 6.2.1 表结构来创建一个 user 表)。

表 6.2.1　user 表结构
<table><tr><th>字段名</th><th>字段类型</th><th>备注</th></tr><tr><td>username</td><td>varchar(50)</td><td>primary key</td></tr><tr><td>pwd</td><td>varchar(20)</td><td></td></tr><tr><td>sex</td><td>varchar(4)</td><td></td></tr><tr><td>age</td><td>int</td><td></td></tr></table></td></tr>
</table>

<table>
<tr><th colspan="4">学生工作任务单</th></tr>
<tr><td>关键知识点</td><td>Servlet 中获取 HTTP 请求的数据</td><td>完成日期</td><td>年　月　日</td></tr>
<tr><td>学习笔记</td><td></td><td></td><td></td></tr>
</table>

一、创建 Servlet 的步骤

1. 手动创建 Servlet

创建一个 Servlet，一般需要以下五个步骤。

(1) 新建一个 Java 类，该类继承于 HttpServlet，并将需要的包进行导入。

(2) 根据需要重写 init()、destroy()、service()、doGet()和 doPost()等方法。

(3) 如果有 HTTP 请求信息，则获取这些信息。一般是通过 HttpServletRequest 类对象来获取。例如：request. getParameter()。

(4) 生成 HTTP 响应。

在 Servlet 中，要使用 out 对象向客户端输出。在 Servlet 中没有内置对象，不能直接使用 out。

例如：

```
PrintWriter out = response.getWriter();
out.println("<h1>你好</h1>");
```

(5) 配置 Servlet。

Servlet 可以通过 web. xml 进行配置，也可以通过@WebServlet 注解方式进行配置。

2. 在 Eclipse 中创建

(1) 在 servlet 包名上右击，选择"new→Servlet"，弹出 Create Servlet 窗口，填写 Class name 项(即 servlet 的类名称，不加. java 扩展名)。

(2) 单击"next"按钮，在该窗口中可以设置 Servlet 的 URL mappings，一般采用默认即可，无须改动。

(3) 单击"next"按钮，勾选要重写的方法，单击"Finish"按钮，它就创建好了。

详细步骤可以参考工作任务 6.1。

二、配置 Servlet

1. web. xml

在 web. xml 的<web-app>节点下，配置<servlet>和<servlet-mapping>两个节点，示例如下：

```
<?xml version="1.0" encoding="UTF-8"?>
<web-app>
  <servlet>
      <servlet-name>FormServlet</servlet-name>
      <servlet-class>servlet.FormServlet</servlet-class>
```

```
    </servlet>
    <servlet-mapping>
        <servlet-name>FormServlet</servlet-name>
        <url-pattern>/FormServlet</url-pattern>
    </servlet-mapping>
</web-app>
```

其中,<servlet-name>节点配置的是 Servlet 的名字;<servlet-class>节点配置的是 Servlet 的全类名(包含包的名字);<servlet-mapping>用于定义一个 Servlet 和 URL 之间的映射,它包括两个节点。<url-pattern>配置的是 Servlet 的访问路径。

2. @WebServlet 注解

在 Servlet 3.0 以上版本中,在 jakarta. servlet. annotation 包下提供了注解,可以采用@WebServlet 注解方式。当请求该 Servlet 时,服务器就会自动读取注解中的信息,@WebServlet 常用属性如表 6.2.2 所示。

表 6.2.2　@WebServlet 常用属性

属性	类型	是否必须	说明
asyncSupported	boolean	否	指定 Servlet 是否支持异步操作模式
displayName	String	否	指定 Servlet 显示名称
initParams	WebInitParam[]	否	配置初始化参数
loadOnStartup	int	否	标记容器是否在应用启动时就加载这个 Servlet
name	String	否	指定 Servlet 名称
urlPatterns/value	String[]	否	这两个属性作用相同,指定 Servlet 处理的 URL

使用示例如下:

```
package servlet;
@WebServlet(
    name = "MeServlet",
    urlPatterns = "/MeServlet",
    loadOnStartup = 1
  )
public class MeServlet extends HttpServlet {
    private static final long serialVersionUID = 1L;

    public MeServlet() {
          super();
      }
    ...省略其他代码
    }
}
```

@WebServlet 注解可以省略大多数的属性,最简单的注解@WebServlet("/MeServlet")表示该 Servlet 默认的请求路径是 /MeServlet(若没有设置@WebServlet 的 name 属性,默认值会是 Servlet 的类完整名称)。

重点提示:

@WebServlet 用于修饰一个 Servlet 类,用于部署 Servlet 类,它要写在 Class 类的上面。

工作任务 6.3 Servlet 执行 doGet()/doPost()方法

教师评价：____________

<table>
<tr><th colspan="4">学生工作任务单</th></tr>
<tr><td>关键知识点</td><td>Servlet 的 doGet()与 doPost()方法</td><td>完成日期</td><td>年 月 日</td></tr>
<tr><td>学习目标</td><td colspan="3">1. 熟悉 Servlet 处理请求的过程。(知识目标)
2. 会重写 Servlet 的 doGet()与 doPost()方法。(能力目标)</td></tr>
<tr><td>任务描述</td><td colspan="3">Servlet 的 service()方法可以检查 HTTP 请求类型(get、post 等),并根据用户的请求方式,在 service()方法中对应地调用 doGet()或 doPost()方法。请设计程序,在 JSP 页面中,使用两个表单,一个表单的请求方式是 get,另一个表单的请求方式是 post,Servlet 根据请求方式的不同输出不同的内容。</td></tr>
<tr><td>实现思路</td><td colspan="3">1. 创建一个 Servlet,在 doGet()和 doPost()方法中分别处理信息。当表单的请求方式是 get 时,Servlet 在 doGet()方法中输出提交的信息;当表单的请求方式是 post 时,Servlet 在 doPost()方法中输出提交的信息。
2. 创建一个 JSP 页面,包含两个表单,一个表单的请求方式是 get,另一个表单的请求方式是 post。
3. 在浏览器中运行 JSP 页面,输入测试数据,分别提交,观察运行结果,对比分析程序。</td></tr>
<tr><td>任务实现</td><td colspan="3">1. 在 servlet 包下,新建 Servlet 类,名称为 MyServlet.java,重写 doGet()和 doPost()方法(Servlet 的创建步骤可查看工作任务 6.1),在其 doGet()和 doPost()方法中,分别编写代码。当表单的请求方式是 get 时,Servlet 在 doGet()方法中输出提交的信息;当表单的请求方式是 post 时,Servlet 在 doPost()方法中输出提交的信息。MyServlet.java 中的代码如下:
<pre>
package servlet;

import jakarta.servlet.ServletException;
import jakarta.servlet.annotation.WebServlet;
import jakarta.servlet.http.HttpServlet;
import jakarta.servlet.http.HttpServletRequest;
import jakarta.servlet.http.HttpServletResponse;
import java.io.IOException;

public class MyServlet extends HttpServlet {
    private static final long serialVersionUID = 1L;
</pre></td></tr>
</table>

<table>
<tr><th colspan="4">学生工作任务单</th></tr>
<tr><td>关键知识点</td><td>Servlet 的 doGet()与 doPost()方法</td><td>完成日期</td><td>年　月　日</td></tr>
<tr><td>任务实现</td><td colspan="3">

```
public MyServlet() {
        super();
    }

    protected void doGet(HttpServletRequest request, HttpServletResponse response) throws
ServletException, IOException  {
        //从客户端获取参数为 content 的值
        String content = request.getParameter("content");
        //设置请求正文中所使用的字符编码
        request.setCharacterEncoding("utf-8");
        //设置响应数据内容的类型
        response.setContentType("text/html;charset = utf-8");
        response.getWriter().append("请求方式是:GET</br>提交的内容是:" + content);
    }

    protected void doPost(HttpServletRequest request, HttpServletResponse response) throws
ServletException, IOException {
        //从客户端获取参数为 content 的值
        String content = request.getParameter("content");
        //设置请求正文中所使用的字符编码
        request.setCharacterEncoding("utf-8");
        //设置响应数据内容的类型
        response.setContentType("text/html;charset = utf-8");
        response.getWriter().append ("请求方式是:POST</br>提交的内容是:" + content);
        }
}
```

2. 新建 JSP 页面 part6.3_get_post.jsp，body 关键代码如下：

```
<body>
    get 请求方式：
    <form action = "MyServlet" method = "get">
        <input type = text name = "content">
        <input type = submit value = "提交">
    </form>
    post 请求方式：
    <form action = "MyServlet" method = "post">
        <input type = text name = "content">
        <input type = submit value = "提交">
    </form>
</body>
```

</td></tr>
</table>

3. 查看 web.xml 中是否已经将 Servlet 配置好。代码如下：

```
<web-app>
  <servlet>
     <description></description>
     <display-name>MyServlet</display-name>
     <servlet-name>MyServlet</servlet-name>
     <servlet-class>servlet.MyServlet</servlet-class>
  </servlet>
  <servlet-mapping>
     <servlet-name>MyServlet</servlet-name>
     <url-pattern>/MyServlet</url-pattern>
  </servlet-mapping>
</web-app>
```

4. 运行 part6.3_get_post.jsp 页面，效果如图 6.3.1 所示。当在 get 请求方式的文本框内输入：Hello World，点击对应的“提交”按钮，效果如图 6.3.2 所示。当在 post 请求方式的文本框内输入：Hello World，点击对应的“提交”按钮，效果如图 6.3.3 所示。

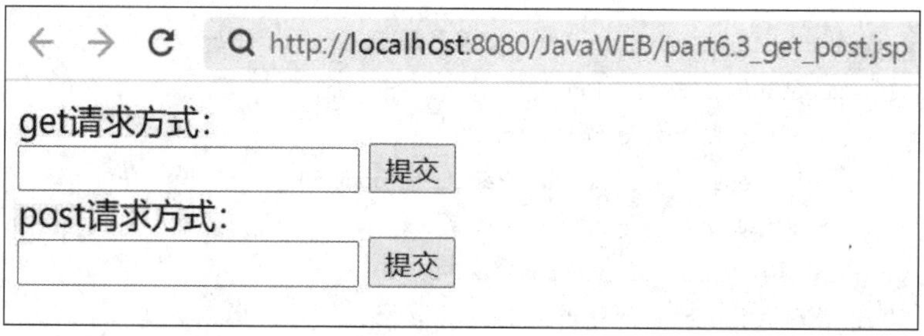

http://localhost:8080/JavaWEB/part6.3_get_post.jsp

get请求方式:

提交

post请求方式:

提交

图 6.3.1

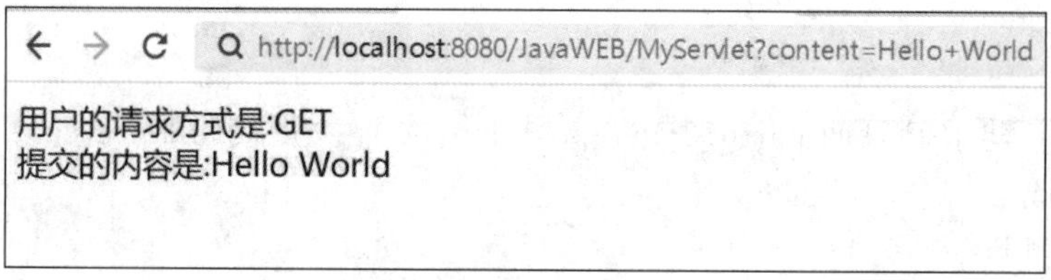

http://localhost:8080/JavaWEB/MyServlet?content=Hello+World

用户的请求方式是:GET
提交的内容是:Hello World

图 6.3.2

http://localhost:8080/JavaWEB/MyServlet

用户的请求方式是:POST
提交的内容是:Hello World

图 6.3.3

<table>
<tr><th colspan="4">学生工作任务单</th></tr>
<tr><td>关键知识点</td><td>Servlet 的 doGet()与 doPost()方法</td><td>完成日期</td><td>年　月　日</td></tr>
<tr><td>任务实现</td><td colspan="3">注意观察两次运行结果的 URL 地址，以 get 请求方式提交数据时，数据在 URL 中可见；以 post 请求方式提交数据时，数据在 URL 中不可见，因为数据被放在 form 的数据体内提交。所以，考虑到安全问题，有些敏感数据一般用 post 请求方式。</td></tr>
<tr><td>总结</td><td colspan="3">service()方法可以检查 HTTP 请求类型(get、post 等)，并根据用户的请求方式，在 service()方法中对应地调用 doGet()或 doPost()方法。</td></tr>
<tr><td>职业素养养成</td><td colspan="3">为了增加响应灵活性，降低服务器负担，在编写 Servlet 类时，可以不重写 service()方法，而通过重写 doGet()或 doPost()方法来响应用户请求。大家利用课余时间多练习，对比学习，逐步积累知识经验。遇到问题，多请教，多查阅资料，尽快地成长为一名合格的程序员。</td></tr>
<tr><td rowspan="3">评价</td><td>完成情况(自评)：</td><td colspan="2">□顺利完成　　□在他人帮助下完成　　□未完成</td></tr>
<tr><td>团队合作(组内评)：</td><td colspan="2">组长签字：</td></tr>
<tr><td>学习态度(教师评)：</td><td colspan="2">教师签字：</td></tr>
<tr><td>课后拓展</td><td colspan="3">多数情况下，无论是 get 或是 post 请求，其处理都是相同的，所以可以只将处理代码写在 doGet()方法中，在 doPost()方法中调用 doGet()即可。</td></tr>
<tr><td>学习笔记</td><td colspan="3"></td></tr>
</table>

知识加油站

相关知识请参考工作任务 6.1。

工作任务 6.4　Servlet 中将 JavaBean 对象传递到 JSP 页面

教师评价：＿＿＿＿＿＿

<table>
<tr><th colspan="4">学生工作任务单</th></tr>
<tr><td>关键知识点</td><td>Servlet 和 JavaBean 相关知识</td><td>完成日期</td><td>年　月　日</td></tr>
<tr><td>学习目标</td><td colspan="3">1. 会用 Servlet 处理用户的注册信息。(能力目标)
2. 会运用 JavaBean 封装用户的信息。(能力目标)
3. 本任务用到了之前的 JavaBean 的知识，培养知识的综合运用能力，同时养成经常复习的学习习惯。(素质目标)</td></tr>
<tr><td>任务描述</td><td colspan="3">将一个封装用户注册信息的 JavaBean 对象传递到 JSP 页面中，然后在 JSP 页面中读取该 JavaBean 对象中的数据。请设计如图 6.4.1 所示的用户注册页面，单击“注册”按钮后，提交到 Servlet 进行处理，并将用户的注册信息进行封装，然后传递到另一个页面显示出来，运行结果如图 6.4.2 所示。 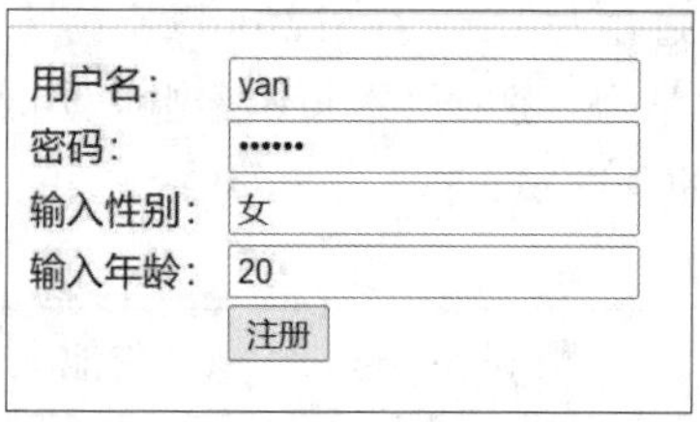

用户名：yan
密码：••••••
输入性别：女
输入年龄：20
注册

图 6.4.1 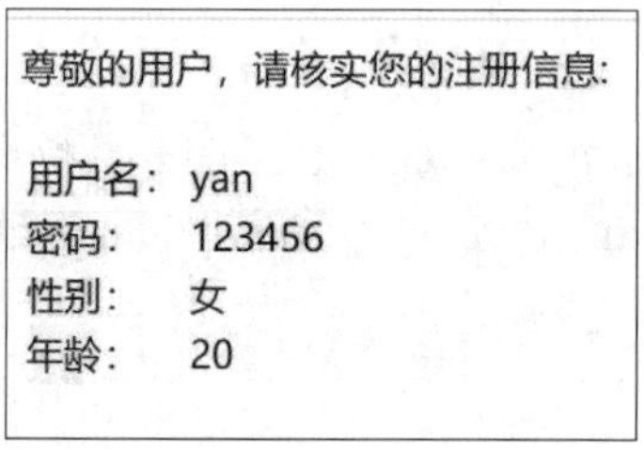

尊敬的用户，请核实您的注册信息：
用户名：yan
密码：123456
性别：女
年龄：20

图 6.4.2</td></tr>
<tr><td>实现思路</td><td colspan="3">1. 新建 part6.4_register.jsp 页面，设计一个简单的用户注册表单。
2. 新建名为 UserInfo 的 JavaBean 类，用于封装用户的注册信息。
3. 新建名为 PassServlet 的 Servlet 类，获取用户注册信息，并封装到 Userlnfo 中，然后将请求转发到 part6.4_Info.jsp 页。
4. 新建 part 6.4_Info.jsp，在 part6.4_Info.jsp 页中，获取封装用户注册信息的 JavaBean 对象，然后将该对象中封装的注册信息显示出来。
5. 调试运行程序，观察运行结果，对比分析程序。</td></tr>
</table>

<table>
<tr><th colspan="4">学生工作任务单</th></tr>
<tr><td>关键知识点</td><td>Servlet 和 JavaBean 相关知识</td><td>完成日期</td><td>年　月　日</td></tr>
<tr><td>任务实现</td><td colspan="3">1. 新建 part6.4_register.jsp 页面，设计一个简单的用户注册表单，其表单的 action 属性设置为 Servlet 的 Web 路径。其代码与 part6.2_register.jsp 的表单设计相同，可复制代码，注意 form 的 action 的设置：

```
<form method="post" action="PassServlet">
    <table>
      <tr>
          <td>用户名:</td>
          <td><input type="text" name="name"></td>
      </tr>
      <tr>
          <td>密码:</td>
          <td><input type="password" name="pwd"></td>
      </tr>
      <tr>
          <td>输入性别:</td>
          <td><input type="text" name="sex"></td>
      </tr>
      <tr>
          <td>输入年龄:</td>
          <td><input type="text" name="age"></td>
      </tr>
      <tr>
          <td></td><td><input type="submit" value="注册"></td>
      </tr>
    </table>
</form>
```

2. 在 javabean 包中，新建名为 UserInfo 的 JavaBean 类，用于封装用户的注册信息。代码如下：

```
package javabean;

    public class UserInfo {
    private String userName;
    private String userPwd;
    private String userSex;
    private int userAge;

    //不带参数的构造方法
    public UserInfo(){
```

</td></tr>
</table>

学生工作任务单			
关键知识点	Servlet 和 JavaBean 相关知识	完成日期	年　月　日

任务实现

```
    }

    public String getUserName() {
        return userName;
    }
    public void setUserName(String userName) {
        this.userName = userName;
    }
    public String getUserPwd() {
        return userPwd;
    }
    public void setUserPwd(String userPwd) {
        this.userPwd = userPwd;
    }
    public String getUserSex() {
        return userSex;
    }
    public void setUserSex(String userSex) {
        this.userSex = userSex;
    }
    public int getUserAge() {
        return userAge;
    }
    public void setUserAge(int userAge) {
        this.userAge = userAge;
    }
}
```

3. 在 servlet 包中，新建名为 PassServlet 的 Servlet 类，在该类的 doPost()方法中将获取的用户注册信息封装到 UserInfo 中，然后将请求转发到 part6.4_Info.jsp 页，代码如下：

```
package servlet;
import jakarta.servlet.ServletException;
import jakarta.servlet.annotation.WebServlet;
import jakarta.servlet.http.HttpServlet;
import jakarta.servlet.http.HttpServletRequest;
import jakarta.servlet.http.HttpServletResponse;
import javabean.UserInfo;

import java.io.IOException;

public class PassServlet extends HttpServlet {
```

学生工作任务单			
关键知识点	Servlet 和 JavaBean 相关知识	完成日期	年 月 日

任务实现

```
    private static final long serialVersionUID = 1L;

    public PassServlet() {
        super();
    }

    protected void doGet(HttpServletRequest request, HttpServletResponse response) throws
ServletException, IOException {
        doPost(request,response);
    }
    protected void doPost(HttpServletRequest request, HttpServletResponse response) throws
ServletException, IOException {
        //设置请求的字符编码格式
        request.setCharacterEncoding("UTF-8");
        //获取用户名、密码、性别、年龄等
        String name = request.getParameter("name");
        String pwd = request.getParameter("pwd");
        String sex = request.getParameter("sex");
        int age;
        try {
            age = Integer.parseInt(request.getParameter("age"));
        }catch(NumberFormatException e) {
            age = 0;
        }
        //创建封装用户信息的 JavaBean 对象
        UserInfo user = new UserInfo();
        //以下方法将获得的表单数据封装到 user 对象中
        user.setUserName(name);
        user.setUserPwd(pwd);
        user.setUserSex(sex);
        user.setUserAge(age);
        //将 user 对象添加到 request 对象中
        request.setAttribute("User", user);
        //将请求转发到 part 6.4_Info.jsp 页面
        request.getRequestDispatcher("part6.4_Info.jsp").forward(request, response);
    }
}
```

4. 新建 part 6.4_Info.jsp，在 part6.4_Info.jsp 页中，使用 request 内置对象的 getAttribute()方法获取封装用户注册信息的 JavaBean 对象，然后将该对象中封装的注册信息显示出来，body 关键代码如下：

<table>
<tr><th colspan="4">学生工作任务单</th></tr>
<tr><td>关键知识点</td><td>Servlet 和 JavaBean 相关知识</td><td>完成日期</td><td>年　月　日</td></tr>
<tr><td>任务实现</td><td colspan="3">

```
<body>
  <%
    UserInfo user = (UserInfo)request.getAttribute("User");
    if (user == null){
        response.sendRedirect("part6.4_register.jsp");
    }
  %>
  尊敬的用户,请核实您的注册信息:
  <br> <br>
   <table>
        <tr>
             <td>用户名:</td><td><%= user.getUserName() %></td>
        </tr>
        <tr>
             <td>密码:</td><td><%= user.getUserPwd() %></td>
        </tr>
        <tr>
            <td>性别:</td><td><%= user.getUserSex() %></td>
        </tr>
        <tr>
            <td>年龄:</td><td><%= user.getUserAge() %></td>
        </tr>
  </table>
</body>
```

5. 启动 Tomcat 服务器,在地址栏中输入http://localhost:8080/JavaWEB/part6.4_register.jsp,输入用户名等信息,单击“注册”按钮,调试运行程序,观察运行结果。</td></tr>
<tr><td>总结</td><td colspan="3">本任务是由 Servlet 与 JavaBean 相结合实现的,其本意是让大家了解 MVC(Model-View-Controller)模式的三层架构设计理念,MVC 架构有助于将应用程序分割成若干逻辑部件,使程序设计变得更加容易。如果大家感兴趣,可以查阅资料继续学习。</td></tr>
<tr><td>职业素养养成</td><td colspan="3">在实际工作中,MVC(Model-View-Controller)模式的三层架构有助于将应用程序分割成若干逻辑部件,使程序设计变得更加容易。而本任务正是 Servlet 与 JavaBean、JSP 相结合实现的,其本意是让大家了解 MVC 设计理念。</td></tr>
<tr><td rowspan="3">评价</td><td>完成情况(自评):</td><td colspan="2">□顺利完成　□在他人帮助下完成　□未完成</td></tr>
<tr><td>团队合作(组内评):</td><td colspan="2">组长签字:</td></tr>
<tr><td>学习态度(教师评):</td><td colspan="2">教师签字:</td></tr>
</table>

<table>
<tr><th colspan="5">学生工作任务单</th></tr>
<tr><td>关键知识点</td><td colspan="2">Servlet 和 JavaBean 相关知识</td><td>完成日期</td><td>年　月　日</td></tr>
<tr><td>课后拓展</td><td colspan="4">本任务没有实现访问数据库的操作，请在 PassServlet 的 doPost( )方法中编写代码，将用户的注册信息添加到 javaweb 数据库 user 表中。</td></tr>
<tr><td>学习笔记</td><td colspan="4"></td></tr>
</table>

知识加油站

一、HttpServletRequest 对象

在 Servlet 中使用 HttpServletRequest 对象的 getParameter()方法、setAttribute()方法以及 getAttribute()方法。

1. setAttribute( )方法

- 作用：可以在 HttpServletRequest 对象中保存一个属性。
- 语法结构：public void setAttribute(String name, Object object)。
- 参数说明：name 代表属性名，object 代表属性值。

2. getAttribute( )方法

- 作用：当通过 setAttribute()方法设置完属性后，可以通过 getAttribute()方法来获取属性值。
- 语法结构：public Object getAttribute(String name)。
- 参数说明：name 代表属性的名字，该方法根据参数 name 来查找请求范围内匹配的属性值。

二、MVC 模型简介

MVC，全称为 Model-View-Controller，即模型-视图-控制器，是一种常用的软件开发模型。

- Model 模型：用于存储数据，由 JavaBean 实现。JavaBean 主要提供 getter 和 setter 方法，它不涉及对数据的具体处理细节，以便增强模型的通用性。
- View 视图：用于向控制器提交所需数据，或者显示模型中的数据。由 JSP 页面负责实现。JSP 页面擅长数据展示，应避免在 JSP 中使用大量的 Java 程序片来处理数据。
- Controller 控制器：负责具体的业务逻辑操作，对 JSP 页面的请求做出处理，并将有关结果存储到模型(即 JavaBean)中，并负责让模型和视图进行必要的交互，当模型中的数据变化时，让视图更新显示。控制器这部分由 Servlet 来实现，Servlet 擅长数据处理，避免在 Servlet 中使用 out 流输出大量的 HTML 标记来显示数据。

在 MVC 模式中，模型-视图-控制器之间是松耦合结构，可以降低客户端和远程服务器之间的依赖性。同时，MVC 分层设计软件有助于管理复杂的应用程序，简化了分组开发。

*工作任务 6.5 Servlet 实现用户长期登录

教师评价：

<table>
<tr><th colspan="4">学生工作任务单</th></tr>
<tr><td>关键知识点</td><td>Servlet＋Cookie 技术</td><td>完成日期</td><td>年 月 日</td></tr>
<tr><td>学习目标</td><td colspan="3">1. 了解 MD5 加密技术。(知识目标)
2. 综合运用 Servlet 技术、Cookie 技术和 MD5 加密技术实现功能，提高综合运用能力。(能力目标)
3. 在实际系统中，要充分考虑系统安全性问题，提高安全意识。(素质目标)</td></tr>
<tr><td>任务描述</td><td colspan="3">在访问某些系统时，在用户登录之后，系统会将该用户信息保存一段时间，当该用户再次访问该系统时，不需要输入用户名和密码就会自动进入登录状态。
请设计程序，实现在登录页面，让用户输入用户名和密码，并选择登录的有效期。在有效期内，再次访问时不必登录，直接进入登录状态，如果单击“注销登录”按钮，该用户的登录状态才会失效。</td></tr>
<tr><td>实现思路</td><td colspan="3">1. 创建 ConvertMD5.java，在该类中实现将字符串进行 MD5 加密的方法。
2. 新建 JSP 登录页面，该页中包含两部分，一部分是用户登录表单，另一部分是登录之后状态的显示信息。
3. 新建 Servlet 类，获取上一页面中的 action 参数值，根据 action 参数值来判断调用用户登录方法还是用户注销的方法。
4. 在登录页中，设置一个 boolean 类型的标志 IsLogin，用于保存是否登录，其值默认为 false。通过 request 内置对象获得所有 Cookie，循环该数组，查找账号的 Cookie 信息和加密账号之后的 Cookie 信息，然后通过 MD5 算法将账号加密生成密钥。将该密钥值与 Cookie 中保存的加密账号比较，如果两值匹配，则将 IsLogin 设置为 true，然后在页面中根据 IsLogin 的值来判断当前页面要显示的内容。如果 IsLogin 为 true，则显示用户登录之后的信息；如果 IsLogin 为 false，则显示登录内容。</td></tr>
<tr><td>任务实现</td><td colspan="3">1. 新建 common 包，在包内新建类，名称为 ConvertMD5.java，该类实现了将字符串转换为 MD5 值的方法。代码如下：
<pre>package common;

import java.security.MessageDigest;

public class ConvertMD5 {
   public final static String getMD5(String str){</pre></td></tr>
</table>

学生工作任务单			
关键知识点	Servlet+Cookie 技术	完成日期	年 月 日

任务实现

```
        char hexDiAr[] = {'0','1','2','3','4','5','6','7','8','9','a','b','c','d','e','f'};
        MessageDigest dig = null;
        try{
          //创建 MD5 算法摘要
          dig = MessageDigest.getInstance("MD5");
          //更新摘要
          dig.update(str.getBytes());
          //加密并返回字节数组
          byte mBytes[] = dig.digest();
          //新建字符数组用于保存加密后的值
          char newArray[] = new char[mBytes.length * 2];
          int k = 0;
          //循环字节数组
            for(int i = 0;i < mBytes.length;i ++ ){
                //获得每一个字节
                byte bytex = mBytes[i];
                newArray[k ++ ] = hexDiAr[bytex >>> 4 &0xf];
                newArray[k ++ ] = hexDiAr[bytex & 0xf];
            }
            //返回加密后的字符串
            return String.valueOf(newArray);
        }catch(Exception ex){
           ex.printStackTrace();
        }
        return null;
    }
}
```

2. 新建 part6.5_login.jsp，该页中包含一个用户登录表单和一个登录之后状态的显示信息，如果用户第一次访问该页显示的是用户登录表单，当用户登录之后，再次访问本页时，会显示已经登录的 Cookie 的信息，代码如下(这里用到了一张图片作为背景，其路径为 images/login.png)：

```
<%@ page language = "java" contentType = "text/html; charset = UTF-8"
    pageEncoding = "UTF-8" %>
<%
String path = request.getContextPath();
String basePath = request.getScheme() + "://" + request.getServerName() + ":" + request.
getServerPort() + path + "/";
%>
<!DOCTYPE html>
<html>
<head>
```

学生工作任务单			
关键知识点	Servlet + Cookie 技术	完成日期	年　月　日

任务实现

```
<meta charset="UTF-8">
<title>登录</title>
<style type="text/css">
  div{
      background:url(images/login.png);
      width:500px;
      height:350px;
  }
  table{
      width:100%;
  }

  #td1{
      width:30%;
      text-align:right;
      height:50px;
      font-size:25;
  }
    #td2{
      text-align:center;
      height:50px;
      font-size:25;
  }
</style>
</head>
<body>
<table style="text-align:center;">
   <tr>
     <td>【<%=username %>】,欢迎您来到本网站!</td>
     <td align="center">
         <a href="<%=basePath%>LoginServlet?action=loginOut">注销登录</a>
     </td>
   </tr>
</table>
     <form action="LoginServlet?action=login" method="post">
       <div>
         <table style="font-size:20px">
         <br>
         <caption><h2>用户登录</h2></caption>
       <tr><td id="td1">用户名:</td><td><input type="text" name="username"></td>
       </tr>
```

学生工作任务单			
关键知识点	Servlet + Cookie 技术	完成日期	年 月 日

任务实现

```
    <tr><td id="td1">密码:</td><td><input type="password" name="pass"></td>
    </tr>
    <tr>
     <td id="td1">有效期:</td>
     <td>
        <input type="radio" name="time" value="-1" checked="checked">仅本次
        <input type="radio" name="time" value="<%=30*24*60*60 %>">30 天
        <input type="radio" name="time" value="<%=Integer.MAX_VALUE %>">长期
     </td>
    </tr>
     <tr>
        <td id="td2" colspan="2">
          <input type="submit" id="submit" value="登录">   
          <input type="reset"  value="重置">
        </td>
     </tr>
    </table>
  </div>
 </form>
</body>
</html>
```

重点提示：

登录和注销操作时，都访问了相同的 LoginServlet 去处理，并且都传递了参数 action，但是参数值却不相同。在 LoginServlet 会获取 action 参数的值，并根据该值选择执行的操作。

登录时，form 的 action="LoginServlet? action=login"。

注销时，<a href="<%=basePath%> LoginServlet? action=loginOut"> </a>。

3. 在 servlet 包中，新建名为 LoginServlet 的 Servlet 类，在该类的 doPost()方法中，获取上一页面中的 action 参数值，根据 action 参数值来判断调用用户登录方法还是用户注销的方法。代码如下：

```
package servlet;
import jakarta.servlet.ServletException;
import jakarta.servlet.annotation.WebServlet;
import jakarta.servlet.http.Cookie;
import jakarta.servlet.http.HttpServlet;
import jakarta.servlet.http.HttpServletRequest;
import jakarta.servlet.http.HttpServletResponse;
import java.io.IOException;
import java.net.URLEncoder;
```

学生工作任务单			
关键知识点	Servlet + Cookie 技术	完成日期	年　月　日

任务实现

```
import common.ConvertMD5;

public class LoginServlet extends HttpServlet {
 private static final long serialVersionUID = 1L;

 public LoginServlet() {
     super();
 }
 protected void doGet (HttpServletRequest request, HttpServletResponse response) throws
ServletException, IOException {
   doPost(request,response);
 }
 public void doPost(HttpServletRequest request, HttpServletResponse response)
          throws ServletException, IOException {
   request.setCharacterEncoding("UTF-8");
   response.setCharacterEncoding("UTF-8");
   //获得 action 参数,判断是登录还是注销
   String action = request.getParameter("action");
   if("login".equals(action)){
       //调用 login 方法
       login(request, response);
   }else if("loginOut".equals(action)){
       //调用 loginOut 方法
       loginOut(request, response);
   }
 }
 //处理用户登录
   public void login (HttpServletRequest request, HttpServletResponse response) throws
ServletException, IOException{
    //获得账号
    String account = request.getParameter("username");
    //获得密码
    String pwd = request.getParameter("pass");
    /*
      * 此处可以进一步地访问数据库,判断该用户是否为合法用户
      * 如果不是合法用户,则返回 part6.5_login.jsp
      * 如果是合法用户,则将该用户的账号加密并保存在 Cookie 中。
      * 这一部分的实现,此处省略
      * */
    //获得用户账号的保存时间的期限
```

学生工作任务单			
关键知识点	Servlet + Cookie 技术	完成日期	年 月 日

任务实现

```
    int timeout = Integer.parseInt(request.getParameter("time"));
    //将账号加密
    String md5Account = ConvertMD5.getMD5(account);
    //如果账号是中文,需要转换 Unicode 才能保存在 Cookie 中
    account = URLEncoder.encode(account,"UTF-8");
    //将账号保存在 Cookie 中
    Cookie accountCookie = new Cookie("account",account);
    //设置账号 Cookie 的最大保存时间
    accountCookie.setMaxAge(timeout);
    //将加密后的账号保存在 Cookie 中
    Cookie md5AccountCookie = new Cookie("md5Account",md5Account);
    //设置加密后的账号最大保存时间
    md5AccountCookie.setMaxAge(timeout);
    //写到客户端的 Cookie 中
    response.addCookie(accountCookie);
    //写到客户端的 Cookie 中
    response.addCookie(md5AccountCookie);
    try {
        Thread.sleep(1000);//将此线程暂停 1 秒后继续执行
    } catch (InterruptedException e) {
        e.printStackTrace();
    }
    //将页面重定向到用户登录页
    response.sendRedirect("part6.5_login.jsp?" + System.currentTimeMillis());
    }
    //处理用户注销
  public void loginOut(HttpServletRequest request,HttpServletResponse response) throws
ServletException, IOException{
    //创建一个空的 Cookie
    Cookie accountCookie = new Cookie("account","");
    //设置此 Cookie 保存时间为 0
    accountCookie.setMaxAge(0);
    //创建一个空的 Cookie
    Cookie md5AccountCookie = new Cookie("md5Account","");
    //设置此 Cookie 保存时间为 0
    md5AccountCookie.setMaxAge(0);
    //写到客户端 Cookie 中,将覆盖名为 account 的 Cookie
    response.addCookie(accountCookie);
    //写到客户端 Cookie 中,将覆盖名为 md5AccountCookie 的 Cookie
    response.addCookie(md5AccountCookie);
```

学生工作任务单			
关键知识点	Servlet + Cookie 技术	完成日期	年 月 日

任务实现

```
        try {
            Thread.sleep(1000);//将此线程暂停 1 秒后继续执行
        } catch (InterruptedException e) {
             e.printStackTrace();
        }
        //将页面重定向到用户登录页
        response.sendRedirect("part6.5_login.jsp?" + System.currentTimeMillis());
    }
}
```

4. 在 part6.5_login.jsp 页中，设置一个 boolean 类型的标志 IsLogin，用于保存是否登录，其值默认为 false，通过 request 内置对象获得所有 Cookie，循环该数组，查找账号的 Cookie 信息和加密账号之后的 Cookie 信息，然后通过 MD5 算法将账号加密生成密钥，将该密钥值与 Cookie 中保存的加密账号比较，如果两值匹配，则将 IsLogin 设置为 true，然后在页面中根据 IsLogin 的值来判断当前页面要显示的内容。如果 IsLogin 为 true，则显示用户登录之后的信息；如果 IsLogin 为 false，则显示登录内容。相关代码如下：

```
<%@ page language="java" contentType="text/html; charset=UTF-8"
    pageEncoding="UTF-8" %>
<%@ page import="common.ConvertMD5" %>
<%@ page import="java.net.URLDecoder" %>
<%
String path=request.getContextPath();
String basePath = request.getScheme() + "://" + request.getServerName() + ":" + request.
getServerPort() + path + "/";
%>
<%
//设置一个变量,用于保存是否登录
boolean IsLogin = false;
//声明用于保存从 Cookie 中读取的账号
String username = null ;
//声明用于保存从 Cookie 中读取的加密的账号
String md5_username = null;
//获取请求中所有的 Cookie
Cookie cookieArr[] = request.getCookies();
if(cookieArr! = null&&cookieArr.length > 0){
    //循环 Cookie 数组
    for(Cookie cookie : cookieArr){
      if(cookie.getName().equals("account")){
        //找到账号的 Cookie 值
        username = cookie.getValue();
```

学生工作任务单			
关键知识点	Servlet + Cookie 技术	完成日期	年　月　日

任务实现

```
            //解码,还原中文字符串的值
            username = URLDecoder.decode(username,"UTF-8");
         }
         if(cookie.getName().equals("md5Account")){
            //找到加密账号的 Cookie 值
            md5_username = cookie.getValue();
         }
   }
}
if(username! = null&&md5_username! = null){
    IsLogin = md5_username.equals(ConvertMD5.getMD5(username));
}
%>
<!DOCTYPE html>
<html>
<head>
<meta charset = "UTF-8">
<title>登录</title>
</head>
<body>
<%
  if(IsLogin){
%>
<table align = "center">
  <tr>
    <td>【<%= username %>】,欢迎您来到本网站! </td>
      <td align = "center">
          <a href = "<%= basePath%> LoginServlet? action = loginOut">注销登录</a>
      </td>
    </tr>
</table>
    <% }else{ %>
    <form action = "LoginServlet? action = login" method = "post">
        <!--此处代码省略,详见第 2 步。-->
      ......
    </form>
<%}
%>
</body>
</html>
```

学生工作任务单			
关键知识点	Servlet＋Cookie 技术	完成日期	年　月　日

任务实现

5. 启动 Tomcat 服务器，在地址栏中输入http://localhost:8080/JavaWEB/part6.5_login.jsp，运行效果如图 6.5.1 所示。

输入用户名和密码的测试数据，有效期选择“仅本次”，单击“登录”按钮，显示效果如图 6.5.2 所示。关闭浏览器，再次打开浏览器，运行 part6.5_login.jsp 页面，由于关闭浏览器后，没有保存 Cookie，没有记住用户，所以显示效果如图 6.5.1 所示。

继续输入测试数据，有效期分别选择“30 天”“长期”，登录后，关闭浏览器，再次打开浏览器运行 part6.5_login.jsp 页面，无须输入用户名密码，显示效果如图 6.5.2 所示。如果之后又不想让浏览器长期“记住”该用户名，可以单击“注销登录”。

图 6.5.1

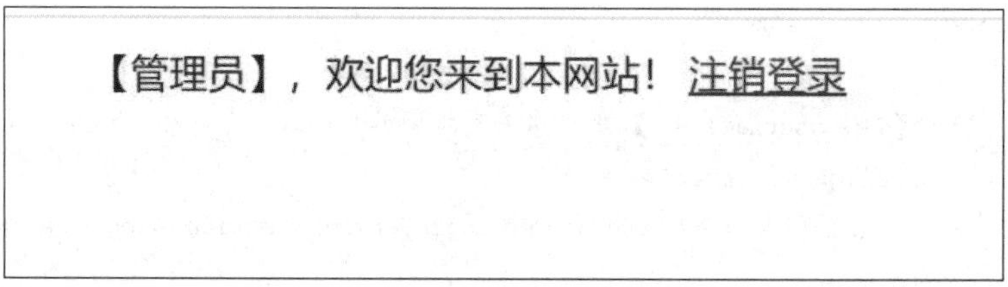

【管理员】，欢迎您来到本网站！ 注销登录

图 6.5.2

重点提示：

如果调试不成功，更换浏览器试一试。

总结

本任务主要是在 Servlet 中通过 Cookie 技术来实现的。首先在 Servlet 获得用户输入的账号、密码和有效期，然后将账号信息保存在 Cookie 中，并设置 Cookie 的最长保存时间，最后将此 Cookie 保存在客户端的 Cookie 中。在 Servlet 中，通过 MD5 加密算法将用户账号生成一个密钥并保存在 Cookie 中，然后在用户登录页中，就可以根据该密钥来判断页面显示的是用户登录状态还是登录后的状态。

<table>
<tr><th colspan="4">学生工作任务单</th></tr>
<tr><td>关键知识点</td><td>Servlet＋Cookie 技术</td><td>完成日期</td><td>年　月　日</td></tr>
<tr><td>职业素养养成</td><td colspan="3">考虑到密码的安全性问题，我们是不能将密码保存在 Cookie 中的，于是就在 Servlet 中，通过 MD5 加密算法将用户账号生成一个密钥并保存在 Cookie 中，然后在用户登录页中，就可以根据该密钥来判断页面显示的是用户登录还是登录后的状态。
在实际工作中，要充分考虑系统的安全性问题。例如，在用户注册时，将用户密码采用 MD5 加密后保存在数据库中等。</td></tr>
<tr><td rowspan="3">评价</td><td>完成情况(自评)：</td><td colspan="2">□顺利完成　□在他人帮助下完成　□未完成</td></tr>
<tr><td>团队合作(组内评)：</td><td colspan="2">组长签字：</td></tr>
<tr><td>学习态度(教师评)：</td><td colspan="2">教师签字：</td></tr>
<tr><td>课后拓展</td><td colspan="3">在 LoginServlet 中，获取了用户名和密码之后，应访问数据库，判断该用户是否为合法用户。如果不是合法用户，则返回 part6.5_login.jsp；如果是合法用户，则将该用户的账号加密并保存在 Cookie 中。关于访问 javaweb 数据库 user 表判断用户是否为合法用户这一部分的实现，尝试自行完成。</td></tr>
<tr><td>学习笔记</td><td colspan="3"></td></tr>
</table>

一、Cookie

Cookie 是一种跟踪用户会话的方式，它是由服务器端生成并发送给客户端浏览器的，浏览器将会保存为某个目录下的文本文件，Cookie 中保存的是字符串。通常 Cookie 用于保存不重要的用户信息，并可以长期保存在客户端，具体的有效期可以通过 setMaxAge(int expiry)方法来设定。其语法格式为：void setMaxAge(int expiry)。其中，expiry 以秒为单位，如果 expiry 大于零，就指示浏览器在客户端硬盘上保持 Cookie 的时间为 expiry 秒；如果 expiry 等于零，就指示浏览器删除当前 Cookie；如果 expiry 小于零，就指示浏览器不要把 Cookie 保存到客户端硬盘，当浏览器进程关闭时，Cookie 消失。

二、MD5 加密技术

MD5 加密技术，是哈希算法中的一种，加密强度较为适中。哈希算法有以下三个特点。

- 不可逆。即使在已知加密过程的前提下，也无法从密文反推回明文。
- 输出数据的长度固定。例如，MD5 加密输出数据的长度固定就是 32 个字符。

• 输入数据不变,输出数据不变;输入数据变,输出数据会跟着变。

MD5 加密是通过 java. security. MessageDigest 类实现的,可以使用 MD5 或 SHA 字符串类型的值作为参数来构造一个 MessageDigest 类对象,并使用 update( )方法更新该对象,最后通过 digest()方法完成加密运算,示例代码如下:

```
String pass = "123";
//创建具有指定算法名称的摘要
MessageDigest mdt = MessageDigest.getInstance("MD5");
//使用指定的字节数组更新摘要
mdt.update(pass.getBytes( ));
//进行哈希计算并返回一个字节数组
byte mdBytes[] = mdt.digest( );
```

*工作任务 6.6　Servlet 生成无刷新验证码

教师评价：＿＿＿＿＿＿

<table>
<tr><th colspan="4">学生工作任务单</th></tr>
<tr><td>关键知识点</td><td>Servlet＋AJAX 技术</td><td>完成日期</td><td>年　月　日</td></tr>
<tr><td>学习目标</td><td colspan="3">1. 掌握 Servlet 的创建、配置和调用，熟悉验证码的实现思路。(知识目标)
2. 掌握 Servlet 常见 API 的用法。(知识目标)
3. 能够判断哪些功能是需要由 Servlet 来完成的。(能力目标)
4. 本例涉及内容较多，如 BufferImage、Graphics 类、jQuery AJAX 等，都是新内容，代码调试难度略大。在代码调试过程中可能会出现各种各样的问题，不要放弃，要想办法解决问题，提高代码分析能力和解决问题能力。(素质目标)</td></tr>
<tr><td>任务描述</td><td colspan="3">在登录一个网站或者应用系统时，往往需要输入验证码，请设计一个带验证码的登录页面，效果如图 6.6.1 所示，并且由 Servlet 负责处理用户的登录信息，判断用户是否为合法用户。
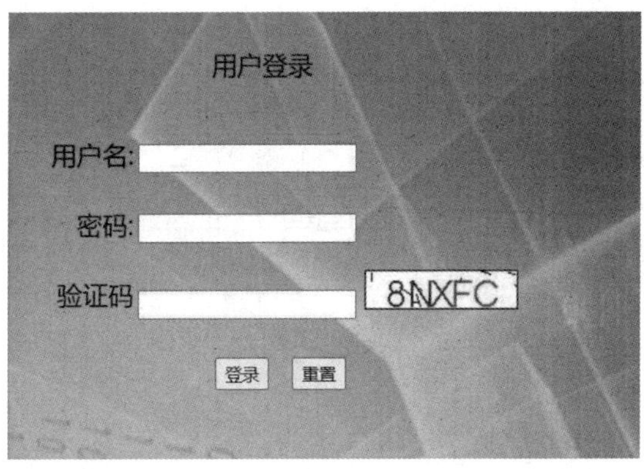

图 6.6.1</td></tr>
<tr><td>实现思路</td><td colspan="3">1. 准备工作：在 webapp 中新建文件夹，名称为 part6.6。
2. 在 part6.6 文件夹中，新建 login.jsp 页面，设计实现用户名、密码、验证码登录。
3. 新建一个 Servlet，名称为 VerifyCodeServlet.java，该类负责生成一个验证码图片。
4. 下载最新的 jQuery 插件，复制到 js 文件夹中备用。
5. 新建一个 js 文件，名称为 verifyCody.js，负责生成一张新的验证码(验证码刷新)。
6. 修改 login.jsp 页面，为该页面添加验证码图片<img>标签，实现生成验证码、刷新验证码等功能。
7. 创建名称为 VerifyCodeResultServlet.java 的 Servlet 类，用于获取用户输入的验证码和图片本身产生的验证码，并将两者进行比较，最后将比较结果返回给请求端。</td></tr>
</table>

<table>
<tr><td colspan="4">学生工作任务单</td></tr>
<tr><td>关键知识点</td><td>Servlet＋AJAX 技术</td><td>完成日期</td><td>年　月　日</td></tr>
<tr><td>实现思路</td><td colspan="3">8. 运行 login.jsp 页面，查看页面运行效果，调试生成验证码、更新验证码是否正常。
9. 新建一个 Servlet，名称为 doLogin.java，负责获取用户的用户名、密码、验证码等，判断是否为合法用户。同时，修改 login.jsp 中的 form 的 action 属性。
10. 在 part6.6 文件夹下新建一个 index.jsp 页面，作为用户登录之后的欢迎界面。
11. 全面调试运行程序，对比分析代码。</td></tr>
<tr><td>任务实现</td><td colspan="3">1. 准备工作：在 webapp 中新建文件夹，名称为 part6.6，在此文件夹中新建一个 images 文件夹，将本例中所用到的 login.png 放到该文件夹中。
2. 在 part6.6 文件夹中，新建 login.jsp 页面，设计实现用户名、密码、验证码登录。关键代码如下：
<%@ page language="java" contentType="text/html; charset=UTF-8"
    pageEncoding="UTF-8"%>
<%
String path=request.getContextPath();
String basePath=request.getScheme()+"://"+request.getServerName()+":"+request.getServerPort()+path+"/";
%>
<!DOCTYPE html>
<html>
<head>
<!--这里用到了一张图片作为背景，其路径为 images/login.png-->
<style type="text/css">
  div{
      background:url(images/login.png);
      width:500px;
      height:350px;
  }
  table{
      width:100%;
  }

  #td1{
      width:30%;
      text-align:right;
      height:50px;
      font-size:25;
  }
  #td2{
      text-align:center;</td></tr>
</table>

学生工作任务单			
关键知识点	Servlet＋AJAX 技术	完成日期	年　月　日

任务实现

```
        height:50px;
        font-size:25;
    }
</style>
<meta charset="UTF-8">
<title>登录</title>
  <script type="text/javascript" src="<%=basePath%>js/jquery-3.6.0.js">
</script>
  <script type="text/javascript" src="<%=basePath%>js/verifyCode.js"></script>
</head>
<body>
<form action="<%=basePath %>doLogin"   method="post">
<div>
  <table>
    <br>
    <caption><h2>用户登录</h2></caption>
    <tr><td id="td1">用户名:</td><td><input type="text" name="username"></td>
    </tr>
    <tr><td id="td1">密码:</td><td><input type="password" name="pass"></td>
    </tr>
    <tr><td id="td1">验证码</td>
          <td><input type="text"  id="validateCode">
            <img id="imgObj" alt="" src="<%=basePath%>VerifyCodeServlet" onclick=
"changeImg()"/>
              <label id="info"></label>
          </td>
     </tr>
     <tr><td id="td2" colspan="2">
              <input type="submit" id="submit" value="登录">   
              <input type="reset"  value="重置">
            </td>
     </tr>
   </table>
</div>
</form>
</body>
</html>
```

3. 在 servlet 包下，新建一个 Servlet，名称为 VerifyCodeServlet.java，该类负责生成一个验证码图片，在该类中编写验证码的图片的大小、字符个数、字符组成等(完整代码参考教材资料包中的源代码。大家能看懂这段代码，能根据需要修改参数值即可)。

学生工作任务单			
关键知识点	Servlet+AJAX 技术	完成日期	年 月 日

任务实现

启动 Tomcat 服务器，在地址栏中输入 http://localhost:8080/JavaWEB/VerifyCodeServlet，可以看到生成了一个含有 5 个随机字符的验证码图片，并且带有若干干扰线。

4. 在 webapp 下新建文件夹，名称为 js，然后将用到的 jquery-3.6.0.js 复制到该文件夹中（可以在网上下载最新版 jQuery 插件，下载地址 https://jquery.com/download/）。

5. 在 js 文件夹中新建一个名为 verifyCody.js 文件，方法是在 js 文件夹右击，选择"new→file"，在弹出的对话框中输入文件的名字，如图 6.6.2 所示，单击"Finish"按钮。编写代码如下：

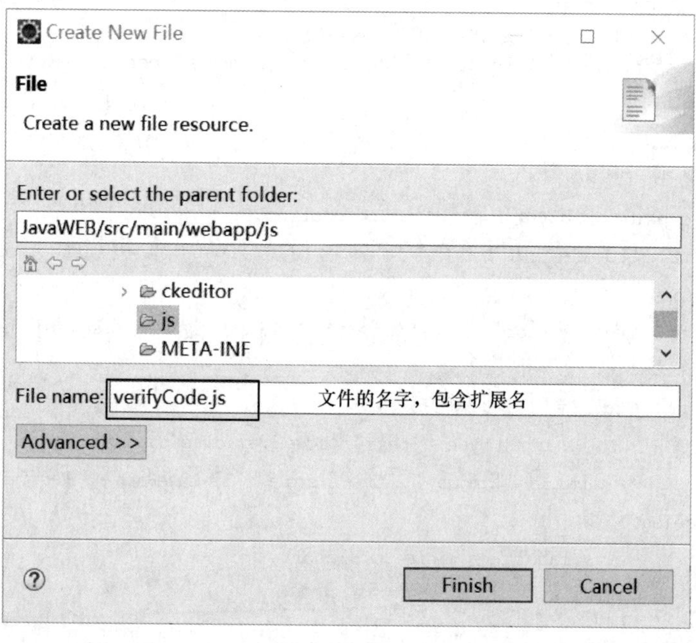

图 6.6.2

```
//生成一张新的验证码图
function changeImg(){
    var imgSrc = $("#imgObj");
    var src = imgSrc.attr("src");
    imgSrc.attr("src",chgUrl(src));
}
//为了使每次生成图片不相同,不让浏览器读缓存,所以需要加上时间戳
function chgUrl(url){
    var timestamp = (new Date()).valueOf();
    if((url.indexOf("&")>=0)){
        url = url + "×tamp=" + timestamp;
    }else{
```

学生工作任务单			
关键知识点	Servlet＋AJAX 技术	完成日期	年　月　日

任务实现

```
            url = url + "? timestamp = " + timestamp;
        }
        return url;
    }
    //validateCode 是用户输入的验证码,将该数据传给 VerifyCodeResultServlet
    function isRightCode(){
        var code = $("#validateCode").val();
        code = "code = " + code;
        $.ajax({
            type:"POST",
            url:"../VerifyCodeResultServlet",
            data:code,
            success:callback
        });
    }
    /* url 地址可以使用绝对地址或相对地址。如果采用绝对地址,本例的 url 应为 url:"http://localhost:8080/JavaWEB/VerifyCodeResultServlet"。如果采用相对地址,因为当前的 login.jsp 页面是在 part6.6 的文件夹中,与 Servlet 没有在同一个目录下,所以应为 url:"../VerifyCodeResultServlet"
    */
    //该回调函数将服务器返回的字符信息显示在 id = info 的 label 标签上
    function callback(data){
        $("#info").html(data);
    }

    //网页加载完成后执行,用于检查用户输入的验证码是否正确。
    $(function() {
        //验证码正确则 ok = true,否则 ok = false。
        var ok = false;
        //当在文本框中输入验证码时,键盘弹起时(keyup)触发
        $("#validateCode").keyup(function(){
            //验证码输入框输完第 5 个字符时,开始验证码验证
            if($("#validateCode").val().length>=5){
                isRightCode();
                setTimeout(function (){
                    var info = $("#info").html().trim()
                    if(info == "正确"){
                        ok = true;
                    }
                }, 1000);
```

学生工作任务单			
关键知识点	Servlet＋AJAX 技术	完成日期	年　月　日

任务实现

```
            }
        });

//当 validateCode 文本框得到焦点时,清空内容
//      $("#validateCode").focus(function (){
//          this.value='';
//      });

//当单击提交按钮后,如果 ok=true,则说明验证码正确,则正常提交表单。
    $("#submit").click(function(){
            if(ok){
                $("#submit").submit();
            }else{
                alert("验证码有误");
                return false;
            }
    });
});
```

这样,在 webapp 的 js 文件夹中就有两个 js 文件了,如图 6.6.3 所示。

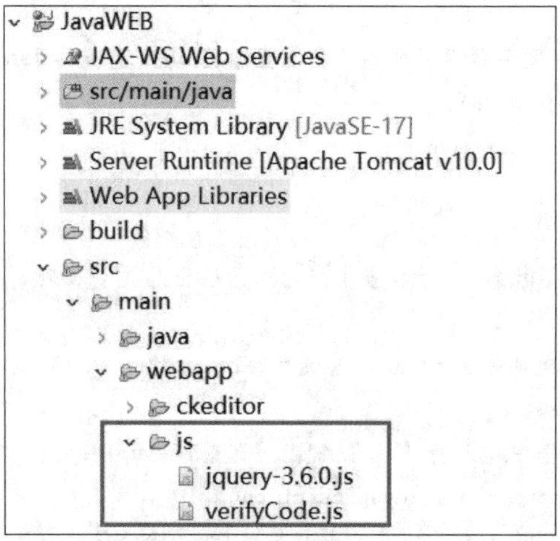

```
JavaWEB
  JAX-WS Web Services
  src/main/java
  JRE System Library [JavaSE-17]
  Server Runtime [Apache Tomcat v10.0]
  Web App Libraries
  build
  src
    main
      java
      webapp
        ckeditor
        js
          jquery-3.6.0.js
          verifyCode.js
```

图 6.6.3

6. 注意 login.jsp 中的代码,在该页面中引入了 js 文件夹中的两个 js 文件,并加入了<img>标签,<img>标签的代码如下:

```
<img id="imgObj" alt="" src="<%=basePath%>VerifyCodeServlet" onclick="changeImg()"/>
<label id="info"></label>
```

<img>标签的 src 引用了 VerifyCodeServlet 生成验证码,且这里使用的是绝对路径,并为图片添加了 onclick 方法。当单击图片时,调用 JavaScript 的 changeImg()方

<table>
<tr><th colspan="4">学生工作任务单</th></tr>
<tr><td>关键知识点</td><td>Servlet＋AJAX 技术</td><td>完成日期</td><td>年　月　日</td></tr>
<tr><td>任务实现</td><td colspan="3">
法实现刷新验证码操作。
网页加载完成后，则调用 verifyCode.js 中的 $(function(){...}方法检查用户输入的验证码是否正确。
7. 创建名称为 VerifyCodeResultServlet.java 的 Servlet 类，用于获取用户输入的验证码和图片本身产生的验证码，并将两者进行比较，最后将比较结果返回给请求端。完整代码参考教材资料包中的源代码。
8. 启动 Tomcat 服务器，在地址栏中输入 http://localhost:8080/JavaWEB/part6.6/login.jsp，运行效果如图 6.6.4 所示。在验证码的文本框中，输入正确的验证码，显示效果如图 6.6.5 所示。输入错误的验证码，显示效果如图 6.6.6 所示。
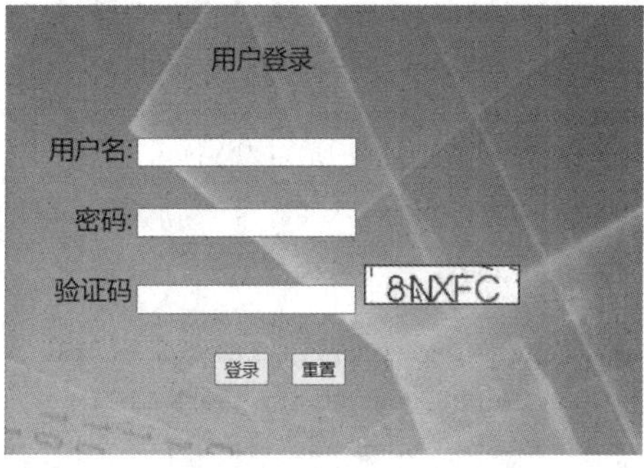

图 6.6.4
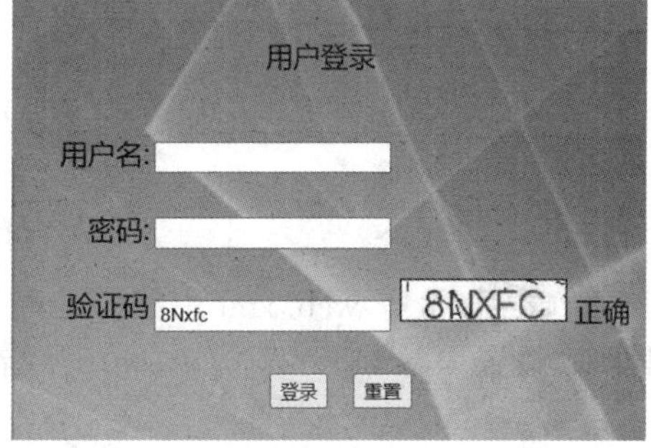

图 6.6.5
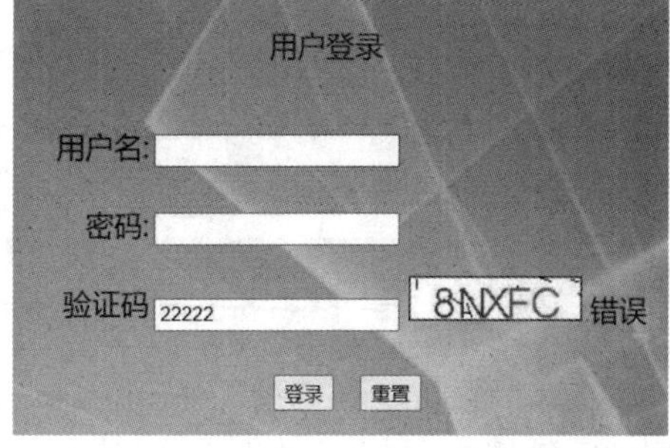

图 6.6.6
</td></tr>
</table>

学生工作任务单			
关键知识点	Servlet+AJAX 技术	完成日期	年 月 日

任务实现

请大家输入正确的用户名 admin,正确的密码 123,正确的验证码或错误的验证码,多次进行调试程序,观察运行结果,对比分析代码。(如果验证码图片显示正常,但是输入验证码后却没反应,不能判断验证码正误,可以更换浏览器试试。)

9. 一般来说,JSP 页面展示数据,Servlet 负责处理数据。首先在 servlet 包下,新建一个 Servlet,名称为 doLogin. java,由该 Servlet 负责获取用户的登录信息,判断是否为合法用户等,其 doGet()方法的关键代码如下:

```
protected void doGet ( HttpServletRequest request, HttpServletResponse response ) throws
ServletException, IOException {
    response.setContentType("text/html;charset=utf-8");
    PrintWriter out = response.getWriter();
    HttpSession session = request.getSession();
    String userName = request.getParameter("username");
    String pass = request.getParameter("pass");
    if(userName.equals("")||pass.equals("")){
          out.print("<script>alert('用户名或密码为空!');window.location.href='part6.6/
login.jsp';</script>");
    }
    else if(userName.equals("admin")&&pass.equals("123")){
        session.setAttribute("userName", userName);
        session.setAttribute("userPass",pass);
        response.sendRedirect(request.getContextPath() + "/part6.6/index.jsp");
          }
    else
    {
          out.print("<script>alert('用户名或密码错误!');window.location.href='part6.6/
login.jsp';</script>");
    }
}
```

创建好该 Servlet 之后,检查 web. xml 中相应的配置信息,然后修改 login. jsp 中 form 的 action 属性值,设置为 action = "../*doLogin*"或者 *action* = "<%= *basePath* %>*doLogin*"。

10. 在 part6. 6 文件夹下新建一个 index. jsp 页面,作为用户登录之后的欢迎界面。代码如下:

```
<body>
  <table width="100">
    <tr><td align="left">【<% = session.getAttribute("userName") %>】
您好,欢迎您的到来 </td>
    </tr>
  </table>
</body>
```

11. 启动 Tomcat 服务器,在地址栏中输入 http://localhost:8080/JavaWEB/part6.6/login.jsp,全面调试运行程序,对比分析代码。

<table>
<tr><th colspan="5">学生工作任务单</th></tr>
<tr><td colspan="2">关键知识点</td><td>Servlet＋AJAX 技术</td><td>完成日期</td><td>年　月　日</td></tr>
<tr><td>总结</td><td colspan="4">本案例主要实现的是无刷新验证码，并且使用名称为 doLogin. java 的 Servlet 来处理用户的登录信息，判断其是否为合法用户。</td></tr>
<tr><td>职业素养养成</td><td colspan="4">随着学习的深入，任务越来越复杂，个人单独完成任务的难度越来越大，这就需要大家合作完成。在软件行业的实际工作中，不可能一个人单打独斗，应是团队协作完成，所以这就需要大家逐步提高团队合作的能力。
在实际应用中，验证码有很多种形式，大家可以在网络上搜索相关案例，进行调试、学习，也可以在此基础上进行修改，加深自己对代码的理解。
验证码的发展，从无到有，从被动防御到主动防御，从简单的图片、文字验证到无感验证，这有效地防止了不法分子利用机器刷票、刷流量等行为，为网络安全提供了有力的保障。</td></tr>
<tr><td rowspan="3">评价</td><td>完成情况(自评)：</td><td colspan="3">□顺利完成　　□在他人帮助下完成　　□未完成</td></tr>
<tr><td>团队合作(组内评)：</td><td colspan="3">组长签字：</td></tr>
<tr><td>学习态度(教师评)：</td><td colspan="3">教师签字：</td></tr>
<tr><td>课后拓展</td><td colspan="4">程序需要不断地调试、修改，在这个过程中可以解决更多的问题，积累更多的知识。请尝试完成将验证码修改为 4 位，仅由数字构成。</td></tr>
<tr><td>学习笔记</td><td colspan="4"></td></tr>
</table>

一、BufferedImage 类和 Graphics 类

1. BufferedImage 类介绍

BufferedImage 是 Image 的一个子类，BufferedImage 生成的图片在内存里有一个图像缓冲区，利用这个缓冲区我们可以很方便地操作这张图片，例如大小变换、图片变灰、设置图片透明或不透明等。

2. Graphics 类介绍

Graphics 类提供基本的几何图形绘制方法，例如画线段、画矩形、画圆、画带颜色的图形、画椭圆、画圆弧、画多边形等。GraphRics 2D 类拥有更强大的二维图形处理能力，提供坐标转换、颜色管理以及文字布局等更精确的控制功能。

二、验证码的发展

1. 验证码简介

验证码作为一种人机识别手段,其终极目的是区分正常人和机器的操作。验证码的全名是"全自动区分计算机和人类的图灵测试",其核心是利用"人类可以用肉眼轻易识别图片里的文字信息",通过识别、输入、交互等区分出操作者的真伪。常见的传统验证码形式多为图片验证码,即数字、字母、文字、图片物体等形式的字符验证码。

2. 验证码的作用

早在 20 世纪 90 年代,雅虎邮箱就频频遭到机器产生的大量垃圾邮件骚扰,那时鉴别人、机的需求就已出现。路易斯 · 冯 · 安(Luis von Ahn)提出了用图形识别来把伪装成人类的自动机器人"揪出来",即后来的验证码。验证码技术在正式面世后,不到一周就被雅虎公司采用,该技术深深地影响了整个计算机行业。

验证码在注册、登录、交易、交互等各类场景中都发挥着巨大作用,能够防止操作者利用机器软件程序化地垃圾注册、仿冒登录、盗取信息、刷票、刷粉、刷流量等,从而保障企业资金安全、营销安全和信息安全。

3. 破解验证码

随着机器识别能力和对人类知识学习的不断深入,破解普通验证码的成功率越来越高。

2017 年,绍兴警方成功侦破了全国首例利用 AI(人工智能)侵犯公民个人信息的案件。犯罪嫌疑人杨某通过运用人工智能机器深度学习技术训练机器,让机器自主操作识别,有效识别图片验证码,轻松绕过互联网公司设置的验证码安全策略。杨某开发的识别系统速度很快,在很短时间内就能识别出成千上万个验证码,而且又快又准,能够识别出 98%以上的验证码。杨某开发的工具专门为盗卖用户信息的黑灰产提供解码服务,最终受到了法律的制裁。

4. 验证码的升级

为了保障网络安全,验证码急需升级。人类开拓新思路,从其他的角度来辨别人类独有的而机器难以模仿的特征——行为。行为式验证的核心思想是利用用户的"行为特征"来做验证安全判别。

几年前,谷歌推出了一款"我不是机器人"的验证(如图 6.6.7 所示),整个验证过程只需要用户在页面"我不是机器人"前的一个复选框打钩即可,其背后的原理就是谷歌通过收集分析真实用户的大量鼠标行为,判断到底是人类操作还是机器操作。

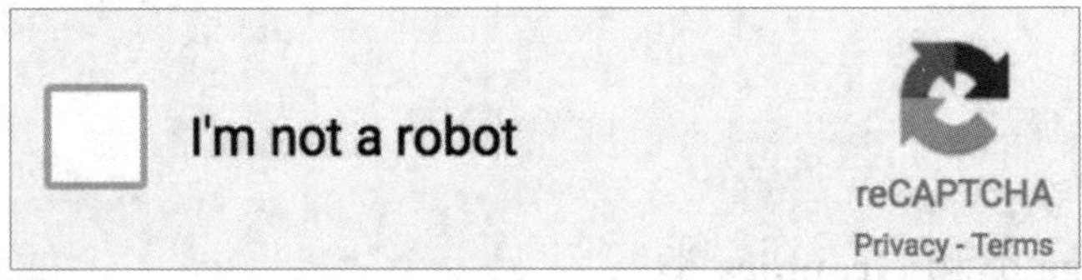

图 6.6.7

近年来,同样利用机器难以模仿的人类行为特征的滑块验证码引起了广泛关注,如图 6.6.8 所示。这种验证过程同样不需要用户做过多的思考(调用知识),而且满足移动端没有鼠标轨迹的客观情况,通过分析用户手指滑动速度、对齐位置等生物特征来判断操作者是人还是模拟人类的机器。

现在,有一些风控平台已经推出了无须验证即可判别使用者身份的验证体系,其原理也非常简单。风控引擎在用户尝试登录或者做其他需要验证的操作行为之前,会对操作环境进行扫描,并对一些关键参数做分析，包括常用 IP、地理位置、使用习惯、恶意特征、设备指纹等。基于大量模型和数据的分析，风控引擎便可以对用户身份做出预判。如果风控引擎认为使用者是“好人”，便直接放行；如果判定为“机器”，则不予放行；如果存疑，便祭出验证码，使用验证码再次判断是人还是机器。

图 6.6.8

*工作任务 6.7　Servlet 实时显示聊天内容

教师评价：________

<table>
<tr><th colspan="4">学生工作任务单</th></tr>
<tr><td>关键知识点</td><td>Servlet 与 AJAX 技术</td><td>完成日期</td><td>年　月　日</td></tr>
<tr><td>学习目标</td><td colspan="3">1. 了解 AJAX 异步传输的特点，能读懂 $. ajax()方法。(知识目标)
2. 能综合运用 Servlet 与 AJAX 技术，实现在不刷新页面的情况下实时显示聊天内容，提高综合运用的能力。(能力目标、素质目标)</td></tr>
<tr><td>任务描述</td><td colspan="3">编写程序，实现在不刷新页面的情况下实时显示聊天内容。页面效果如图 6.7.1 所示。

图 6.7.1</td></tr>
<tr><td>实现思路</td><td colspan="3">1. 新建 part6. 7_index. jsp 页面，设计聊天窗口的界面。
2. 创建 request. js 文件，用于封装 AJAX 请求服务器的方法。
3. 在 part6. 7_index. jsp 页面中，引入 request. js 文件，然后在< script >标签中编写实例化 AJAX 对象的方法 send()，用于向服务器发送请求，编写实例化 AJAX 对象的方法 getContent()，用于向服务器发送请求获取聊天内容，并且编写 AJAX 回调函数读取服务器返回的聊天内容。为了实现实时显示最新的聊天内容，也要添加相应的代码。
4. 创建 Servlet。
(1) 在 doPost()方法中，编写代码，获取请求参数“action”的值。如果 action 值为 send，则调用 send()方法；如果 action 的值为 get，则调用 get 方法。
(2) 编写 send()方法，将聊天信息保存到 application 对象中。
(3) 编写 get()方法获取全部聊天信息。</td></tr>
</table>

<table>
<tr><td colspan="4">学生工作任务单</td></tr>
<tr><td>关键知识点</td><td>Servlet 与 AJAX 技术</td><td>完成日期</td><td>年 月 日</td></tr>
<tr><td>实现思路</td><td colspan="3">5. 打开 part6.7_index.jsp 页面,为“发送”按钮添加 onclick 事件调用 send()方法,实现发送聊天信息。关键代码如下:
<input name="submit" type="button" value="发送" onClick="send()">
6. 在浏览器中运行 part6.7_index.jsp,调试运行程序。</td></tr>
<tr><td>任务实现</td><td colspan="3">1. 新建 part6.7_index.jsp,设计聊天窗口的界面。body 中的关键代码如下:<pre>
<body style="width:550px;margin: auto;">
  <div>
    <div style="height:30px;background:#cccccc;text-align:center;">聊天窗口
    </div>
    <table style="width:550px;height:50px;" >
      <tr>
        <td height="280px" valign="top" bgcolor="#fff5ee" >
          <div id="content" style="height:206px; ">
          </div></td>
      </tr>
    </table>
<div style="height:60px;background:#cccccc;text-align:center;">

      <form id="form1" method="post" action="">
            昵称:<input type="text" id="user" size="15">
          <input type="text" id="talk" size="30" >
          <input name="submit" type="button" value="发送" onClick="send()">
      </form>
    </div>
  </div>
</body>
</pre>2. 创建 request.js 文件,用于封装 AJAX 请求服务器的方法,该文件代码如下(代码能看懂即可,不要求会写):<pre>
/**
 * 构建 XMLHttpRequest 对象并请求服务器
 */
function httpRequest(reqType,url,async,resFun,parameter){
    var request = null;
    /**
    各浏览器之间存在差异,这个差异主要体现在 IE 浏览器和其他浏览器之间,所以创建
XMLHttpRequest 对象需要不同的方法
     */
    if(window.XMLHttpRequest){
        request = new XMLHttpRequest();
</pre></td></tr>
</table>

<table>
<tr><th colspan="4">学生工作任务单</th></tr>
<tr><td>关键知识点</td><td>Servlet 与 AJAX 技术</td><td>完成日期</td><td>年　月　日</td></tr>
<tr><td>任务实现</td><td colspan="3">

```
    }else if( window.ActiveXObject ){
        var arrSignatures = ["Msxml2.XMLHTTP", "Microsoft.XMLHTTP", "Microsoft.XMLHTTP",
"MSXML2.XMLHTTP.5.0", "MSXML2.XMLHTTP.4.0", "MSXML2.XMLHTTP.3.0", "MSXML2.XMLHTTP"];
        for( var i = 0; i < arrSignatures.length; i ++ ){
            request = new ActiveXObject( arrSignatures[i] );
            if( request || typeof( request ) == "object" )
                break;
        }
    }
    if( request || typeof( request ) == "object" ){
      //以 POST 方式提交
      if(reqType.toLowerCase() == "post"){
        //打开服务器连接
        request.open(reqType, url, true);
        //设置 MIME 类型
        request.setRequestHeader("Content-Type", "application/x-www-form-urlencoded");
        //设置处理响应的回调函数
        request.onreadystatechange = resFun;
        //将参数字符串进行编码
        parameter = encodeURI(parameter);
        //发送请求
        request.send(parameter);
      }
      else{
        //以 GET 方式提交
        url = url + "?" + parameter;
        //打开服务器连接
        request.open(reqType, url, true);
        //响应回调函数
        request.onreadystatechange = resFun;
        //发送请求
        request.send(null);
      }
    }
    else{
        alert( "该浏览器不支持 AJAX!" );
    }
    return request;
}
```

</td></tr>
</table>

学生工作任务单			
关键知识点	Servlet 与 AJAX 技术	完成日期	年　月　日

任务实现

3. 在 part6.7_index.jsp 页面中，引入 request.js 文件，然后在< script >标签中编写实例化 AJAX 对象的方法 send()，用于向服务器发送请求，编写实例化 AJAX 对象的方法 getContent()，向服务器发送请求获取聊天内容，并且编写 AJAX 回调函数读取服务器返回的聊天内容。为了实现实时显示最新的聊天内容，也要添加相应的代码。关键代码如下：

```
<script type="text/javascript" src="js/request.js"></script>
<script type="text/javascript">
var request = false;
function send(){//验证聊天信息并发送
    var user = document.getElementById("user").value;
    var speak = document.getElementById("talk").value;
    if(user == ""){
        alert("请输入您的昵称!");
        return false;
    }
    if(speak == ""){
        alert("发送信息不可以为空!");
        document.getElementById("talk").focus();
        return false;
    }
    //清空内容文本框的值
    document.getElementById("talk").value = "";
    //让内容文本框获得焦点
    document.getElementById("talk").focus();
    //服务器地址
    var url = "ChatServlet";
    //请求参数
    var param = "action = send&user = " + user + "&talk = " + speak;
    //调用请求方法
    request = httpRequest("post",url,true,callback,param);
  }
function callback(){
    request = false;
}
function getContent(){
    //服务器地址
    var url = "ChatServlet";
    //请求参数
    var param = "action = get&nocache = " + new Date().getTime();
    //调用请求方法
```

学生工作任务单			
关键知识点	Servlet 与 AJAX 技术	完成日期	年　月　日

任务实现

```
    request = httpRequest("post",url,true,callback_content,param);
}
    //AJAX 回调函数
function callback_content(){
    if(request.readyState == 4){
        if(request.status == 200){
        document.getElementById("content").innerHTML = request.responseText;
        request = false;
        }
    }
}
//为了实现实时显示最新的聊天内容,添加以下代码
window.setInterval("getContent();",1000);
window.onload = function(){
    getContent();
}
</script>
```

4. 在 servlet 包中,创建名称为 ChatServlet 的 Servlet,在该类中

- doPost()方法中,编写代码,获取请求参数"action"的值。如果 action 值为 send,则调用 send()方法;如果 action 的值为 get,则调用 get 方法。
- 编写 send()方法,将聊天信息保存到 application 对象中。
- 编写 get()方法获取全部聊天信息。

具体代码如下:

```
package servlet;

import jakarta.servlet.ServletContext;
import jakarta.servlet.ServletException;
import jakarta.servlet.annotation.WebServlet;
import jakarta.servlet.http.HttpServlet;
import jakarta.servlet.http.HttpServletRequest;
import jakarta.servlet.http.HttpServletResponse;
import java.io.IOException;
import java.io.PrintWriter;
import java.util.Random;
import java.util.Vector;

public class ChatServlet extends HttpServlet {
  private static final long serialVersionUID = 1L;

  public ChatServlet() {
```

<table>
<tr><th colspan="4">学生工作任务单</th></tr>
<tr><td>关键知识点</td><td>Servlet 与 AJAX 技术</td><td>完成日期</td><td>年　月　日</td></tr>
<tr><td>任务实现</td><td colspan="3"><pre>
        super();
    }
    protected void doGet(HttpServletRequest request, HttpServletResponse response) throws
ServletException, IOException {
        doPost(request, response);
    }
    protected void doPost(HttpServletRequest request, HttpServletResponse response) throws
ServletException, IOException {
        response.setContentType("text/html;charset = GBK");
        PrintWriter out = response.getWriter();
        String action = request.getParameter("action");
        if ("send".equals(action)) {//发送留言
            send(request, response);
        }else if("get".equals(action)){
            get(request,response);
        }
}

    public void send(HttpServletRequest request, HttpServletResponse response) throws
ServletException, IOException {
        request.setCharacterEncoding("UTF-8");
        response.setCharacterEncoding("UTF-8");
        //获取 application 对象
        ServletContext application = getServletContext();
        String user = request.getParameter("user");
        //获取说话内容
        String talk = request.getParameter("talk");
        user = java.net.URLDecoder.decode(user, "UTF-8");
        talk = java.net.URLDecoder.decode(talk, "UTF-8");
        Vector<String> v = null;
        //拼接说话内容
        String info = "【" + user + "】说:" + talk;
        if(null == application.getAttribute("info")){
              v = new Vector<String>();
        }else{
              v = (Vector<String>)application.getAttribute("info");
        }
        v.add(info);
        //将说话内容保存到 application 中
        application.setAttribute("info", v);
</pre></td></tr>
</table>

学生工作任务单			
关键知识点	Servlet 与 AJAX 技术	完成日期	年 月 日

任务实现

```
        Randomrandom = new Random();
        request.getRequestDispatcher("ChatServlet? action = get&nocache = " + random.nextInt(10000)).forward(request, response);
    }
    //获取说话信息
    public void get(HttpServletRequest request, HttpServletResponse response) throws ServletException,IOException{
        //获取 application 对象
        ServletContext application = getServletContext();
        String msg = "";
        if(null! = application.getAttribute("info")){
            Vector<String> v_temp = (Vector<String>)application.getAttribute("info");
            for(int i = v_temp.size()-1;i >= 0;i--){
                msg = msg + "<br>" + v_temp.get(i);
            }
        }else{
            msg = "欢迎";
        }
        PrintWriter out = response.getWriter();
        out.print(msg);
    }
}
```

5. 打开 part6.7_index.jsp 页面，为“发送”按钮添加 onclick 事件调用 send()方法，实现发送聊天信息。关键代码如下：

```
<input name = "submit" type = "button"  value = "发送" onClick = "send()">
```

6. 启动 Tomcat 服务器，在地址栏中输入http://localhost:8080/JavaWEB/part6.7_index.jsp，运行界面如图 6.7.2 所示，输入昵称和聊天内容，单击“发送”按钮，观察程序运行效果。

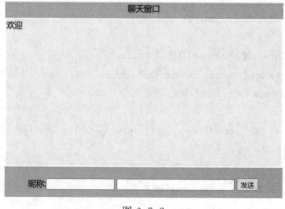

图 6.7.2

<table>
<tr><th colspan="4">学生工作任务单</th></tr>
<tr><td>关键知识点</td><td colspan="2">Servlet 与 AJAX 技术</td><td>完成日期　　年　月　日</td></tr>
<tr><td>总结</td><td colspan="3">本任务是 Servlet 结合 AJAX 技术，AJAX 异步提交请求，实现不刷新页面的同时发送聊天信息且实时显示最新的聊天信息的功能，Servlet 用于处理用户请求。
重点提示：
本实例在实现时，在 Servlet 中应用了 ServletContext 对象保存用户发送的聊天内容，在 ServletContext 对象中保存的数据是共享数据，整个 Web 应用程序都可以访问到该对象中保存的数据，所以用 ServletContext 对象保存聊天内容，每个聊天用户都能够访问。</td></tr>
<tr><td>职业素养养成</td><td colspan="3">AJAX 的特点在于异步交互，可以改善系统性能和用户体验。
在实际工作中，AJAX 主要用于交互比较多、频繁读取数据的 Web 应用，可以用于定时业务，动态加载数据等方面。例如：自动交卷、最新的热点新闻、天气预报以及聊天室内容等。在适合的场合使用 AJAX，才能充分发挥它的长处，绝不可以为了技术而滥用。</td></tr>
<tr><td rowspan="3">评价</td><td>完成情况（自评）：</td><td colspan="2">□顺利完成　　□在他人帮助下完成　　□未完成</td></tr>
<tr><td>团队合作（组内评）：</td><td colspan="2">组长签字：</td></tr>
<tr><td>学习态度（教师评）：</td><td colspan="2">教师签字：</td></tr>
<tr><td>课后拓展</td><td colspan="3">打开两种类型以上的浏览器，分别运行 part6.7_index.jsp，模拟不同用户的聊天场景，观察运行效果，并分析为什么。</td></tr>
<tr><td>学习笔记</td><td colspan="3"></td></tr>
</table>

知识加油站

一、AJAX 简介

AJAX(Asynchronous Javascript And XML)即异步 JavaScript 和 XML，是指一种创建交互式网页应用的网页开发技术。通过在后台与服务器进行少量数据交换，AJAX 可以使网页实现异步更新。这意味着可以在不重新加载整个网页的情况下,对网页的某部分进行更新,即局部刷新。

二、jQuery AJAX 用法

jQuery AJAX 在 Web 应用开发中很常用,jQuery AJAX 方法如表 6.7.1 所示。

表 6.7.1　jQuery AJAX 的方法

方法	描述
$.ajax()	执行异步 AJAX 请求
$.ajaxPrefilter( )	在每个请求发送之前且被 $.ajax() 处理之前,处理自定义 Ajax 选项或修改已存在选项
$.ajaxSetup( )	为将来的 AJAX 请求设置默认值
$.ajaxTransport( )	创建处理 AJAX 数据实际传送的对象
$.get( )	使用 AJAX 的 HTTP GET 请求从服务器加载数据
$.getJSON( )	使用 HTTP GET 请求从服务器加载 JSON 编码的数据
$.getScript( )	使用 AJAX 的 HTTP GET 请求从服务器加载并执行 JavaScript
$.param( )	创建数组或对象的序列化表示形式(可用于 AJAX 请求的 URL 查询字符串)
$.post( )	使用 AJAX 的 HTTP POST 请求从服务器加载数据
ajaxComplete( )	规定 AJAX 请求完成时运行的函数
ajaxError( )	规定 AJAX 请求失败时运行的函数
ajaxSend( )	规定 AJAX 请求发送之前运行的函数
ajaxStart( )	规定第一个 AJAX 请求开始时运行的函数
ajaxStop( )	规定所有的 AJAX 请求完成时运行的函数
AjaxSuccess( )	规定 AJAX 请求成功完成时运行的函数
load( )	从服务器加载数据,并把返回的数据放置到指定的元素中
serialize( )	编码表单元素集为字符串以便提交
serializeArray( )	编码表单元素集为 names 和 values 的数组

其中,在处理复杂的 AJAX 请求时一般使用 jQuery. ajax( )方法,它的具体用法如下:

```
$ .ajax ({
url: "http://localhost:8080/JavaWEB/GetPathServlet",//请求的 url 地址
dataType: "json",//返回格式为 json
async:true,//请求是否异步,默认为异步。
data:{"id":"value"},
type:" GET",//请求方式,可以为 GET 或 POST
beforeSend:function( ){},//请求前的处理
success:function( ){ },//请求成功时处理
complete:function( ){ },//请求完成时处理
error:function( ){ }//请求出错时处理
})
```

工作任务 6.8　Servlet 实现不限次数投票

教师评价：________

<table>
<tr><th colspan="4">学生工作任务单</th></tr>
<tr><td>关键知识点</td><td>Servlet 技术和数据库支持</td><td>完成日期</td><td>年　月　日</td></tr>
<tr><td>学习目标</td><td colspan="3">1. 熟悉在 Servlet 中访问数据库并对数据库进行操作的步骤。(能力目标)
2. 通过 Servlet 实现不限次数投票的功能，思考平时遇到的在线问卷调查、作品网络评选等实现思路，进一步思考如何才能公平、公正地投票，如何限定投票时间和投票次数。网络搜索相关解决方案，提高学习能力，培养爱动脑的好习惯。(素质目标)</td></tr>
<tr><td>任务描述</td><td colspan="3">假设学校要进行“校园文明之星”的评选活动，需要网上投票，请设计一个在线投票页面，方便更多的学生参与投票活动，推进校园文明建设。投票页面如图 6.8.1 所示。如果没有选中任何一个人，单击“我要投票”按钮，系统会弹出提示框，且投票失败；如果选中其中一个人，单击“我要投票”按钮，则弹出提示框，且投票成功。</td></tr>
<tr><td>任务描述</td><td colspan="3">校园第一届文明之星评选
○2023级_张丽　○2023级_李明　○2022级_刘杰　○2023级_张晓
我要投票

图 6.8.1</td></tr>
<tr><td>实现思路</td><td colspan="3">1. 准备工作：沿用之前的 javaweb 数据库，新建 ticket 表，并向表中添加一些测试数据。
2. 新建 JSP 页面，设计一个由单选按钮实现的投票页面，编写“我要投票”按钮的 onclick 事件的方法，用于判断是否选择了某个学生。
3. 创建一个 Servlet，用于先获取用户所投票学生的编号，然后根据编号修改数据库中对应学生的票数，使票数在原来的基础上加 1，并弹出“投票成功”的提示。
4. 调试运行程序。</td></tr>
<tr><td>任务实现</td><td colspan="3">1. 准备工作：沿用之前的 javaweb 数据库，新建名称为 ticket 的表，表结构如表 6.8.1 所示，并向表中添加一些数据，假设表中现有数据如表 6.8.2 所示。</td></tr>
</table>

<table>
<tr><th colspan="4">学生工作任务单</th></tr>
<tr><td>关键知识点</td><td>Servlet 技术和数据库支持</td><td>完成日期</td><td>年　月　日</td></tr>
</table>

任务实现

表 6.8.1　ticket 表结构

字段名	字段类型	约束	备注
obj_ID	varchar(20)	主键(Primary key)	编号
obj_name	varchar(50)		姓名
obj_source	varchar(20)		
counts	int		票数

表 6.8.2　ticket 表中数据

obj_ID	obj_name	obj_source	counts
001	2023 级_张丽	建筑系	0
002	2023 级_李明	信息工程系	0
003	2023 级_刘杰	法律系	0
004	2023 级_张晓	人文系	0

2. 新建投票 JSP 页面，名称为 part6.8_index.jsp，设计一个由单选按钮实现的投票页面，在 webapp/images 文件夹中，准备 4 张图片。页面中“我要投票”按钮添加 onclick 事件，调用 check()方法用于判断是否选中了某一个选项。form 表单的 action="VoteServlet"。代码如下：

```
<%@ page language="java" contentType="text/html; charset=UTF-8"
    pageEncoding="UTF-8"%>
<!DOCTYPE html>
<html>
<head>
<meta charset="UTF-8">
<title>投票</title>

<script type="text/javascript">
function check(){
    var item=null;
    var obj=document.getElementsByName("obj")
    //遍历 Radio 单选按钮,查看是否有被选中的项
    for (var i=0; i<obj.length; i++) {
        if (obj[i].checked) {
            return true;
        }
    }
    alert("请选择其中一个学生");
    return false;
```

学生工作任务单			
关键知识点	Servlet 技术和数据库支持	完成日期	年　月　日

任务实现

```
}
</script>
</head>
<body style="width:650px;margin: auto;">
<form action="VoteServlet" method="post">
  <table style="text-align:center;">
  <caption>校园第一届文明之星评选</caption>
    <tr>
      <td><img alt="" src="images/xs1.png"></td>
      <td><img alt="" src="images/xs2.png"></td>
      <td><img alt="" src="images/xs3.png"></td>
      <td><img alt="" src="images/xs4.png"></td>
    </tr>

    <tr>
      <td><input type="radio" name="obj"  value="001"/>2023 级_张丽</td>
      <td><input type="radio" name="obj"  value="002"/>2023 级_李明</td>
      <td><input type="radio" name="obj"  value="003"/>2022 级_刘杰</td>
      <td><input type="radio" name="obj"  value="004"/>2023 级_张晓</td>
    </tr>

    <tr>
      <td colspan="4"></td>
    </tr>

      <tr>
        <td colspan="4">
<input type="submit" name="submit" value="我要投票" onclick="return check()">
        </td>
      </tr>
    </table>
</form>
</body>
</html>
```

3. 在 servlet 包中，创建一个名称为 VoteServlet 的 Servlet，用于先获取用户所投票学生的编号，然后根据编号修改数据库中对应学生的票数，使票数在原来的基础上加1，并弹出“投票成功”的提示。代码如下：

```
package servlet;

import jakarta.servlet.ServletException;
```

学生工作任务单			
关键知识点	Servlet 技术和数据库支持	完成日期	年　月　日

任务实现

```
import jakarta.servlet.http.HttpServlet;
import jakarta.servlet.http.HttpServletRequest;
import jakarta.servlet.http.HttpServletResponse;
import jakarta.servlet.http.HttpSession;
import java.io.IOException;
import java.io.PrintWriter;
import JDBC.JdbcUtils;

public class VoteServlet extends HttpServlet {
  private static final long serialVersionUID = 1L;

  public VoteServlet() {
      super();
  }
  protected void doGet(HttpServletRequest request, HttpServletResponse response) throws
ServletException, IOException {
    doPost(request,response);
  }
  protected void doPost(HttpServletRequest request, HttpServletResponse response) throws
ServletException, IOException {
    response.setContentType("text/html;charset = GBK");
    request.setCharacterEncoding("UTF-8");
    String id = request.getParameter("obj");
    String sql = "UPDATE ticket SET counts = counts + 1 WHERE obj_ID = ?";
    Object[] update0 = {id};
    JdbcUtils.doCUD(sql,update0);
    HttpSession session = request.getSession();
    session.setAttribute("user", session.getId());
    PrintWriter out = response.getWriter();
     out.print("<script> alert('投票成功');window.location.href = 'part6.8_index.jsp';
</script>");
  }
}
```

4. 启动 Tomcat 服务器，在地址栏中输入http://localhost:8080/JavaWEB/part6.8_index.jsp，运行效果如图 6.8.2 所示。如果没有选中任何一个人，单击“我要投票”按钮，系统会弹出提示框，如图 6.8.3 所示，投票失败；如果选中其中一个人，单击“我要投票”按钮，则弹出提示框，如图 6.8.4 所示，这时投票成功了。查看数据库，相应学生的票数是否增加。

<table>
<tr><th colspan="4">学生工作任务单</th></tr>
<tr><td>关键知识点</td><td>Servlet技术和数据库支持</td><td>完成日期</td><td>年 月 日</td></tr>
<tr><td>任务实现</td><td colspan="3"> 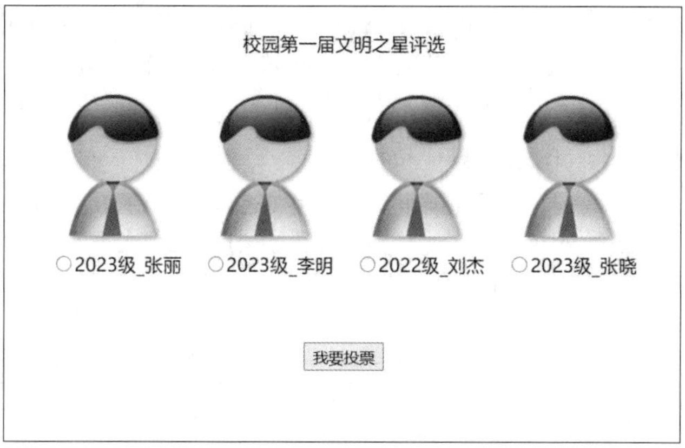校园第一届文明之星评选
○2023级_张丽 ○2023级_李明 ○2022级_刘杰 ○2023级_张晓
我要投票

图 6.8.2 

localhost:8080 显示
请选择其中一个学生
确定

图 6.8.3 

localhost:8080 显示
投票成功
确定

图 6.8.4

重点提示：
本任务中使用了数据库的封装工具类 JdbcUtils 来访问数据库，JdbcUtils.doCUD(updateSql，updateO)，参数 updateSql 代表执行的 sql 语句，updateO 代表参数的集合，以此来实现修改数据库。</td></tr>
<tr><td>总结</td><td colspan="3">本任务使用 Servlet，结合数据库实现了一个简单的不限次数的投票功能，如果没有选中任何一个人，单击“我要投票”按钮，系统会弹出提示框，且投票失败；如果选中其中一个人，单击“我要投票”按钮，则弹出提示框，且投票成功。数据库中相应学生的票数也会增加。</td></tr>
</table>

<table>
<tr><th colspan="4">学生工作任务单</th></tr>
<tr><td>关键知识点</td><td>Servlet 技术和数据库支持</td><td>完成日期</td><td>年　月　日</td></tr>
<tr><td>职业素养养成</td><td colspan="3">在实际工作中,经常需要实现一些在线投票功能。本例实现的是一个简单的投票功能,但是却引发了我们很多思考:在投票时会不会有些用户不遵守投票规则,恶意地投票,严重影响投票结果的准确性呢?为了防止这种情况的发生,程序员就要在程序中进行控制,让用户只能按照规则进行投票。
程序员所做的工作不是简单的重复工作,而是在设计程序时考虑得深远、周到,往往既要考虑安全性,又要考虑功能性、易用性、可维护性、可升级性等。请大家多做练习,坚持学习,逐步积累!</td></tr>
<tr><td rowspan="3">评价</td><td>完成情况(自评):</td><td colspan="2">□顺利完成　□在他人帮助下完成　□未完成</td></tr>
<tr><td>团队合作(组内评):</td><td colspan="2">组长签字:</td></tr>
<tr><td>学习态度(教师评):</td><td colspan="2">教师签字:</td></tr>
<tr><td>课后拓展</td><td colspan="3">拓展 1:思考平时遇到的在线问卷调查、作品网络评选等实现思路,进一步思考如何才能公平、公正地投票?如何限定投票时间和投票次数?网络搜索相关解决方案。
拓展 2:在 part6.8_index.jsp 页面中,四位参评学生的列表是静态 HTML 实现的,请修改代码,访问数据库,通过查询参评学生的信息列表,将结果动态地显示在页面上。这样,如果数据库中的参评学生发生了变化,JSP 页面上也会随着一起变化。</td></tr>
<tr><td>学习笔记</td><td colspan="3"></td></tr>
</table>

知识加油站

访问数据库的操作可以参考工作任务 5.5,Servlet 相关内容可以参考工作任务 6.1 和 6.2。

模块过关测评

本模块主要学习 Servlet 的创建、配置,以及利用 Servlet 获取 HTTP 请求的数据,并将结果响应给客户,可以扫描二维码闯关答题。

随手记

7

模块七　实用组件应用

模块导读

在本模块中，我们主要学习 CKEditor 和 JavaMail 组件。CKEditor 是一款功能强大的开源在线文本编辑器，它是基于 JavaScript 开发的，兼容各大主流浏览器，支持多种脚本语言调用，在实际工作中应用较多。JavaMail 是用来处理电子邮件的 API，为 Java 应用程序提供了邮件处理的公共接口，它可以方便地执行一些常用的邮件传输，实现邮件的发送和接收。

职业能力

- 会使用 CKEditor 组件实现在线文本编辑。
- 会使用 JavaMail 实现电子邮件发送。

本模块知识树

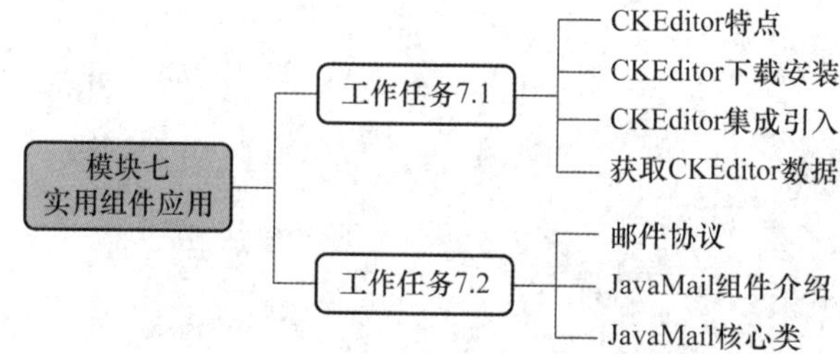

学习成长自我跟踪记录

在本模块中,表 7.0.1 用于学生自己跟踪学习,记录成长过程,方便自查自纠。如果完成该项,请在对应表格内画√,并根据自己的掌握程度,在对应栏目中画√。

表 7.0.1 学生学习成长自我跟踪记录表

任务单	课前预习	课中任务	课后拓展	掌握程度
工作任务 7.1				□掌握 □待提高
工作任务 7.2				□掌握 □待提高

工作任务 7.1　CKEditor 实现在线文本编辑

教师评价：__________

<table>
<tr><th colspan="4">学生工作任务单</th></tr>
<tr><td>关键知识点</td><td>在 JSP 页面中使用 CKEditor 文本编译器组件</td><td>完成日期</td><td>年　月　日</td></tr>
<tr><td>学习目标</td><td colspan="3">1. 了解 CKEditor 组件的特点，掌握相对路径和绝对路径的区别。（知识目标）
2. 能够根据不同的需求下载不同样式的 CKEditor。（能力目标）
3. 会将 CKEditor 组件引入 JSP 页面中。（能力目标）
4. 众多插件的支持使得 Eclipse 拥有很大的灵活性，所以在学习过程中，经常需要下载一些插件，而本任务中所用到的 CKEditor 也需要从网络上下载最新版本。这就要求我们具备网络搜索资源、下载资源的能力，同时要提高网络安全意识，不要点击不明链接，不下载不明软件。（素质目标）</td></tr>
<tr><td>任务描述</td><td colspan="3">在系统中，要实现一个发布新闻的功能，就需要在线编辑文本，如果完全依靠代码实现这个功能，将是一项十分复杂、庞大的工作，所以我们还可以利用组件去完成。请在一个 JSP 页面中应用 CKEditor 富文本编辑器组件实现在线编辑功能，效果如图 7.1.1 所示。
这是CKEditor富文本编辑器
图 7.1.1</td></tr>
<tr><td>实现思路</td><td colspan="3">1. 从 CKEditor 官方网站下载 CKEditor 组件。
2. 解压下载的 CKEditor 组件，将解压后的 CKEditor 文件夹复制到 webapp 目录中（与 Web 同级目录）。
3. 创建 JSP 页面，在 JSP 页面中引入 CKEditor，并使用 CKEditor 组件。</td></tr>
</table>

学生工作任务单			
关键知识点	在 JSP 页面中使用 CKEditor 文本编译器组件	完成日期	年　月　日

任务实现

1. 下载 CKEditor 组件，下载地址为 https://ckeditor.com/ckeditor-4/download/，会出现多个版本的下载包，如图 7.1.2 所示，可根据需要下载不同样式的 CKEditor 组件。本教材中使用的是 Standard Package 样式。

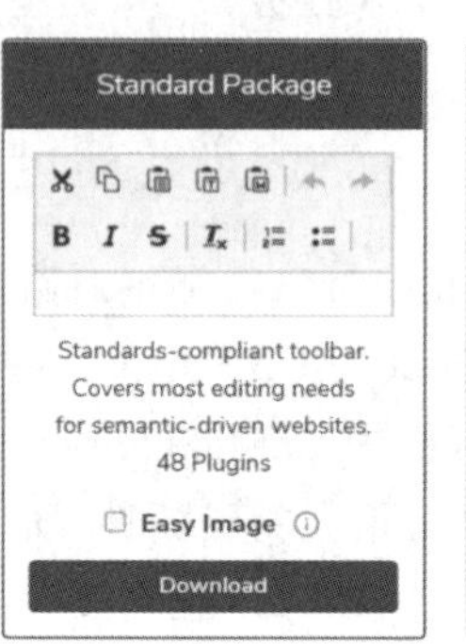

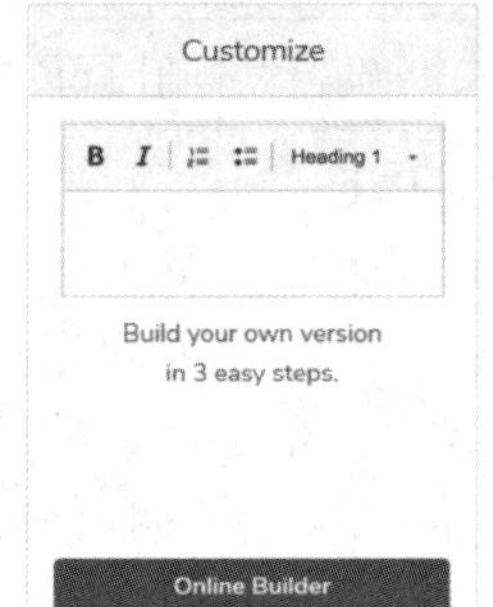

图 7.1.2

2. 解压下载的 CKEditor 组件，将名称为 ckeditor 的文件夹复制到 JavaWEB 项目中的 webapp 中（即与 web 同级目录），位置如图 7.1.3 所示。

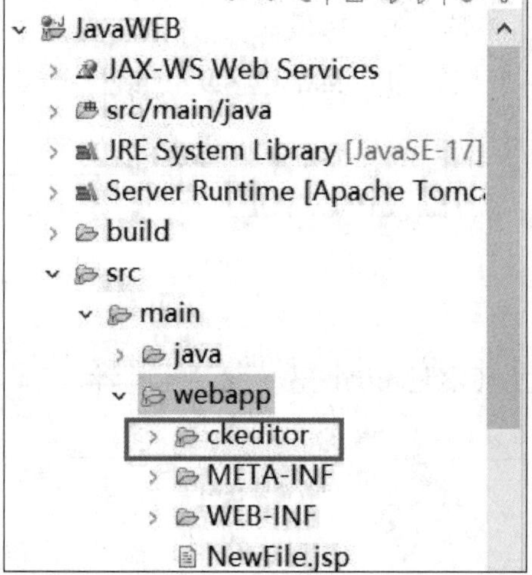

图 7.1.3

3. 新建 part7.1_CKE.jsp 页面，在 JSP 页面中引入 CKEditor，并使用 CKEditor 组件，代码如下：

```
<%@ page language="java" contentType="text/html; charset=UTF-8"
    pageEncoding="UTF-8"  import="java.util.*"%>
<%
String path=request.getContextPath();
String basePath=request.getScheme()+"://"+request.getServerName()+":"+request.getServerPort()+path+"/";
```

<table>
<tr><td colspan="4">学生工作任务单</td></tr>
<tr><td>关键知识点</td><td>在 JSP 页面中使用 CKEditor 文本编译器组件</td><td>完成日期</td><td>年　月　日</td></tr>
<tr><td>任务实现</td><td colspan="3">

```
%>
<!DOCTYPE html>
<html>
<head>
<meta charset="UTF-8">
    <title>新闻在线编辑</title>
    <script type="text/javascript" src="<%=basePath %>/ckeditor/ckeditor.js">
</script>
</head>
<body>
  <table>
    <tr>
      <td>新闻标题:</td>
      <td><input type="text" name="name"></td>
    </tr>
    <tr>
      <td>新闻类别:</td>
      <td>
          <select name="news_type">
                <option>----------请选择----------</option>
                <option value="xxxw">学校新闻</option>
                <option value="sshd">师生活动</option>
                <option value="djgz">党建工作</option>
                <option value="tzgg">通知公告</option>
                <option value="qt">其他</option>
          </select>
      </td>
    </tr>
    <tr>
       <td>供稿:</td>
       <td><input type="text" name="comefrom"></td>
    </tr>
    <tr>
          <td>正文:</td>
        <td>
          <textarea name="editor1" id="editor1">这是 ckeditor 富文本编辑器</textarea>
        </td>
    </tr>
    <tr>
      <td colspan="2" align="center">
```

</td></tr>
</table>

学生工作任务单			
关键知识点	在 JSP 页面中使用 CKEditor 文本编译器组件	完成日期	年　月　日

任务实现

```
            <input type = "submit" name = "submit" value = "发布">
        </td>
      </tr>
    </table>

<script type = "text/javascript">
            CKEDITOR.replace('editor1');
</script>

</body>
</html>
```

4. 启动 Tomcat 服务器，在地址栏中输入http://localhost:8080/JavaWEB/part7.1_CKE.jsp，效果如图 7.1.4 所示。

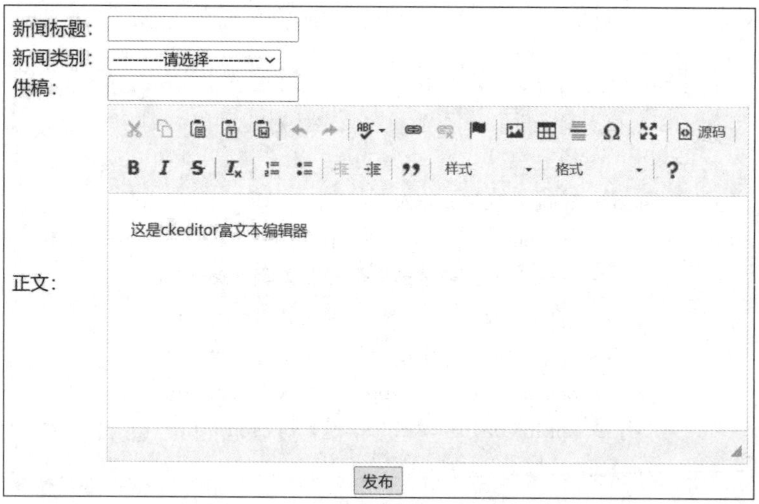

新闻标题：
新闻类别：----------请选择----------
供稿：
源码
样式　格式
这是ckeditor富文本编辑器
正文：
发布

图 7.1.4

5. 在浏览器中，试用一下 CKEditor 文本编辑器（可以输入一段文字，然后对文字进行样式的设计排版）。

总结

CKEditor 是一款功能强大的开源在线文本编辑器。编辑时，我们所看到的内容和格式与发布后的效果完全一致。需要注意的是，要将下载的 CKEditor 文件夹（该文件夹名称为 ckeditor）放在与 web 同级目录下。

<table>
<tr><th colspan="4">学生工作任务单</th></tr>
<tr><td>关键知识点</td><td>在 JSP 页面中使用 CKEditor 文本编译器组件</td><td>完成日期</td><td>年　月　日</td></tr>
<tr><td>职业素养养成</td><td colspan="3">在实际工作中，经常遇到类似新闻发布、通知发布等功能设计，这时就需要用到在线文本编辑器。目前，市场上使用最广泛的就是 CKEditor，它功能强大，使用方便，兼容多个浏览器，就像一个在线的 Word，只需要操作上方的按钮即可完成简单的排版工作。作为一名优秀的程序员，要结合项目熟练地使用 CKEditor 组件。
同时，插件也在不断地更新迭代、升级改造，这就需要我们持续学习，与时俱进。</td></tr>
<tr><td rowspan="3">评价</td><td>完成情况(自评)：</td><td colspan="2">□顺利完成　□在他人帮助下完成　□未完成</td></tr>
<tr><td>团队合作(组内评)：</td><td colspan="2">组长签字：</td></tr>
<tr><td>学习态度(教师评)：</td><td colspan="2">教师签字：</td></tr>
<tr><td>课后拓展</td><td colspan="3">拓展 1：请修改之前的任务中的程序，将 JSP 中涉及的路径改为绝对路径。
拓展 2：修改 part7.1_CKE.jsp 页面，当单击“发布”按钮后，在 JSP 页面中获取 CKEditor 的内容，判断是否为空。如果为空，提示内容为空；如果不为空，则跳转到其他页面。其关键代码为：
<script type="text/javascript">
　function test(){
　　//JavaScript 判空
　　var editor_data = CKEDITOR.instances.editor1.getData();
　　if(editor_data == null||editor_data == ""){
　　　alert("数据为空不能提交");
　　　return false;
　　}else{
　　　　document.form1.submit();
　　　}
　}
</script>

不要忘记为“发布”按钮添加 onclick 事件：

<input type="submit" name="submit" value="发布" onclick="test()">
　调试并运行程序，观察程序运行效果，分析代码。</td></tr>
<tr><td>学习笔记</td><td colspan="3"></td></tr>
</table>

一、CKEditor 文本编辑器

CKEditor 是 FCKeditor 的升级版，是新一代的 FCKeditor。CKEditor 是一款功能强大的开源在线文本编辑器，它是基于 JavaScript 开发的，因此无须在客户端进行任何安装，并且兼容各大主流浏览器，支持多种脚本语言调用，如 ASP、ASP. NET、PHP、JSP 等。CKEditor 是目前市场上使用广泛的一款在线 HTML 编辑器之一，它的特点是所见即所得，编辑时所看到的内容和格式与发布后看到的效果完全一致。

二、下载安装

CKEditor 是基于 JavaScript 开发的，因此无须在客户端进行任何安装，只需要按照下面的简单步骤操作一下就可以使用。

从 CKEditor 官方网站下载 CKEditor，下载地址为 https://ckeditor. com/ckeditor-4/download/，然后将下载的文件解压，最后将 ckeditor 文件夹复制到项目中，放在与 web 同级目录下。

ckeditor 文件夹的 samples 目录中的 index. html 网页可以用来验证安装结果是否能正常运行。测试时，在地址栏中输入 http://<网站域名>/< CKEditor 安装路径>/samples/index. html。例如，对于本教材的项目，可以在地址栏中输入 http://localhost:8080/JavaWEB/ckeditor/samples/index. html，运行后的页面显示效果如图 7.1.5 所示，这样就可以在项目中使用 CKEditor 了。

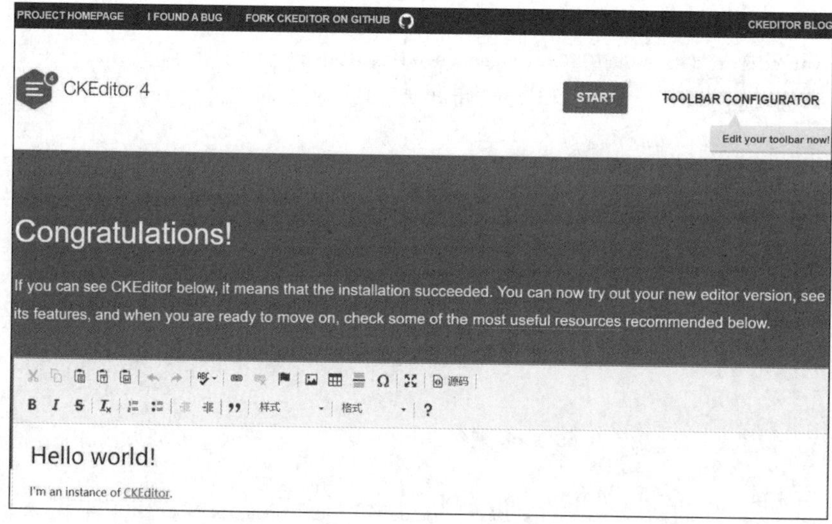

图 7.1.5

三、集成

将 CKEditor 集成到 JSP 页面中，方法如下：

第一步：在 JSP 页面中包含一个文件引用载入 CKEditor。CKEditor 是一个 JavaScript 应用程序，文件引用示例如下：

```
<head>
    ......
```

```
<script type="text/javascript" src="<%=basePath %>/ckeditor/ckeditor.js"></script>
</head>
```

第二步:在需要使用 CKEditor 编辑器的地方插入 textarea 标签或 div 标签。

CKEditor 像文本区域 textarea 一样工作,它提供了一个简单易写的用户界面、版式和丰富的文字输入区域。CKEditor 使用一个文本区域将它的数据传到服务器上,这个文本区域对使用者来说是不可见的。所以,首先创建一个实例,在 JSP 页面的 body 中需要使用 CKEditor 编辑器处插入 textarea 标签,示例代码如下:

```
<textarea name="editor1" id="editor1">这是 ckeditor 富文本编辑器</textarea>
```

在这个示例中,文本区域 textarea 的 id 为 editor1。这里还可以使用 div 标签,例如:

```
<div id="editor1"></div>
```

第三步:开始使用 CKEditor Javascript API。用一个 CKEditor 编辑器实例来替换上面这个普通的文本区域 textarea,所以需要在<textarea>标签之后编写如下代码:

```
<script type="text/javascript">
        CKEDITOR.replace('editor1');
</script>
```

如果要设置 CKEditor 编辑器的高度、宽度,示例如下:

```
<script type="text/javascript">
        CKEDITOR.replace('editor1',{height:"475px"});
</script>
<script type="text/javascript">
        CKEDITOR.replace('editor1',{height:"475px",width:"400px"});
</script>
```

也可以在<head>标签内运行这个替换过程,但是在这种情况下,必须确定 DOM 已经载入完毕,通常可以写在 window.onload 事件里,这时 DOM 肯定已经载入完毕,即:

```
<script type="text/javascript">
 window.onload = function()
   {
     CKEDITOR.replace('editor1');
   };
</script>
```

四、获取 CKEditor 编辑器内容数据

CKEditor 编辑器像一个文本区域(textarea)一样工作,所以当提交一个包含一个编辑器实例的表单时,用文本区域(textarea)的 id 作为健名来接收数据即可。

在一些应用中(如 AJAX 应用),需要在客户端处理完所有的数据,然后向服务器发送数据。在这些情况下使用 CKEditor API 就可以轻松获取编辑器实例中的内容。例如:

```
<script type="text/javascript">
var editor_data = CKEDITOR.instances.editor1.getData();
</script>
```

常用的获取和设置编辑区的内容的 CKEditor API 如下(假设 textarea 的 id 为 editor1):

- 获取编辑器的实例:CKEDITOR.instances.editor1。
- 获取数据:CKEDITOR.instances.editor1.getData()。
- 设置数据:CKEDITOR.instances.editor1.setData('xxx')。

工作任务 7.2 JavaMail 实现发送电子邮件

教师评价：__________

<table>
<tr><th colspan="4">学生工作任务单</th></tr>
<tr><td>关键知识点</td><td>JavaMail 组件发送电子邮件</td><td>完成日期</td><td>年　月　日</td></tr>
<tr><td>学习目标</td><td colspan="3">1. 了解 JavaMail 组件的使用场合，掌握 JavaMail 中的核心类的作用和用法。（知识目标）
2. 了解常用的邮件传输协议（SMTP、POP 和 IMAP）。（知识目标）
3. 会使用 JavaMail 组件给指定的邮箱发送邮件。（能力目标）
4. 学习使用正则表达式来验证邮件格式的正确性，养成缜密、严谨的编程习惯。（素质目标）
5. 本任务中需要使用邮箱密码，大家提高网络安全意识，注意对个人信息进行保密。同时，要增强法律意识，不要恶意窥探他人账号和密码。</td></tr>
<tr><td>任务描述</td><td colspan="3">在系统中，要求为每一个参加会议的人发送电子邮件通知，这就需要用到电子邮件发送功能。请使用 JavaMail 组件实现任务中的电子邮件发送功能，要求能够给指定的邮箱发送一封邮件，包含邮件的主题和正文等。</td></tr>
<tr><td>实现思路</td><td colspan="3">1. 下载 JavaMail 包，并将 activation. jar 和 mail. jar 放置在项目的 webapp/WEB-INF/lib 文件夹中。
2. 在发送邮件之前设置 SMTP 服务开启。
3. 新建 JSP 页面，编写代码，实现电子邮件发送功能。
4. 运行调试程序。</td></tr>
<tr><td>任务实现</td><td colspan="3">1. 下载 mail. jar 和 activation. jar。
(1) 首先需要去 Oracle 官网下载 mail. jar，下载地址为 https://www. oracle. com/java/technologies/java-archive-eepla-downloads. html，下载后解压，找到 mail. jar 包。
(2) 如果是 JDK 1. 5 之前的版本，JavaMail 还依赖 JAF（JavaBeans Activation Framework）来处理非纯文本的邮件内容（如 MIME 多用途互联网邮件扩展、URL 页面和文件附件等）；在 JDK 1. 6 版本以后，JAF 就已经包含在了 JDK 中；但是在 JDK 9 及以后的版本中，默认不支持 JAF。本教材使用的是 JDK 18 版本，还需要下载 JAF 的类库，下载地址为 https://www. oracle. com/java/technologies/java-archive-downloads-java-plat-downloads. html#jaf-1. 1. 1-fcs-oth-JPR，下载后解压，找到 activation. jar 包。
2. 将 mail. jar 和 activation. jar 复制到 webapp/WEB-INF/lib 文件夹中，位置如图 7. 2. 1 所示，然后在 lib 文件夹中选中 mail. jar 和 activation. jar 文件，右击，选择“Build Path→Add to Build Path”。</td></tr>
</table>

学生工作任务单			
关键知识点	JavaMail 组件发送电子邮件	完成日期	年　月　日

任务实现

图 7.2.1

3. 设置 SMTP 服务开启，以 QQ 邮箱为例，登录 QQ 邮箱，进入 QQ 邮箱首页，依次找到“设置→账户→POP3/SMTP 服务”，位置如图 7.2.2 所示，点击“开启”，这时需要手机验证，验证之后会得到一个授权码(服务码)，如图 7.2.3 所示，用该授权码来代替密码，每个人的授权码是不同的，请牢记该授权码，在后面的过程中会使用到该授权码。

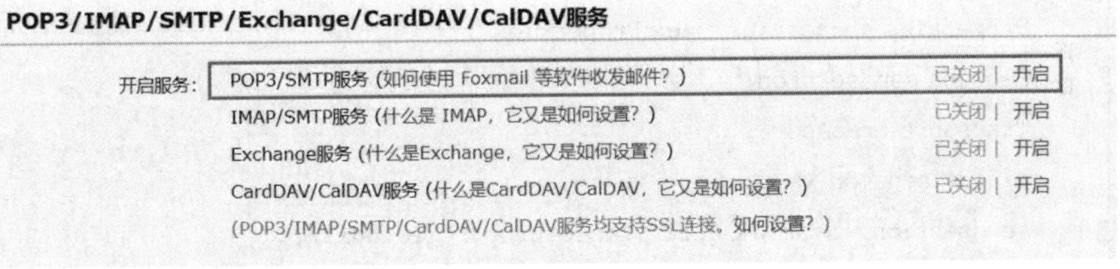

图 7.2.2

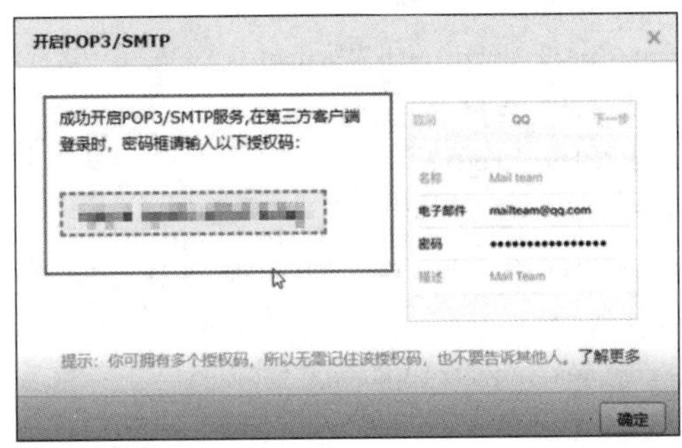

图 7.2.3

<table>
<tr><td colspan="4">学生工作任务单</td></tr>
<tr><td>关键知识点</td><td>JavaMail 组件发送电子邮件</td><td>完成日期</td><td>年　月　日</td></tr>
<tr><td>任务实现</td><td colspan="3">

4. 新建 part7.2_sendmail.jsp，首先引入：

```
<%@ page import = "java.util.*,javax.mail.*" %>
<%@ page import = "javax.mail.internet.*,javax.activation.*" %>
```

然后编写 body 关键代码：

```
<body>
<%
  // 以下变量的值，用户根据自己的情况设置，本例以编者的 QQ 邮箱为例
  // 发送邮件服务器
  String smtphost = "smtp.qq.com";
  // 邮件服务器登录用户名
  String user = "6642454";
  // 邮件服务器登录密码，此处填写前面步骤所获取的授权码。
  String password = "xxxxxxx";
  // 发送人邮件地址
  String from = "6642454@qq.com";
  // 接收人邮件地址
  String to = "327434016@qq.com";
  // 邮件标题
  String subject = "电子邮件发送系统测试";
  // 邮件内容
  String body = "电子邮件发送系统";
  try{
    //获得属性，并生成 Session 对象
    Properties properties = new Properties();
    Session sendsession;
    Transport transport;
    //创建 session 对象
    sendsession = Session.getInstance(properties,null);
    //向属性中写入 SMTP 服务器的地址(本例为 smtp.qq.com)
    properties.put("mail.smtp.host","smtp.qq.com");
    //设置 SMTP 服务器需要权限认证
    properties.put("mail.smtp.auth","ture");
    //设置输出调试信息
    sendsession.setDebug(true);
    //根据 session 生成 message 对象
    Message message = new MimeMessage(sendsession);
    //设置发信人地址
    message.setFrom(new InternetAddress(from));
    //设置收信人地址
    message.setRecipient(Message.RecipientType.TO,new InternetAddress(to));
```

</td></tr>
</table>

学生工作任务单			
关键知识点	JavaMail 组件发送电子邮件	完成日期	年　月　日

任务实现

```
    //设置标题并转码
    message.setSubject(subject);
    //设置发送时间
    message.setSentDate(new Date());
    //设置电子邮件内容并转码
    message.setText(body);
    //生成 Transport 连接
    transport = sendsession.getTransport("smtp");
    //指定发送邮件服务器名称、用户名以及密码
    //本例是 smtp.qq.com、输入自己的用户名,如果是 qq,则使用之前的授权码
    transport.connect("smtp.qq.com",user,password);
    //发送
    transport.sendMessage(message,message.getAllRecipients());
    //关闭 Transport 连接
    transport.close();
}
catch (MessagingException me)
  {
    out.println(me.toString());
    me.printStackTrace();
}
 %>
</body>
```

5. 启动 Tomcat 服务器,在地址栏中输入http://localhost:8080/JavaWEB/part7.2_sendmail.jsp,本例通过 6642454@qq.com 邮箱将一封邮件发送到了 327434016@qq.com 邮箱,如图 7.2.4 所示。在运行程序时,大家将邮箱和密码改为自己的即可。为了验证是否发送成功,大家可以登录邮箱查看是否成功发送或接收了邮件。

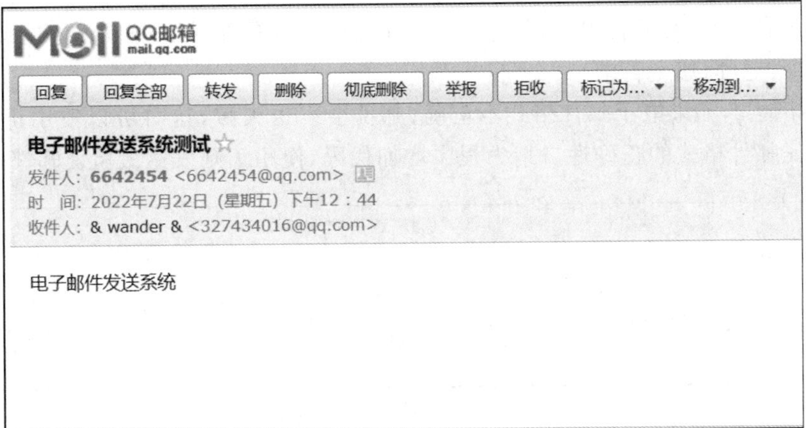

图 7.2.4

<table>
<tr><th colspan="4">学生工作任务单</th></tr>
<tr><td>关键知识点</td><td>JavaMail 组件发送电子邮件</td><td>完成日期</td><td>年 月 日</td></tr>
<tr><td>任务实现</td><td colspan="3"></td></tr>
<tr><td>总结</td><td colspan="3">本任务实现的关键点在于首先要将用到的 jar 包放在指定文件夹中，然后开启 SMTP 服务。本任务的难点在于 JavaMail 中的核心类的应用。
通常，收件人的电子邮箱来自 JSP 页面，由用户输入邮箱地址，或者来自数据库。</td></tr>
<tr><td>职业素养养成</td><td colspan="3">JavaMail API 是 SUN 公司发布的 E-mail 组件。在实际工作中，如果想在应用程序中加入邮件收发的功能，使用 JavaMail 组件是很好的选择，因为其使用简单方便，无须花费漫长的时间去学习。大家在完成任务过程中，遇到不理解的知识点，可以查阅知识加油站，逐步搞清楚邮件发送过程，为实际工作积累经验。
另外，如果电子邮件格式不正确，邮件会发送失败，这时可以使用正则表达式来验证邮件格式的正确性，缜密的编程习惯对程序员来说是十分重要的。同时，程序员还要保持学习，更新迭代知识。
在程序中需要使用邮箱密码，大家注意对个人信息进行保密，提高网络安全意识，避免自己账号和密码泄漏而带来的安全隐患（程序调试结束后，在代码中及时删除账号和密码等信息）。同时，要增强法律意识，不要恶意窥探他人账号和密码。</td></tr>
<tr><td rowspan="3">评价</td><td>完成情况（自评）：</td><td colspan="2">□顺利完成 □在他人帮助下完成 □未完成</td></tr>
<tr><td>团队合作（组内评）：</td><td colspan="2">组长签字：</td></tr>
<tr><td>学习态度（教师评）：</td><td colspan="2">教师签字：</td></tr>
<tr><td>课后拓展</td><td colspan="3">拓展 1：请大家利用本任务中自己编写的网页程序给老师发送一封邮件，对老师说声：老师，您辛苦啦！
拓展 2：如果电子邮件格式不正确，邮件会发送失败，这时可以使用正则表达式来验证邮件格式的正确性。请为程序增加代码，使用正则表达式验证邮件格式。</td></tr>
<tr><td>学习笔记</td><td colspan="3"></td></tr>
</table>

一、JavaMail 组件简介

JavaMail 是 Sun 发布的用来处理 E-mail 的 API,为 Java 应用程序提供了邮件处理的公共接口,它可以方便地执行一些常用的邮件传输。它支持 SMTP、POP 和 IMAP 邮件传输协议,虽然 JavaMail 是 Sun 的 API 之一,由于它目前还没有被加在标准的 Java 开发工具包中(Java Development Kit),所以在使用前必须单独下载 JavaMail 组件。

JavaMail 组件通过 javax. mail. Session 类定义一个基本邮件会话。发送邮件时,使用 javax. mail. Message 类储存邮件信息,通过 javax. mail. Transport 类指定的邮件传输协议,将邮件发送到 javax. mail. Address 类指定的邮件地址。接收邮件时,通过 javax. mail. Store 类访问邮件服务器账户,通过 javax. mail. Folder 类进入邮件服务器账户中的指定文件夹,使用 javax. mail. Message 类获取邮件的相关信息。

二、JavaMail 核心类

JavaMail API 中提供了很多用于处理电子邮件的类,可以在 mail. jar 中找到。

1. javax. mail. Session 类

Session 类用于定义整个应用程序所需的环境信息,以及收集客户端与邮件服务器建立网络连接的会话信息。每个基于 JavaMail 的程序都至少需要一个或多个 Session 对象。Session 对象需要利用 java. util. Properties 对象得到邮件服务器、用户名、密码等信息,所以在创建 Session 对象之前,需要先创建 java. util. Properties 对象。

```
Properties properties = new Properties();
properties.put("mail.smtp.host","smtp.xxx.com.cn");
properties.put("mail.smtp.auth","ture");
```

创建 Session 对象可以通过下面两种方法

(1) 使用静态方法创建

Session mailsession=Session. *getInstance*(properties,null);

(2) 使用 getDefaultInstance()方法来取得一个单一的可以被共享的 Session

Session mailsession=Session. *getDefaultInstance*(properties, null);

其中,参数 properties 为 java. util. Properties 类的对象。

2. javax. mail. Message 类

创建了 Session 对象以后,就要创建 Message 对象来发送 Session,Message 类是创建和解析邮件的核心 API,是一个抽象类,在大部分应用中可以使用它的子类 javax. mail. internet. MimeMessage。它的实例对象表示一份电子邮件。实例化的代码如下:

```
Message newMessage = new MimeMessage(mailsession);
```

实例化 Message 类的对象 newMessage 后,就可以通过该类的相关方法设置电子邮件信息的详细信息。

3. javax. mail. Address 类

Address 类用于设置电子邮件的响应地址。Address 类是一个抽象类,要使用该抽象类可以使用其子类 javax. mail. internet. InternetAddress。

在实例化 InternetAddress 类的对象时,有以下两种方法:

(1) 构造方法的参数为电子邮件的地址

InternetAddress address=new InternetAddress("zdsf2024@qq. com");

(2) 构造方法的参数有两个,分别是电子邮件地址和附加信息

InternetAddress address=new InternetAddress("zdsf2024@qq.com","yrx");

4. javax.mail.Authenticator 类

Authenticator 是抽象类,可以创建 Authenticator 的子类,在子类中重写父类中的 getPasswordAuthentication()方法,就可以实现以不同的方式来进行登录邮箱时的用户身份认证。

例如,创建 Authenticator 的子类 myAuthenticator,并重写 getPasswordAuthentication()方法,代码如下:

```
public class myAuthenticator extends Authenticator {
  public javax.mail.PasswordAuthentication getPasswordAuthentication() {
    String user = "yrx";
    String pass = "123456";
    return new javax.mail.PasswordAuthentication(user,pass);
  }
}
```

然后通过以下代码实例化新创建的 Authenticator 的子类,并将其与 Session 对象绑定:

```
Authenticator auth = new myAuthenticator();
javax.mail.Session session = javax.mail.Session.getDefaultInstance(props, auth);
```

5. javax.mail.Transport 类

邮件既可以被发送,也可以被接收。JavaMail 使用了 Transport 和 Store 这两个不同的类来完成这两个功能。

Transport 类是发送邮件的核心 API 类,它的实例对象代表实现了某个邮件发送协议的邮件发送对象。

Transport 类提供了以下两种发送电子邮件的方法:

(1) 调用静态方法 send( )。

Transport.send(message);//按照默认协议发送电子邮件。

(2) 首先从指定协议的会话中获取一个特定的实例,然后传递用户名和密码,接着发送信息,最后关闭连接,示例代码如下:

```
//生成 Transport 连接
Transport transport;
//指定发送邮件服务器名称、用户名以及密码
transport = sendsession.getTransport("smtp");
transport.connect("smtp.qq.com",user,password);
transport.sendMessage(message,message.getAllRecipients());//发送
//关闭 Transport 连接
transport.close();
```

6. javax.mail.Store 类

javax.mail.Store 类是接收邮件的核心 API 类,它的实例对象代表实现了某个邮件接收协议的邮件接收对象,例如 POP3 协议。客户端程序接收邮件时,只需要使用邮件接收 API 得到 Store 对象,然后调用 Store 对象的接收方法,就可以从指定的 POP3 服务器获得邮件数据,并把这些邮件数据封装到表示邮件的 Message 对象中。

Store 类实现特定邮件协议上的读、写、监视、查找等操作。通过 javax.mail.Store 类可以访问 javax.mail.Folder 类。用法如下:

```
//sess 为一个邮件会话
Store store = sess.getStore("pop3");
//通过邮件接收服务器地址,用户名和密码登录你的邮箱
store.connect("pop3.163.com",user,pass);
```

7. javax. mail. Folder 类

Folder 类定义了获取(fetch)、备份(copy)、附加(append)及删除(delete)信息等方法，在连接 Store 类后，就可以打开并获取 Folder 类中的消息。

模块过关测评

本模块结合工作任务，练习使用 CKEditor 和 JavaMail 组件。可以扫描二维码闯关答题。

随手记

参考文献

[1] 黎才茂,邱钊,符发,等. Java Web 开发技术与项目实战[M]. 合肥:中国科学技术大学出版社,2016.

[2] 丁振凡. Spring 3. X 编程技术与应用[M]. 北京:北京邮电大学出版社,2013.

[3] 卢瀚,王春斌. Java Web 开发实战 1200 例:第 I 卷[M]. 北京:清华大学出版社,2011.

[4] 兰敏,周伟敏,杨茜. Java Web 程序设计任务驱动教程[M]. 哈尔滨:东北林业大学出版社,2019.

[5] 宁云智,刘志成. JSP 程序设计案例教程[M]. 北京:高等教育出版社,2015.

[6] 顶象. 验证码的作用[EB/OL]. (2020-07-15)[2022-09-15]. https://www.zhihu.com/question/19563610/answer/1339412221.